JN040717

しくみ
図解

▶塗装・めっき・アルマイト等の
原理・方法、特徴を徹底解説◀

表面処理が一番わかる

小柳拓央 著

技術評論社

はじめに

　日本の企業数の約99％は中小零細企業が占めており、この割合は製造業においても同様です。中小規模のメーカーや部品加工を扱う会社では、表面処理に関する発注を行う場合、専属の社員がいることは少なく、案件について必要に応じて調べた上で、担当者が表面処理業者と「これは扱えるかどうか」等と話を進めています。

　「表面処理」といっても、その技術分野は多岐にわたります。生産現場では、塗装、めっき、化成処理、アルマイト等、多くの種類の表面処理があります。

　筆者は、金属加工の多い地域で長年工業塗装にかかわってきました。扱う製品の素材は、鉄、アルミ、ステンレス等の金属が主ですが、素材の状態はさまざまです。すでにめっきやアルマイト等の表面処理がなされているものもあり、時には入荷時に錆やキズが付いていて対応することもあります。ものづくりの工程の中で、本業以外に関連する表面処理については、有難いことに顧客や業界の先人から多くを学び、経験する機会を得てきました。

　誰でも最初は素人です。私自身、駆け出しのころは、問題解決や新たな知見を得ようとして専門書を手に取っても、現場で従事する人の説明との関連を理解するのに時間がかかりました。今思うと、表面処理は多様にあり、俯瞰的に初歩から学ぶ機会が少なかったからと考えています。

　その経験をふまえ、本書の読者対象は主に初心者、若手技術者や工業系の学生、業務で表面処理にかかわることになった技術営業者に設定しています。「表面処理にはこんな種類があって、大体こういうものなのか」と、まずは大枠を知ってもらうことが大切と考え、できる限り平易に表面処理のあらましを説明し、ポイントをおさえつつ現場の実用にあった形で解説しています。

　本書でしっかりと基本を理解した上で、興味のある技術、個別の技術についてより知見を深めたい場合は、各分野の専門書・実用書を手にしていただければと思います。

　先人から学んだ知識と経験を「技術」として次の世代に残すという意味でも、本書が表面処理にかかわる方々のお役に立てば幸いです。

　最後に、貴重な資料や写真を提供していただいた企業や団体の皆様、専門的な知見の補足に協力いただいた日本技術士会の金属部門YES-Metals！のメンバーの皆様に心より感謝いたします。

小柳　拓央

表面処理が一番わかる
——塗装・めっき・アルマイト等の原理、方法、特徴を徹底解説——

目次

塗装……………41

コラム│目次

第1章

表面処理の
基礎知識

表面処理とは、金属や樹脂、木材等を素材とした製造物の表面に
「処理」を施して、その性質を変えることを意味します。
私たちは、この表面処理した製品に囲まれて生活しています。
表面処理には塗装、めっき、化成処理、アルマイト等の種類がありますが、
それらを説明する前に、本章ではまず表面処理の目的と使用用途、
分類の仕方、素材表面の特徴等、表面処理を学ぶ上で
基礎となる部分について解説します。
また、表面処理に関するキーワードについてもきちんと整理します。

表面処理とは

　表面処理は、何らかの方法を用いて金属、樹脂、木材等を素材とした製造物の表面の性質を変える処理を意味します。材料の中でも、金属は防錆・防食（腐食するのを防ぐこと）対策が必要なことから、生産工程上も塗装やめっき等の表面処理は欠かせません。そのため、「表面処理」は金属製品の一連の生産工程の中で使用される用語となっています。

●身近にある表面処理 （図 1-1-1）

　私たちは普段、さまざまな素材を使用したものに囲まれて生活しています。その中でも金属は、屋外の構造物から身のまわりの製品まで、至るところで使用されており、これらの製造物・製品の多くに表面処理が施されています。

　目に見えるところで一例をあげてみましょう。屋外では、工事現場の足場や路上の鉄柱にはめっきがされています。また、路上のガードレールや自動車の車体には塗装がされています。

　一方屋内では、窓枠のアルミサッシにはアルマイト、電子レンジやトースター等の表側には塗装、裏側にはめっきがされています。また、カバンの留め金やスマートフォンの充電ケーブルの端子等、細かいところにもめっきがされています。表面処理された部品は、探せば無数に出てきます。

●表面処理で金属表面の性質を変える

　金属は、産業の発展と生活の豊かさの向上に大きく貢献してきました。現代社会において、もはや金属はなくてはならない存在です。

　その中でも鉄は、世界で最も消費量が多く、使い勝手の良い金属です。しかし、鉄は何も処理せず放っておくと空気中の水分や酸素と結び付いて、やがて錆びてしまいます。そのため、鉄鋼材料から製品を作る際、錆から保護する目的で、製品表面にはめっきや塗装等の表面処理が必要となります。錆びにくい金属であるステンレスでも、条件によって錆が発生し、表面処理を検討する状況があります。

このように、表面処理は目的や使用用途に合わせて材料表面の性質を変え、製造物に付加価値を与えます。本書では、金属を中心に表面処理の話を進めていきます。

図1-1-1　身のまわりで見られる表面処理

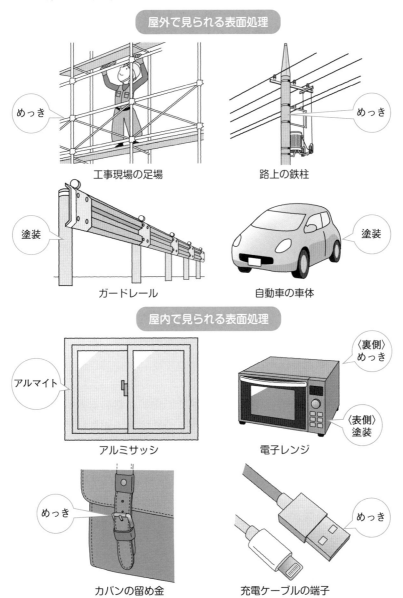

1-2 表面処理の目的と使用用途

　表面処理を行う目的は、主に①美観、②素材の保護、③機能の付加の3つです。表面処理は、素材の性質に合わせ、ものづくりの目的と使用用途に沿う形で方法が選定されます。

　表面処理方法を選定するために大切なことは、素材、目的、使用用途が明確になっていることです。これらが明らかになることで、どんな表面処理を選択したらいいか具体的な方向性も決まってきます。処理対象によっては、日本産業規格（JIS）や業界団体等で、規格や品質基準が定められており、それに沿う形で表面処理方法を選択し、処理します。

●表面処理の目的（図1-2-1）

①美観

　装飾や加飾、意匠性、いわゆる見た目と質感です。美観の要素としては、色彩あるいは金属調かどうか、艶の有無、表面の凹凸の質感等があります。

②素材の保護

　金属の種類によりますが、鉄鋼材のように何もせず自然環境下に放置すると、やがて錆びてしまうものがあります。表面処理は、素材を腐食環境、劣化環境等から保護する役割があります。

③機能の付加（性能向上）

　機能といっても、種類・要求はさまざまです。材料のもともとの状態や特性に対して、表面処理をすることによりその性能向上が期待できます。機能とは、具体的には、硬さ、耐摩耗性、耐熱性、耐疲労性、摺動性〈➡ p119・図4-9-1〉、光学、磁性、耐焼付け性、電気特性、下地密着性等があります。

●表面処理の使用用途（図1-2-2）

　使用用途は、表面処理方法を選択する上で重要な要素です。屋内で使用するのか、屋外で使用するのか。屋外であれば、風雨にさらされる環境か、潮風や海水にさらされる環境か等を考慮します。

一方屋内であれば、人目につく箇所か、見えない箇所か。また、エンジンやモーター、加熱器具等、熱が発生する付近か、機械部品に取り付けるのか、電気電子を使用するか等、機能を要求される場合は性能も必要となります。このような使用用途に合わせて、具体的な表面処理方法を考えます。

図 1-2-1　表面処理の目的

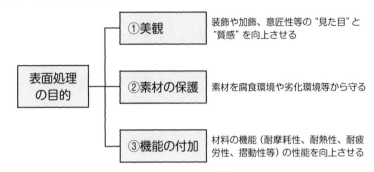

これらを考慮して表面処理方法の候補が決まっていく。

図 1-2-2　表面処理の使用用途

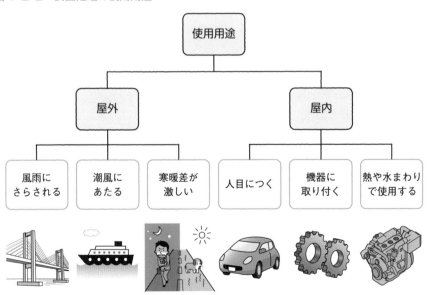

使用環境を含めた使用用途を把握することが大切になる。

1-3 表面処理方法を選定する上での考慮事項

前節では、表面処理の目的と使用用途について解説しました。対象物となる素材とこれらの要素について決めることによって、表面処理方法を検討していきます。

ここで注意すべきことは、使用環境への配慮です。これを見誤ると、せっかくの表面処理も後々設計上の不具合原因となります。この点に留意しつつ処理方法の候補があがったら、さらにいくつかの要素をもとに具体的な選定を行います。

候補から具体的に絞り込んで処理方法を選定する際は、対象物となる素材の①表面状態、②大きさ、③重量、③形状の4つを考慮します。

●表面処理方法の選定で考慮する点

①素材の表面状態

素材の表面が清浄な状態になっているか、表面粗さ（凹凸の程度）がどのくらいかを確認します。目的とする表面処理を行う以前に、素材表面に油分や錆、酸化皮膜※等の不純物の付着があると、表面処理した際に不良の原因となります。表面の粗さは、塗装やめっき等、被覆処理の密着にも影響します。

②素材の大きさ

表面処理の多くが何らかの装置を使用するため、対応できる大きさには自ずと限度が生じます。大きさの限度を超えるものに関しては、別の方法や量産品であれば専用の装置、部品設計の見直し等を検討する必要があります。

③素材の重量

大きさ同様、重量も使用装置に制約が生じることがあります。乾燥等加熱処理を伴うものは、同じ大きさでも重量が異なると、熱容量の違いにより加熱時間が大きく変わってきます。

④素材の形状

表面処理においては、原理上、形状により処理が困難な部分が発生することがあります。たとえば、パイプの内側は電気めっきでは皮膜が付きにくく、

14

※酸化皮膜：金属の表面に生じる酸化物の皮膜で、空気中の酸素に触れて自然に発生するものと、工業生産では腐食に強くするため意図的に作るもの、副産物としてできるものがある。

塗装では塗料が届きにくい等、それぞれの方法に制約が発生します。

●表面処理方法の選定方法

　繰り返しになりますが、素材、目的、使用用途、要求性能を明確にしたら、使用環境も含めて、まず該当しそうな表面処理方法の候補をあげます。その上で、①～④の要素を考慮して、素材と候補となっている方法との相性（表面処理の物理的・化学的な可不可）、設備的に処理が可能か、要求する性能に沿うかを検討し、表面処理方法を絞り込んでいきます（図1-3-1）。

図 1-3-1　表面処理方法を選定するまでの流れ

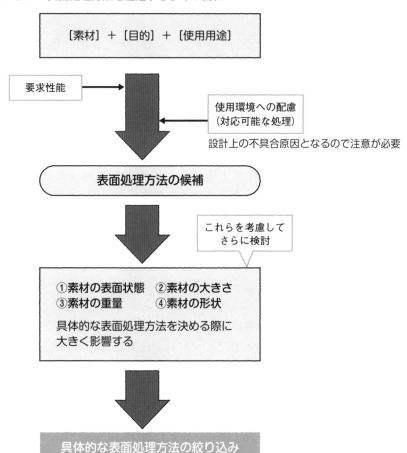

1-4 表面処理する主要素材の表面の特徴

　表面処理をする上で、素材のもともとの性質および表面状態がどのようになっているかを理解することは、処理法を選択する上でも重要です。

　以下に、工業製品で使用される主要な金属を中心に、表面状態の特徴についてまとめました。

●表面処理する代表的な素材の種類と表面状態 (表1-4-1)

①鉄鋼

　鉄は、自然環境下で酸素や空気中の水分と結び付いて赤錆が発生します。赤錆は水と酸素を取り込んで膨張し、素材を浸食して広がり、腐食していきます。そのため、鉄鋼製品には防食対策として表面処理が必要です。ちなみに酸素のみと結び付く錆は、化学的に安定した黒錆（酸化皮膜 ➡ p14・脚注）となります。

②アルミニウム

　アルミニウムには、自然環境下では表面に不動態皮膜（表1-4-1の注1 ➡ p167・図8-3-1）と呼ばれる耐食性を持つ酸化皮膜が形成されます。ただし、アルミニウムは両性金属で、酸・アルカリに反応します。特にアルカリには弱く、また屋外環境下においては、腐食因子により不動態皮膜が破壊され腐食しやすい状況になります。そのため、表面処理が必要になります。

③ステンレス

　ステンレスは、鉄に対しクロム（Cr）元素を10.5％以上含有した合金です。クロムの効果で、表面に不動態皮膜の薄い酸化皮膜が作られ、これにより耐食性が良好です。しかし、「錆びにくい」材料ではあるものの、決して錆びない材料ではありません。取り扱う環境や取り扱い方によっては錆びてしまうことがあります。

　ステンレスの表面処理は、金属加工した際の溶接焼けの除去、キズ付き防止、表面研磨、不動態皮膜の再生強化、意匠性付加、耐食性向上等の目的で使用されます。

④亜鉛

　亜鉛は、単体としては主に鋳造品で使用されます。また銅との合金である真鍮は、切削加工しやすく耐食性のある材料として使われています。

　亜鉛自体は、素材はさることながら、表面処理の皮膜の材料として、亜鉛めっきや塗料の顔料に多く使用されます。亜鉛の表面は、酸化により金属調から徐々にねずみ色に変色し、緻密な酸化皮膜で覆われます。この酸化皮膜は腐食の進行を抑制することから保護皮膜（表1-4-1の注2）と呼ばれます。

　また、鉄よりも腐食しやすい性質（イオン化傾向※により溶けやすい性質）を利用して、鉄鋼製品に対する表面処理の皮膜として、鉄の耐食性を高める効果があります〈➡ p89・図3-23-2〉。

⑤銅

　銅は、電気伝導性・熱伝導性、抗菌効果に優れています。酸素と結び付き、金属調から徐々に茶色く変色し酸化皮膜で覆われます。この酸化皮膜も保護皮膜です。屋外環境下で、酸素、水や炭酸ガス等と結び付いた緑青と呼ばれる錆も、難溶性で本体の腐食を抑制する効果があります。

表 1-4-1　金属の表面状態の特徴

表面状態	不動態皮膜 ※1	保護皮膜 ※2
膜厚	nm オーダー	μm オーダー
金属の種類とpH 耐食領域	鉄（9.5〜）	亜鉛（6〜12.5）
	アルミニウム（4〜8.5）	銅（6.5〜12）
	ステンレス SUS304（2〜）	マグネシウム（11.5〜）
	ニッケル（6〜）	
	チタン（1〜12）	

（カッコ）の数字は、皮膜が維持できる pH の領域

※1　不動態皮膜：金属表面がごく薄い酸化皮膜で覆われた状態。温度や湿度の変化でも、これ以上材料の素地と反応することなく腐食から素材を保護する
※2　保護皮膜：表面に酸化物や腐食生成物が生成するものの、それ自体が腐食の進行をある程度抑制する作用がある

不動態皮膜と保護皮膜の違いは、保護皮膜は緩やかではあるものの腐食が進行するのに対し、不動態皮膜は腐食が進行しないことである。また、膜厚の単位の桁が異なる（不動態皮膜は nm オーダー、保護皮膜は μm オーダー）。

※イオン化傾向：金属が溶液に溶けて陽イオンになる "なりやすさ"。

1-5 防食技術と表面処理とのかかわり

　金属材料を使用した人工物を使用し続けるためには、錆や腐食を防ぐ防食技術が必要です。表面処理の目的の1つは、素材の保護（防食）です〈➡ p12〉。防食の方法は、大きく分けて①耐食材料、②電気防食、③環境制御、④環境遮断の4つに分類されます。

　特に④環境遮断については、素材を被覆して防食を実現することから、表面処理が大きくかかわっています。

●防食の方法 （図1-5-1）

①耐食材料

　耐食材料は、素材そのものが耐食性のある材料であることに加え、ステンレスのように鉄にクロム等の合金元素を添加することで耐食性を向上させた合金材料を選定する防食方法です。耐食材料の性質としては、貴金属類、表面に不動態皮膜を作るもの、表面に保護皮膜を作るものの3つがあります〈➡ p17・表1-4-1の注〉。これらは、実際の使用用途やコストに応じて選定されます。

②電気防食

　鋼材の腐食は、水や湿度のある湿潤環境において、材料に局部的な腐食電流が発生することにより起こります。そこで、意図的に逆の電流を流すことで腐食を抑制します。また、金属材料間の電位差を利用して、卑な金属（イオン化傾向が大きい ➡ p108・脚注）が先に腐食し、犠牲になる形で他方を腐食から守る方法（犠牲防食）もあります。実例として、鉄に対する亜鉛めっきが、被覆と同時に犠牲防食の効果があります〈➡ p89・図3-23-2〉。町中で見られる電柱がそれにあたります。

③環境制御

　自然環境下では腐食する材料でも、環境を変えれば腐食を抑制できます。鉄はアルカリ性の環境の中では表面に不動態皮膜を作り錆びません。たとえば、ボイラーの缶水の薬剤やコンクリートの内部はアルカリ性で、内部は鉄の腐食が抑制されています。環境制御は、pHの環境変化や除湿等によって

腐食を抑制するものです。

④環境遮断

　環境遮断は、金属材料を空気や液体等によって、外部環境との接触から遮断するものです。具体的には、加工する素材とは異なる材料で表面を被覆します。防錆油やめっき、塗装等がこれに該当します。

　以上のように防食技術の手段として表面処理が使われています。

図 1-5-1　防食の方法

①耐食材料

耐食性のある材料や耐食性を向上させた合金材料を使用する。耐食材料には、貴金属類、不動態皮膜を作るもの、保護皮膜を作るものの3つがある

②電気防食

・直接電流を流す
・異種金属間の電位差を利用する

湿潤環境においては、電流を流すことで腐食を抑えるほか、金属のイオン化傾向〈➡p17・脚注〉を利用し、ある金属を犠牲にしてほかの金属を腐食から守る(犠牲防食)

③環境制御

・pHを変える
・除湿する
・酸素をなくす

材料が置かれた環境を変えることで腐食を抑える。湿潤環境であれば、pHの変化や除湿、酸素を除去する等の方法がある

④環境遮断

めっきや塗装等により外部環境から遮断する

腐食は空気や液体等の外部環境と触れることによって発生するため、素材とは異なる材料で表面を覆うことにより腐食を抑える

表面処理は、防食技術と深く関係している。

1-6 表面処理の分類 （表面状態に見る種類）

　表面処理は、物理的方法や化学的方法を用いて処理をしています。ここでは、素材を処理した後の表面状態の変化に着目して分類します。

●表面状態の変化に見る分類 （図1-6-1）

①表面状態は変わらない

　素材は成形等の加工を行うと、切削油、防錆油、離型剤（製品を型から外しやすくする薬剤）、切削・研磨した後の粉、酸化物等の不純物が付着します。どのような処理をするとしても、不純物を除去しなくては良い処理は行えません。ほとんどの表面処理において、洗浄は重要な工程です。ここでは、素材変化に影響しない脱脂や不純物の除去〈➡ p28〉が該当します。

②表面の肉厚が薄くなる、粗さが変わる

　表面に研磨、電解（電気分解）、溶解等をすると、素材の厚みが薄くなったり、また表面が削られて粗さが変わったりします。この加工の目的は、不純物の除去、表面の凹凸の平滑化、意匠性の向上（鏡面仕上げ、梨地※）、塗装等の下処理として、後工程に対する密着性の向上にあります。

③表面が化学反応する

　素材表面を化学反応や電気化学反応させるものです。表面はもとの材料の性質とは異なる性質になります。化学変化の過程で、素材表面の表面方向と深さ方向の双方に皮膜が成長するため膜が厚くなります。処理としては、化成処理〈➡ 第5章〉、アルマイト〈➡ 第6章〉があります。

④表面を被覆する

　表面に素材と異なる物質を物理的方法や化学的方法で載せたものです。処理としては、塗装〈➡ 第3章〉、めっき〈➡ 第4章〉、溶射〈➡ p154〉等があります。一部、高温の被覆材料を使用するもの（溶融めっき〈➡ p114〉等）では、材料と素材の境界は合金化します。

⑤表面から染み込む

　素材表面に対し、加熱や加圧、真空・電気化学的な方法等により他元素を

※梨地：梨の皮のようにザラザラ（凹凸）した状態。

染み込ませます。処理としては、窒化と浸炭〈➡ p156〉、イオン注入〈➡ p159〉
等があります。

⑥表面の性質が変わる

　素材表面の金属組織や結晶粒の大きさ等を変えることで性質を変えます。
処理としては、表面熱処理〈➡ p156〉、ショット・ピーニング〈➡ p156〉等が
あります。

図 1-6-1　表面処理による表面状態の変化

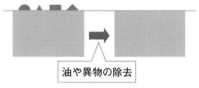

①表面状態は変わらない

油や異物の除去

清浄化されるが、表面の状態は変わらない

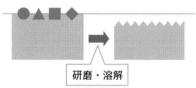

②表面の肉厚が薄くなる、粗さが変わる

研磨・溶解

異物とともに表面が削られ、薄くなる。
表面の粗さが変わる

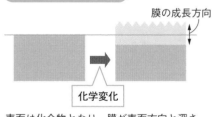

③表面が化学反応する

膜の成長方向

化学変化

表面は化合物となり、膜が表面方向と深さ
方向に成長し、厚みが増す

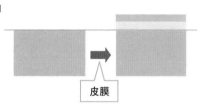

④表面を被覆する

皮膜

表面に別の物質を被覆し、厚みが増す

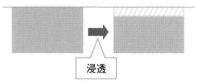

⑤表面から染み込む

浸透

表面から別の元素が染み込む。
厚みは変わらない

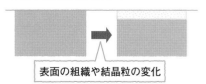

⑥表面の性質が変わる

表面の組織や結晶粒の変化

素材表面の金属組織や結晶粒の大きさを
変える。厚みはほぼ変わらない

1-7 表面処理の体系

　表面処理は、現在進行形で技術が進化している分野です。本書では、表面処理の体系として、前節で示した状態の変化に着目し、なるべく全体を見わたすことを心がけています。図1-7-1には、これから解説していく内容が網羅されていますが、読み進めていく上で、必要に応じて個々の処理方法の位置付けについて図で確認するようにしてください。

●表面処理の体系としての図 1-7-1 の見方

　図の中心から外側に順に広げて見ていきます。

①処理前後の状態変化を把握する

　前節の状態変化の種類をもとに、処理後の表面状態を把握します（中心の濃い青色部分。①から⑥の数字は前節の数字に対応）。求める表面処理がどのようなものなのかを理解するためには、まず処理後のイメージを掴むことが大切です。

②表面処理の大分類を把握する

　特に着目する部分は、被覆処理です（薄い青色部分）。これは大きく分けて金属被覆と非金属被覆に分かれます。金属被覆の代表はめっきであり、さらに湿式・溶融・乾式と分かれます〈➡第4章〉。また、非金属被覆の代表は塗装です〈➡第3章〉。ただし、非金属は樹脂以外にもガラスやゴム、セラミックス等の被覆材があり、それに対応した被覆方法が存在します（例：ガラスはほうろう、ゴムはライニング〈➡p160〉等）。また、溶射は、金属・非金属皮膜に対応可能な処理です〈➡p154〉。

③狭義の表面改質と前処理の位置付けを把握する

　表面改質については、大きく3つに分けています（図1-7-1の円の一番外側部分）。表面熱処理に関しては、金属熱処理の分野と重複する部分です。そのため、本書では紹介程度の説明にとどめ、主に前処理としても使用される機械的処理と膜を作る意味でのコーティングを重点的に解説します〈➡p25・表1-8-1〉。

前処理は、表面洗浄と表面研磨・調整、一部化成処理からなります（円外の矢印部分）。各々の処理は、それ自体完結しているものがあるものの、被覆処理等、主工程に入る前の前処理として使用されます。

図 1-7-1　表面処理の体系

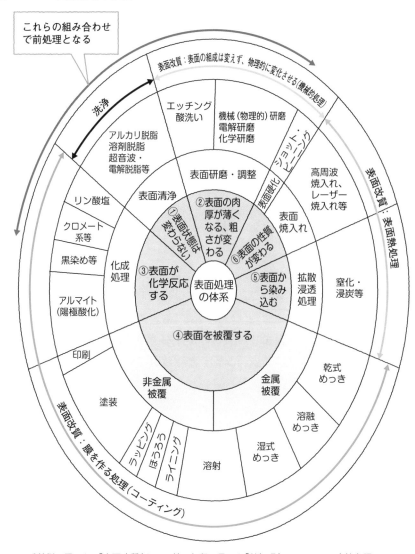

一番外側の層にある「表面改質」と、円外の矢印に示した「前処理」については、次節参照

1 -8 表面処理にかかわるキーワード ～表面改質と前処理

　表面処理には多くの種類が存在します。いずれの処理を行うにしても共通となるキーワードがあります。それが「表面改質」と「前処理」です。この2つの言葉は、定義される説明と設計や現場で使われている意味合いが少し違っている場合があるので、現場で使用するときの背景も含めて解説します。

●表面改質

　表面改質は、素材表面にそれまでのものとは異なる特性をもたらすことで、素材の表面を変化させる（改質する）処理を意味します。広義の意味では、表面処理と同義です。

　これに対して、実用上狭義の意味で使用されることが多くあります。素材の組成が大きくは変わらない表面熱処理や研磨等、被覆するか否かにかかわらず表面に機能を付加したもの等を表面改質と呼んでいます（表 1-8-1 ➡ p23・図 1-7-1）。

　また、近年の技術革新でレーザーやプラズマ、UV、真空等を利用した新しい技術が登場しています。これらの中には、同時に複数の処理の効果をもたらすものもあります。表面処理の専門家でも、外観だけでは処理した方法や内容の判断・区別がつきません。このような背景もあり、分類が容易でない処理について、一括りに「表面改質」と呼ばれていることもあります。

●前処理

　前処理は、塗装やめっき等、主工程に入る前までの一連の段取りとなる工程の総称です（図 1-8-1）。表面処理を行う対象物は、板金や成形、鋳造等、素材から何かしらの加工を行っています。そのため、加工物には加工油や離型剤、酸化物、切屑、汚れ等の不純物が付着しています。これらを取り除き、表面を整えることで、はじめて目的とする表面処理を行うことが可能となります。前処理は、安定した品質を確保する上でもとても重要な工程です。

　また、主工程が同じでも前処理の手段が1つとは限りません。事業所ごと

に選択が異なることもあります。しかし、いずれの処理でも、①表面の清浄化、②表面状態を一様に整える、③被覆の場合は密着性を良くする、の3点が前処理を行う上での共通の要件となります。

表 1-8-1　表面改質の分類と目的

分類	目的とする効果
①表面熱処理	熱処理により、表面を硬化させる
②表面の組成は変えず、物理的に素材を変化させる処理（機械的処理）	酸化皮膜〈➡p14・脚注〉等の除去や表面の凹凸・粗さの調整、ショット・ピーニングによる表面の加工硬化
③膜を作る処理（コーティング※）	膜による表面の機能付加、性能の向上

※　コーティングは、「塗装」という意味もあるが、「膜を作る」という意味もある。実用上、「コーティングによる表面改質」は、「機能的な膜を作る」という意味合いで使用される

レーザーやプラズマ等、高エネルギーを用いた「表面改質」と呼ばれる処理は、①②③を同時に行うものも存在する。

図 1-8-1　前処理の位置付け

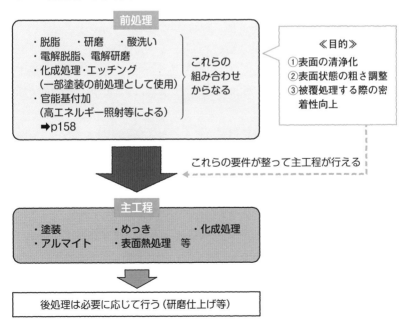

❗ 黒といっても、"いろいろ"ある

あるとき、弊社の同業仲間から紹介されたという人が訪ねてきました。

「これを見ていただけますか？　御社の"電解"塗装の技術でしょうか？」来客のＡさんはそう言って、お猪口のような形をした部品を差し出しました。見ると、表面は艶なし黒の外観です。

「これは違いますね。"電着"ではありません。そもそも、塗装ではないですね」と、"電解"を"電着"と言い換えて答え、加えて「膜厚を測る以前に表面に塗料が乗った感じが全くないですね」と、判断した根拠を伝えました。

「実は、これは医療器具の部品で、他社製のものなんです。外観が良いので、何とか同じようなものができないかと調べている次第なんです」とＡさん。私は「黒のアルマイトに似てますけどね」と、見た目の印象を伝えました。

するとＡさんは「これはアルマイトではないんです。素材はステンレスですから。この部品はアルミ製もあるんですけれど、性能はステンレス製の方が優れているし、黒はデザインも良く、評判も良いので、我々もステンレスで作りたいんです」と、具体的に何の部品で、どう使うのかを説明してくれました。

「黒いステンレスですか……。めっきか化成処理の類でしょうね。でも、他社製品なら表面処理の説明がどこかに書いてないですか？」と私が聞くと、「"黒色加工"としか書いてないんです」と、Ａさんは残念そうに答えました。

私は仕方なく「残念ながらこれは弊社で扱えないし、現時点では推測でものも言えません。お役に立てずに申し訳ありません」と伝え、その場で話が終わりました。

はたして黒色の処理の正体は何だったんでしょう？　実は"黒"と言っても、表面処理には、塗装、めっき、化成処理、アルマイト等さまざまな種類があり、外観や質感も異なります。また、素材によっては、対応できない処理もあります。かかわる技術が異なると、専門家・実務者でさえ見た目だけでは判断が難しい一面が、表面処理にはあるのです。

「このコラム、いろいろな専門用語が出てきてさっぱりわからないよ！」と感じている読者がおられるかもしれません。大丈夫です。この先、それぞれの章で１つずつ解説しておりますので、安心して読み進めてください。

第 **2** 章

前処理

表面処理を行うにあたって、「前処理」は非常に重要な工程です。
前処理は、対象物表面の不純物を取り除く作業で、
脱脂洗浄と除去加工に分けられます。
本章では、脱脂洗浄、除去加工それぞれの種類と方法について
詳しく解説するとともに、どんなときどの方法を採用するのか、
作業にあたって何に注意したらいいのかについてもコメントします。
また、表面処理における「前処理の流れ」についても
わかりやすく整理します。

　表面処理を行う対象物には、多くの場合、何らかの不純物が付着しています。不純物の種類は、油等の有機物と金属酸化物を代表とする無機物に分かれ、それにより清浄法も変わってきます。主な方法は「脱脂洗浄」と、研磨、エッチング（溶解）等による「除去加工」です（図2-1-1）。どの方法を採用するかは、表面処理の種類や素材の種類・状態によって異なり、場合によっては複数の処理を組み合わせることもあります。

●素材表面の主な清浄方法

①脱脂洗浄

　プレス加工や板金加工で使用する薄鋼板は、通常防錆油を塗布して出荷されています。また金属加工の現場でも、素材に関係なく、焼付け防止や加工性を良くするために加工油や離型剤〈➡ p20〉が使用されます。しかし、油は表面処理を行う際には逆に不具合の原因となります。そのため、脱脂処理が必要です。

　脱脂洗浄は、対象物の表面にある油や汚れ（粉塵等の物理的に付着したもの）を取り除くための作業で、通常は素材の状態に変化を与えません。

　脱脂の種類は、水を使用する湿式と水を使用しない乾式に分かれます。湿式には、湯せん、アルカリ脱脂、電解脱脂、超音波脱脂等があります。いずれも後に「濯ぎ」となる水洗が必要です。一方乾式には、主として溶剤で油を溶かす溶剤脱脂があり、そのほかにコロナ放電、レーザー、プラズマ、フレーム（炎）、UV照射による脱脂方法等も存在します。これらは、金属だけでなく樹脂等、非金属に対しても処理が可能です。

　またこれらは、脱脂と同時に素材表面の濡れ性（液体の付着しやすさ）に変化を与える等、表面改質〈➡ p24〉用途としても使用されます。ただし、装置が高度化・複雑化しますので、用途としては、量産品でもシート状等の形状が特化したもの、高精密部品等の特殊個別品に使用される傾向があります。湿式の表面処理とは専門性がかなり異なるため、本書では紹介にとどめます。

②除去加工

　無機物の不純物でも、加工で発生した金属粉や切屑等、油と一緒に単に物理的に付着しているものは、脱脂の際に一緒に洗い流すことが可能です。

　しかし、錆や酸化皮膜〈➡ p14・脚注〉は、素材表面との間で化学的に結合しているため、脱脂洗浄だけでは洗い落とすことができません。そこで、表面を研磨、エッチング等によって除去する必要があります。除去する方法としては、乾式法であればバレル研磨やブラスト処理等を使用した機械研磨、湿式法であれば酸洗い、エッチング、電解研磨・化学研磨等を行います。

図 2-1-1　脱脂洗浄と除去加工

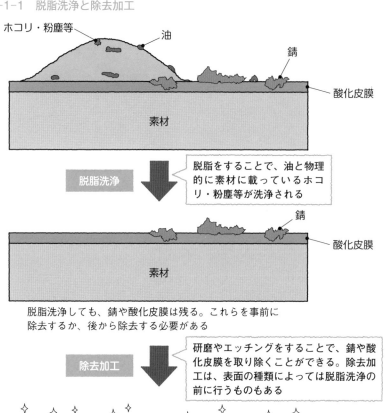

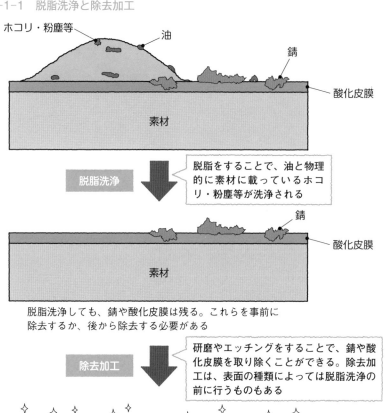

ホコリ・粉塵等　　　油　　　　　錆　　　酸化皮膜　　素材

脱脂洗浄　　脱脂をすることで、油と物理的に素材に載っているホコリ・粉塵等が洗浄される

錆　　酸化皮膜　　素材

脱脂洗浄しても、錆や酸化皮膜は残る。これらを事前に除去するか、後から除去する必要がある

除去加工　　研磨やエッチングをすることで、錆や酸化皮膜を取り除くことができる。除去加工は、表面の種類によっては脱脂洗浄の前に行うものもある

素材

29

2-2 脱脂洗浄

表面処理を行う際、加工油や防錆油等、油を取り除くことを「脱脂」と呼びます。脱脂は、表面処理において極めて重要な作業です。

●脱脂洗浄の種類

前節で簡単に紹介しましたが、ここでは主な脱脂洗浄の種類について解説します。大きく湿式と乾式に分かれていて、湿式は後工程で水洗の必要があります。また、脱脂洗浄の方法には浸漬法、噴霧法、蒸気法、直接法等があります（図2-2-1）。

①湯せん（湿式、脱脂洗浄の方法：浸漬法、噴霧法）

数十℃に熱したお湯を使用し、素材表面を温めることで油の粘性を下げ、流動化させて洗い流します。湯せんは、主にその後の本脱脂のための予備脱脂として使用されます。

②アルカリ脱脂（湿式、脱脂洗浄の方法：浸漬法、噴霧法）

水酸化ナトリウム等、アルカリ性成分と界面活性剤を主体とした工業用の脱脂剤を使用するものです。化学的作用によって油を変化させて、水溶性化や分散化させることで洗い流せるようにします。

③電解脱脂（湿式、脱脂洗浄の方法：浸漬法）

液槽に対象物と電極を入れて通電し、対象物の表面からガスを発生させることで汚れを浮かせて除去する方法です。アルカリ脱脂と組み合わせると効果が高まります。また、電解脱脂は脱脂だけでなく、錆や酸化皮膜を分解した後の残渣（スマット）の除去としても使用されます。

④超音波脱脂（湿式、脱脂洗浄の方法：浸漬法）

液槽の中で対象物を振動させることで、攪拌効果を持たせて油を浮かせます。複雑な形状の処理も可能であり、湯せんやアルカリ脱脂等と併用すれば、効果はさらに高まります。

⑤溶剤脱脂（乾式、脱脂洗浄の方法：浸漬法、噴霧法、蒸気法、直接法）

溶剤が油を溶かす性質を利用して脱脂します。方法としては、液槽に浸漬

して超音波を併用する方法、噴霧法のほか、加熱蒸気による方法、直接対象物に接触する方法があります。素材の種類と状態、油の種類に合わせて溶剤は使い分けされます。

⑥照射（乾式、脱脂洗浄の方法：コロナ放電、レーザー、プラズマ、フレーム（炎）、UV）

　個々の原理は異なるものの、高エネルギーを素材表面に照射することで油等の有機物を分解除去、脱脂する点が共通しています。

図 2-2-1　主な脱脂洗浄の方法

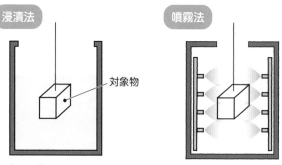

浸漬法

対象物

湿式では湯せん、アルカリ脱脂、電解脱脂、超音波脱脂のほか、酸洗い〈➡p34〉や水洗で使用する。乾式では溶剤脱脂で使用する

噴霧法

湿式では湯せん、アルカリ脱脂、水洗、乾式では溶剤脱脂で使用する。機械研磨によるブラスト処理〈➡p32〉が脱脂を兼ねることもある

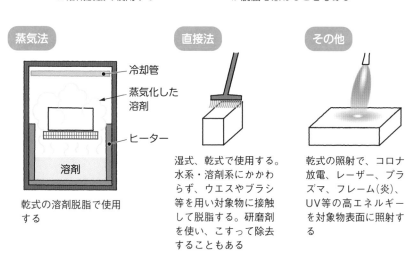

蒸気法

冷却管
蒸気化した溶剤
ヒーター
溶剤

乾式の溶剤脱脂で使用する

直接法

湿式、乾式で使用する。水系・溶剤系にかかわらず、ウエスやブラシ等を用い対象物に接触して脱脂する。研磨剤を使い、こすって除去することもある

その他

乾式の照射で、コロナ放電、レーザー、プラズマ、フレーム（炎）、UV等の高エネルギーを対象物表面に照射する

31

2 -3 除去加工（1）機械研磨

　素材表面を削り、また粗さを整える処理として、物理的方法（研磨）、化学的方法（溶解等）による除去加工があります。

●前処理として使用される除去加工

　素材の表面は、必ずしも平滑で清浄な状態ではありません。錆や酸化皮膜の存在、また対象物の加工種類によっては、鋳造のように凹凸やバリが存在しているものもあります。これらは単に洗浄するだけでは解消させることができないため、表面を研磨、溶解することで対処します。

　除去加工は、表面処理では素材表面の酸化物や異物等の除去、表面の平滑化、その後の表面処理のための下地調整として使用されます。主な種類として、①機械研磨、②酸洗い、③エッチング、④電解研磨、⑤化学研磨があります（④⑤は、多くは単体処理として使用されます）。

●機械研磨

　バレルやブラスト、バフといった装置を研磨剤の類とともに使用します。脱脂洗浄の前に行う機械研磨は、「前処理」以前の前作業として行います。

①バレル研磨（図2-3-1）

　バレル研磨は、容器に対象物と一緒に研磨剤（コンパウンド）や研磨石（メディア）を投入し、回転や振動による摩擦で研磨する方法です。粒度の細かい研磨剤は隅々まで行きわたり、バリを取り除き、角部を丸める効果に加え、全面を研磨します。ただし、バレル研磨は対象物の形状や加工内容によって得意・不得意があります。バリが取り除ける一方、表面に細かな擦りキズが入ることや、板厚が薄い製品では変形の心配があり注意が必要です。

②ブラスト処理（図2-3-2）

　ブラスト処理は、圧縮空気や遠心力を利用して、砂やセラミックス、金属粒子等の研磨剤を対象物の表面に勢い良く噴霧、衝突させて表面を削り取るものです。鋼材の錆や酸化皮膜、溶接した際の不純物の除去のほか、粒子の

大きさを調整することで表面に凹凸や模様付けも可能なため、後工程の塗装や溶射の密着を良くする効果があります。ブラスト処理は、表面処理の種類（塗装等）によっては、脱脂も兼ねて使用されます。

③**バフ研磨**（図 2-3-3）

バフは、研磨布を取り付けた回転する工具・設備で、光沢を出すために磨き上げる処理です。仕上げに使用されるとともに、光沢めっきやクリアー塗装の下地として前処理（前作業）でも使用されます。

図 2-3-1　バレル研磨

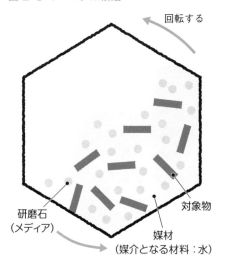

回転する

研磨石
（メディア）

対象物

媒材
（媒介となる材料：水）

図 2-3-2　ブラスト処理（研磨剤を空気で飛ばすエアブラスト）

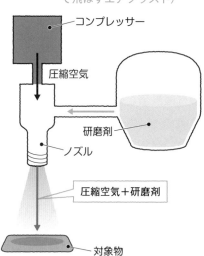

コンプレッサー

圧縮空気

研磨剤

ノズル

圧縮空気＋研磨剤

対象物

図 2-3-3　バフ研磨の作業

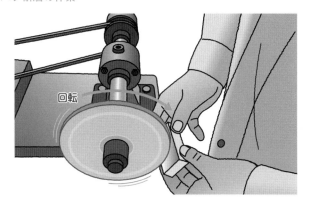

回転

酸洗いとエッチング、および次節の化学研磨は、薬液に浸漬するという点、素材が削られてやせ細る（減肉する）点で共通しています。ただし、それぞれの目的に合った処理方法で、素材に合った薬品を使用する点が異なります。

●酸洗い

リン酸や硫酸、塩酸等を入れた液槽に金属を浸漬し、表面を溶解させる処理です。錆や酸化皮膜、溶接スケール（溶接後の表面の焼け）等、主に素材表面にある酸化物の除去を目的に使用され、めっきでは必要な工程です。酸洗いは短時間液槽に浸漬させる比較的容易な処理で、より長時間浸漬するものは酸浸漬と呼ばれます。酸洗いでは、表面にできていた凹凸はそのまま残ります（図2-4-1）。

鉄鋼材の錆取りに酸洗いを使用する場合、表面が活性化※していてすぐに新たな錆が発生しやすい状態にあるため、鉄鋼材の酸洗いはその後の表面処理と組み合わせて行います。

注意事項としては、鋼材の酸洗いでは水素脆性の懸念があります。これは、鋼材が水素を吸蔵する性質があるために起こるもので、後に割れ（遅れ破壊）の原因となります。高張力ボルトや引きバネ、溶接部分等、特に引張応力がかかる処理品は突如破壊することにもなるため、ベーキング（加熱処理）等の後処理をする等、取り扱いには注意が必要です。

●エッチング

素材の性質に合わせた腐食液を使用して溶解させます。酸洗いと目的は同様です。エッチングは表面処理用途だけでなく、表面加工としての意味合いもあり、レジスト（素材の一部を保護するための膜）と組み合わせて穿孔（穴あけ）や彫刻加工としても利用されます。レジストは、素材を腐食液から保護するマスキングの役割を果たします。方法としては、アナログ写真技術を応用したフォトレジストや印刷レジスト等があります。電子基板製造工

※活性化：表面の化学的反応性が高い状態にあること。

程では、フォトエッチングと呼ばれる穴あけ加工が多用されています（図2-4-2）。

　表面処理と表面加工では、エッチングという言葉の意味合いと実際の使われ方が異なるため注意が必要です。アルマイトの前処理では、鋼材の錆や酸化皮膜の除去等酸洗いに相当する工程にエッチングという言葉を使用しています〈➡ p144〉。

図2-4-1　酸洗い、エッチングのイメージ

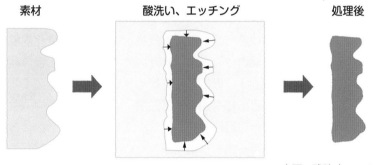

素材　　　　　　　　酸洗い、エッチング　　　　　　処理後

全体的に溶解し、減肉する。
凹凸はそのまま残る

表面に残渣（スマット）が残る
こともある。電解処理やスマッ
ト除去処理（硝酸溶液に浸漬
する等の方法）で取り除く

図2-4-2　フォトエッチング

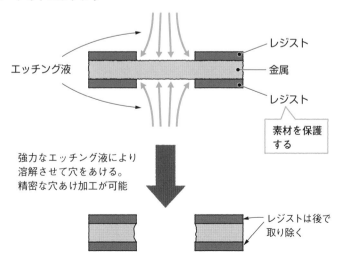

エッチング液

レジスト

金属

レジスト

素材を保護
する

強力なエッチング液により
溶解させて穴をあける。
精密な穴あけ加工が可能

レジストは後で
取り除く

電解研磨と化学研磨は、それ自体で表面処理の仕上げとしても完結します。電解脱脂や酸洗い、エッチングとの比較のため、ここで詳しく解説します。

●電解研磨

ステンレス、アルミニウム等（主に自然環境下で酸化皮膜ができ、表面が安定する金属）の対象物におけるバリ取り、溶接焼けや、表面の酸化皮膜の再生、光沢度向上等の目的に使用されます。また、ステンレス加工後の仕上げとしても多く利用されています。方法としては2種類あります。

①電解液槽に浸漬し、対象物と電極を通電する方法

対象物を陽極にして電解液中に浸漬させ、電気を流して電気化学的に溶解させます。表面の微細な凹凸の凸部が、電位差のため凹部よりも溶解していくことで、表面が平滑になり鏡面化すると同時に強固な酸化皮膜が形成されます（図2-5-1）。複雑な形状であると、対象物によっては電解研磨されやすい箇所にばらつきができることがあります。

②対象物に直接接して通電する方法

電解液を染み込ませた不織布等の付いたコテ状の電極を使用し、直接対象物に接触させて通電させます（図2-5-2）。主に手作業による溶接焼けの除去、酸化皮膜の部分再生に使用されており、ステンレスの金属加工の製造現場で多く使われる方法です。装置は簡易的であるものの、電解研磨する際は酸性臭が発生し、研磨後も対象物に対して水洗いが必要です。そのため、排気や排水に注意を要します。

●化学研磨

化学研磨は、ステンレスやアルミニウム等に対して、薬品による溶解で素材の凹凸を平滑化し、酸化皮膜の再生化を行い、光沢あるきれいな表面に仕上げる処理です。電解研磨と異なり、電流のばらつきによる研磨の差は少なく、複雑な形状のものでも全面を均一に研磨することが可能です。

化学研磨と酸洗いは、設計や製造現場でも違いが比較されることがあります。酸洗いは湿式表面処理の前処理の一環で、錆や酸化物の除去、表面を活性化させるものに使用されます。一方化学研磨は、錆や酸化物の除去に加えて、加工端部のバリ取り、光沢に仕上げる処理での単体の表面処理としても使用されます。また、酸洗いが金属の還元反応で溶解させるだけなのに対し、化学研磨は酸化も行い、酸化皮膜を再生しているところに違いがあります。

図 2-5-1　電解研磨のイメージ

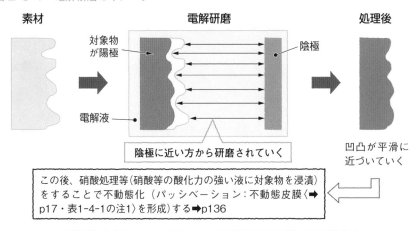

素材　　　　　　　電解研磨　　　　　　処理後

対象物が陽極　　　陰極
電解液

陰極に近い方から研磨されていく

凹凸が平滑に近づいていく

この後、硝酸処理等（硝酸等の酸化力の強い液に対象物を浸漬）をすることで不動態化（パッシベーション：不動態皮膜〈➡p17・表1-4-1の注1〉を形成）する➡p136

電解研磨を応用して、ステンレスの溶接焼けの取り除きや不動態皮膜の再構築を行うことができる。

図 2-5-2　対象物に直接接して通電する方法の例

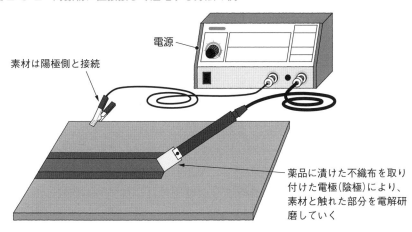

電源
素材は陽極側と接続

薬品に漬けた不織布を取り付けた電極（陰極）により、素材と触れた部分を電解研磨していく

主な表面処理の前処理

表面処理は、扱う素材と目的とする処理によってさまざまな方法が存在します。それに合わせて前処理も、素材の種類、大きさ、形状、数量、状態等によって方法が変わってきます。

●主な表面処理の工程（湿式工程の間には、水洗工程がある）

以下に、主な表面処理の前処理工程から主工程までを簡単に紹介します（図2-6-1）。3章以降で登場する塗装、めっき、化成処理、アルマイト等に関する用語が出てきますが、ここでは「流れ」に注目してください。そして、各章を読みながら時々この項で前処理の確認をしてみてください。

①電気めっき（素材：鉄鋼、皮膜：亜鉛めっき）

アルカリ脱脂→酸洗い→電解脱脂→中和→電気亜鉛めっき

②溶融亜鉛めっき（素材：鉄鋼）

脱脂→酸洗い→フラックス処理（化成処理）→乾燥→溶融亜鉛めっき

③陽極酸化（素材：アルミニウム、皮膜：アルマイト）

脱脂→エッチング→スマット除去（溶解残渣の電解除去）→アルマイト

④塗装（素材：鉄鋼、処理：部品の粉体塗装）

（研磨）→アルカリ脱脂→化成処理（リン酸塩）→乾燥→塗装

⑤塗装（素材：鉄鋼、処理：大物部材の噴霧塗装）

研磨→溶剤脱脂→塗装

⑥表面熱処理（素材：鉄鋼、処理：浸炭）

脱脂→乾燥→浸炭（炭素を鋼材の表面から染み込ませる処理 ➡ p156）

⑦電解研磨（素材：ステンレス、皮膜：不動態皮膜の再構築）

脱脂→電解研磨→硝酸処理（不動態皮膜再生）

共通していることは、前処理には必ず「脱脂洗浄」工程があることです。また、研磨・酸洗い・酸浸漬工程は、主工程の種類と方法によって脱脂洗浄の前や後に置かれます。化成処理や電解研磨は、単体での処理のほか、塗装では前処理としても使用されています。

図 2-6-1　表面処理における前処理の流れ

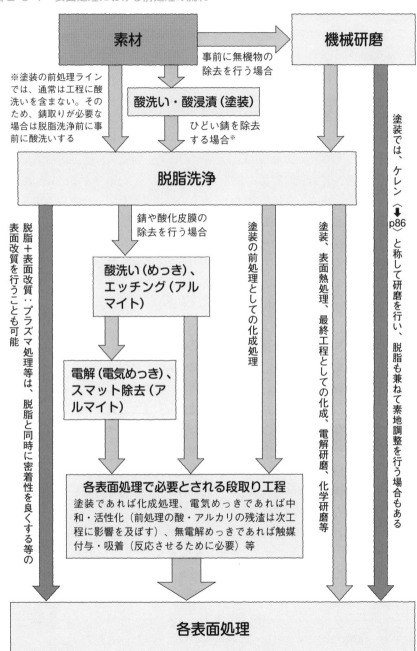

「前処理」以前の話

　私の会社の近くに、同じ顧客を持つ板金加工の会社があります。あるとき、その会社から「予定より早くできたから持ってきた」と、顧客から塗装注文された板金品の持ち込みがありました。このこと自体は普段からよくあることで、何ら問題はありません。しかし、そのときは条件が悪過ぎました。

　湿気の多い夏の時期、板金工場は冷房が効いた涼しい環境で仕事をしています。できあがった板金品も、直前まで涼しいところに積んでありました。私の会社とその会社の距離は1km足らずのため、荷物の移動が便利でムダな梱包も不要、時間短縮とコスト低減につながっていたのですが、これが仇となりました。鉄の板金品が素材むき出しのまま置かれていたため、結露してしまったのです。

　例えるならば、冷えたビールをグラスに注いだとき、グラスが曇って濡れるのと同じ現象です。板金工場から冷えた板金品を積んで車から降ろし終えたときには、すでに結露して湿っていました。間が悪いことに、そのときは金曜の夕方で、それからの仕事は難しく、しかも土日は休みです。

　鉄の表面が湿った状態のまま2日間放置したらどうなるでしょう？　想像するだけでも怖い話です。何もしない訳にいかないので、箱のフタのような形状の板金品を積み重ねた山にしばらく風をあて、結露を飛ばして乾かしました。翌日確認したところ、幸い全面発錆には至りませんでした。それでも休み明けには、持ったときに付いた手の跡にうっすらと錆が浮いていました。

　錆びていた部分はどうしたかというと、前処理の前にサンダーとペーパーで研磨しました。予定を変更して月曜の朝からその製品を検査しながら研磨した後、すぐ前処理をして、何とかことなきを得ました。板金加工の会社に対しては、共通する顧客の仕事ということもあり、注意と対策を促しました。本来なら有償ものの作業です。

　金属加工品の結露は、決して侮れません。錆の発生、腐食の原因となり、「前処理」する以前の話です。一度素材を腐食させてしまったら、対応することは容易でなく、コスト面でも負担となります。表面処理の工場に持ち込む前の金属の仕掛品の保管は、急激な温度変化がないよう、状況によっては外気を遮断する等の対策をお勧めします。ちなみに、冬は異なる条件で結露します。暖房や熱の使い始めに結露しますので気をつけましょう。

第3章

塗装

本書における「第3章　塗装」のボリュームを見てもわかるように、
塗装は表面処理の中でも極めて複雑な技術です。
塗装の種類は多種多様で、分類するのは非常に難しいのですが、
本章では対象物・業界別、素材別、塗料の種類別、塗装方法別、
硬化・乾燥方法別等に分けて整理し、
それぞれの塗装方法についてわかりやすく解説します。
また、塗装工程については全体の流れを5項目に分けて
詳解、塗装の評価、不具合についてもコメントします。

3 -1 塗装とは

　塗装とは、（塗装を施す）対象物の表面に塗料の膜を形成し、被覆する処理です。主な目的は、①素材の保護（防食）、②意匠性の付加、③機能の付加の3つです（図3-1-1）。

●塗装の3つの目的

①素材の保護

　塗装の特徴は、多くの素材（金属、樹脂、木材、ゴム、コンクリート、ガラス等）に対して、ほとんどの場合処理が可能であることです。これはほかの表面処理と比較して大きなメリットになります。

　素材（特に金属）は、種類と環境によって、素地の状態のままでは錆や腐食が発生し劣化が進行してしまいます。そのため、素材を保護する必要が生じます。

　塗装の目的の1つ目は、素材を塗料で被覆することにより劣化原因（水、酸素、酸・アルカリ、化学物質、光、微生物等）から遮断し、保護することにあります。

②意匠性の付加

　「映える」という言葉が、日常で使われるようになっています。日常生活の中で目にする工業製品や建築物の中にも、塗装で彩られ映えるものを多く見かけます。

　塗装の目的の2つ目は、色や艶、肌の質感、模様等、対象物に意匠性を与え、見た目の付加価値を高めることにあります。

③機能の付加

　近年、道路や屋根の遮熱、人の手に触れるものに対する抗菌、電気製品に対する導電等、さまざまな機能を持つ塗装が登場しています。

　塗装の目的の3つ目は、素材が本来持っている性質だけでは成し得ない性能に対して、塗装することで製品に機能を与え、付加価値を付けることにあります。

図 3-1-1　塗装の目的

①素材の保護

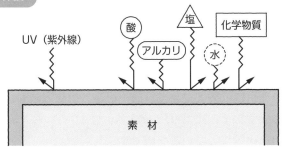

劣化原因の侵入を防ぎ、素材を保護する

②意匠性の付加

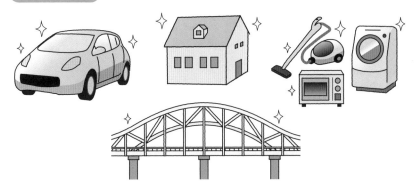

色、艶、模様等を与え、付加価値を高める

③機能の付加

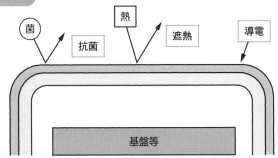

素材が持っていない性質を機能として付加する

塗装の名称は複雑

　塗装は、身近なさまざまなところで使用されていて、見た目も比較的わかりやすい表面処理です。しかし、いざ塗装を説明するとなると途端に難しくなります。その理由は、塗装対象や目的・用途、塗装方法等によって種類が多種多様だからです。「○○塗装」という名称の「○○」にあたる部分の多さが、塗装の説明を複雑にしている原因です。

●塗装をより理解するための方法

　みなさんが「塗装」という言葉を目にするのは、外壁塗装、フッ素塗装、粉体塗装、遮熱塗装等「○○塗装」という形である場合が多いと思います。「○○」塗装の「○○」は、塗装を提供する側にとって、相手に選択を促すための特徴を意味するもの＝大項目となっています。また、塗装を選ぶ側、すなわち消費者にとっても、目につくわかりやすい特徴、選択するための目安になっています（図3-2-1）。

　しかし、その一方で「○○」以外の塗装に関する情報までは伝えられない、わからないという実情があります。そのため、これから塗装について知ろう、学ぼうという方には、「○○塗装」が逆に1つの壁となっています。そこで、塗装の説明を理解するために「○○」に着目し、例えを用いてわかりやすく説明しておきます。

●「○○塗装」の「○○」に着目

　図3-2-2の料理を見て「○○料理」と呼ぶとしたら、どのような答えを思いつきますか。日本料理、肉料理、鍋料理、どれも違和感なくあてはまります。実際は、豚肉と野菜を主な具材とした鍋料理「ちゃんこ鍋」です。

　このように、料理の世界では「○○料理」の「○○」には、ジャンル、嗜好・機能、調理方法、国籍・郷土、素材等があてはまります。日常生活の中で数多くの例が見られますが、多くの方は「○○料理」の内容の違いを感覚的に理解しているでしょう（図3-2-3）。

塗装を理解するための基本的な考え方も、実は料理の場合と同様です。「○○塗装」の「○○」が何の分類に基づいているのかをきちんと把握すれば、塗装の理解は容易になります。

図 3-2-1　塗装の名称

耐熱**塗装**、電着**塗装**、外壁**塗装**、焼付け**塗装**、粉体**塗装**、黒**塗装**、錆止め**塗装**、フッ素**塗装**、板金**塗装**、金属**塗装**、建築**塗装**

塗装
これらは
ほんの一例

「○○塗装」といっても、表記は多種多様で混在している

図 3-2-2　ちゃんこ鍋

図 3-2-3　料理の分類例

○○料理
？

ジャンル
・カレー
・麺類

嗜好・機能
・エスニック
・精進
・激辛

調理方法
・焼く
・煮る
・蒸す

国籍・郷土
・日本
・フレンチ
・中華
・秋田
・沖縄

素材
・肉
・魚
・野菜

塗装の分類

　前節では、料理の名称を例えにして塗装について説明しましたが、「○○塗装」の「○○」が何のことを意味しているのか、その本質を把握することで塗装への理解が早まります。

●塗装という言葉に付く名称 (図3-3-1)

　ここでは塗装の名称となる「○○」にあてはまる項目について紹介します。

①対象物・業界：建築、自動車、橋梁、工業、板金、家電、金物等

　塗装する対象物、あるいは対象物を扱う業界を示します。

②素材：金属、樹脂、木材、ゴム、コンクリート、ガラス、皮革等

　塗装する対象物の素材（基材とも呼ばれる）が何かを示します。

③塗料の種類：メラミン、アクリル、ウレタン、ポリエステル、フッ素等

　塗料の主成分である合成樹脂は、塗装の性能を決める重要な要素です。

④塗料の性状：液体（溶剤、水性）、固体（粉体）

　塗装する前の塗料の物質としての状態と性質、種類を示します。

⑤塗装方法：接触法、噴霧法、浸漬法、流動法

　対象物にどのように塗料を塗布するのか、その方法・塗り方、手段を示します。各工法の中でも道具や設備、方法によりいくつか種類があります。

⑥硬化・乾燥方法：焼付け、自然乾燥

　塗料を塗布した後、硬化や乾燥をどのように行うかを示します。

⑦機能：耐熱、錆止め、遮熱、耐候性、抗菌、蓄光、蛍光、耐薬品性

　塗装に対する機能的な要求事項を示します。

⑧意匠性：色彩、質感、クリアー、エナメル、メタリック、パールマイカ、模様

　色、艶、質感等、見た目の意匠性を示します。

　これら①から⑧の項目の1つ1つが、「○○塗装」の「○○」にあてはまります。たとえば、金属の半艶黒メラミン焼付け塗装（図3-3-2）、外壁のフッ素塗装（自然乾燥、ローラー塗り）（図3-3-3）等と表記されていると、より具体的に塗装の内容がわかりやすくなります。なお、対象物、使用用途に

よっては（たとえば自動車塗装等）、異なる工法で異なる塗料を塗り重ねる塗装もあります。

図 3-3-1 「〇〇塗装」の「〇〇」を表す項目

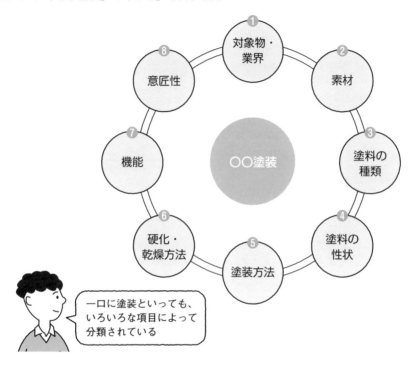

一口に塗装といっても、いろいろな項目によって分類されている

図 3-3-2 金属の半艶黒メラミン焼付け塗装の例

図 3-3-3 外壁のフッ素塗装（自然乾燥、ローラー塗り）の例

［対象物・業界別］塗装の種類

　前節で、「○○塗装」の「○○」にあたる項目が大きく8つに分類できることを説明しました。ここからは、それぞれの項目について詳しく見ていくことにします。まずは、「対象物・業界」です。

●「対象物＋塗装」という表現

　世の中には、塗装されているものが多種多様にあります。塗装されている対象物に対し、「対象物＋塗装」と表すことで、何に対して塗装するのかを理解することができます。

　たとえばインターネットで「塗装」を検索すると、かなりの頻度で「外壁塗装」と出てきます。これにより「外壁に関する塗装」について情報が記されていることがわかります。同様に「自動車板金塗装」であれば、自動車のキズを補修する塗装であることが理解できます。対象物による塗装の種類は、対象物の数だけ存在します。

●業界による塗装の種類

　塗装する対象物の取り扱い量が多くなると、取り扱う事業者も多くなります。同業の事業者の集まりは業界と呼ばれます。塗装で使用する塗料を提供するメーカーも、業界ごとに仕様や生産方法、販路を確立しています。

　業界として代表的なものは、建築、船舶、路面標示、構造物、自動車関係（メーカー用）、自動車補修（整備工場用）、木工、建築資材、電気・機械、機械、金属製品等があります（図3-4-1）。

●業種によって異なる塗装する際の呼び方

　屋外で塗装する業種は、建築、船舶、路面標示、構造物等の塗装があります。これらは、現場で塗装する際「塗装工事」と呼ばれます。

　一方、屋内で塗装する工場内での塗装は、自動車とその関連部品、木工、建築資材、電気・機械、金属製品ほか多数あります。工場内で設備を構築し、

効率良く部品に塗装加工するものは、総じて「工業塗装」と呼ばれます。

また、漆塗りに代表されるような、伝統工芸やデザイン性を含む一品ものの塗装は「工芸塗装」と呼ばれます。このように業種によって「塗装すること」の呼び方は異なっています。

図 3-4-1　対象物・業界別に見た塗装の種類と塗装する場所

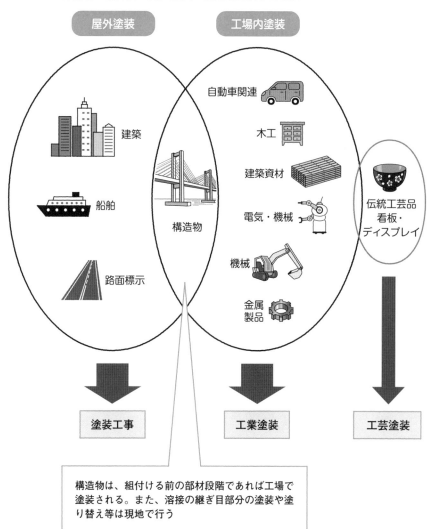

構造物は、組付ける前の部材段階であれば工場で塗装される。また、溶接の継ぎ目部分の塗装や塗り替え等は現地で行う

3・塗装

49

[素材別] 塗装の種類

固体であれば、ほとんどの素材は塗装が可能です。素材による種類分けをするのは、塗装する際の取り扱い（使用塗料や工程）が素材ごとに異なるからです。「素材＋塗装」と表記することで工程への対応の仕方が判断できます。

●塗装できる素材の種類と塗装する目的 （図3-5-1）

①金属

金属は、鉄・非鉄を問わず塗装が可能です。特に鉄鋼材は素地のままだと錆びてしまうため表面処理が必要です。塗装はその処理法の1つです。アルミニウムやステンレスは、自然環境下では酸化皮膜〈➡ p14・脚注〉を形成して表面が安定しているものの、腐食生成物（水、塩分、化学物質）に長時間触れると腐食が発生します。これを遮断し、素材を保護するために塗装します。

②樹脂（プラスチック）

樹脂は、金属と異なり腐食はありません。しかし、太陽光や雨、化学物質等にさらされる状態では劣化します。そのため、耐候性（変質や劣化を起こしにくい性質）を向上させるために塗装を行います。また、樹脂に塗装することで、機能の付加や美観の向上も図れます。

③木材

木材は、素地の状態では、日々の手入れを怠れば気温や湿気、太陽光、微生物等により劣化し朽ちていきます。塗装することで、これらの劣化原因や物理的なキズ等から木材の表面を保護し、耐久性と美観を向上させます。

④コンクリート、アスファルト等

コンクリートは、そのままの状態でも使用可能なアルカリ性の物質です。ただ塗装を施すことで、水や二酸化炭素、ほかの化学物質の侵入・反応を防いで表面を保護し、劣化を抑制します。また、美観を向上させます。アスファルトに対しては、塗装は路面標示として利用されます。

⑤ゴム

ゴムにはさまざまな種類、用途、弾性の違いがあります。天然ゴムの場合、

自然環境下では空気中のオゾンや浮遊する化学物質により劣化していきます。塗装にはこれらを遮断することによる劣化防止の役割があります。

⑥ガラス

食器類に対する装飾目的や、割れた際の飛散防止のための膜、汚れ防止のための膜として塗装が使用されます。

⑦皮革

意匠性やキズ付き防止、水のハジキ等、製品の付加価値を高めるために塗装を使用するものがあります。

図 3-5-1　塗装が可能な主な素材

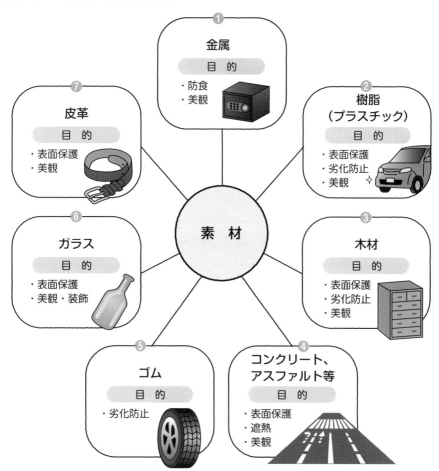

3-6 [塗料の種類別] 塗装の種類(1) 合成樹脂の種類

　塗料の主成分は樹脂です。樹脂は塗料が乾燥して硬化した際、固形分のもととなるもので、塗装の性能に大きな影響を与えます。現在、塗料の樹脂は漆等、一部伝統工芸用途の天然樹脂を除き、化学合成樹脂（以下、合成樹脂）が主として使用されています。「合成樹脂＋塗装」と表記することで、どんな合成樹脂塗料を使用している塗装かがわかり、塗装の性能の把握や工程を選定する目安になります。

●合成樹脂塗料の種類と用途・性能

　塗料で使用する合成樹脂の内、代表的なものを紹介します。表3-6-1に示した合成樹脂に要求される性能は、光沢、強靭さ、耐候性、防食性、付着力等、使用用途に合わせてさまざまです。しかし、合成樹脂は成分や結合状態等の化学的性質から、1種類で高い性能を多く兼ね備えている訳ではありません。樹脂によって長所も短所もあります。

　たとえば、エポキシ樹脂は金属素材に対する防食性と付着性に優れる一方で、耐候性（太陽光）に弱いという特徴があります。そのため、塗り重ねを必要とする塗装での下塗りや屋内品用途等で使用されます。また、フッ素樹脂は、耐候性が最も高いとされており、耐熱性にも優れる塗料であるものの、コストが高く、あらゆる製品に採用することは現実的ではありません。

　このように塗装を検討する際には、性能、塗装方法、扱いやすさ、コスト、環境対策も含め、対象物の使用用途に合った塗料を選定する必要があります。そのため、多種多様の合成樹脂塗料が存在します。

　塗料の種類を表記する場合、合成樹脂の種類に加えて、次節で解説する塗料の硬化・乾燥型や塗料の性状〈➡ p56、58〉、および乾燥方法〈➡ p76〉が併記されることがあります。たとえば「常温乾燥型水性アクリル塗料」とあれば、乾燥方法（常温乾燥）＋性状（水性）＋合成樹脂の種類（アクリル）を意味しています。塗装の現場では、性能と工程に合った合成樹脂、性状、および塗料の硬化・乾燥型や乾燥方法の塗料を選択しています。

表 3-6-1　主な合成樹脂の種類

種類	特徴
アミノアルキド樹脂 メラミン樹脂	アミノアルキド樹脂は塗膜〈➡ p88〉が硬く、耐摩耗性、光沢もあり、金属製品の焼付け型の塗料として多用されている。メラミン樹脂も同様に金属製品の焼付け塗装に多用されているが、耐候性はあまり良くないため屋内製品向けとなっている
アクリル樹脂	水溶性、粉体、揮発乾燥型、焼付け乾燥型等、塗料の性状や硬化・乾燥型への適応範囲が広い合成樹脂。光沢や耐候性、耐水性、耐油性も良く外装品で使用することも可能
ポリウレタン樹脂	塗膜は硬く、耐薬品性にも優れ耐候性もあることから、建築塗装や自動車の外装（自動車の場合は、アクリルウレタン樹脂）としても使用されている。多くは硬化剤と混合して硬化させる二液硬化型（二液混合重合乾燥型）の塗料として使用される。自然乾燥でも塗膜は硬化するものの、強制乾燥・焼付け乾燥〈➡ p76〉することで硬化時間の短縮が可能。また、プラスチック用塗料としても使用頻度が高い
エポキシ樹脂	防食性に優れ、金属との付着力も良い。防食用・密着用の下塗り塗料としても多用されている。カチオン電着塗装〈➡ p72〉の塗料としては多くがエポキシ樹脂を採用し、自動車等の下塗り塗料として使用されている。欠点は紫外線に弱く、劣化しやすいことで、耐候性を必要とする外装品の上塗りには不向き。防食用の下塗り塗装、屋内のブラケット・金具用としては有用
フッ素樹脂	外装向けの塗料としては、耐候性に関して現在一番優れているとされている。また、撥水性、耐熱性、耐摩耗性にも優れ、屋内では厨房器具等にも使用されている。ただし、価格が高いのが難点である。テフロン®は、デュポン社の商標でフッ素樹脂を使用した塗料
ラッカー ※樹脂ではない	「ラッカー」は樹脂そのものを指すものではない。ラッカー塗料は、揮発性の高い有機溶剤の混合物にアクリルやニトロセルロース等の樹脂を溶かし込んだ塗料で、溶剤が揮発して乾くことによって塗膜ができる（揮発乾燥型塗料）。そのため、ラッカー塗装は常温乾燥で行う。一般消費者向けにも DIY のラッカースプレー等として市販されている。耐候性や耐溶剤性がないため、使用用途は限られる

[塗料の種類別] 塗装の種類(2)
硬化・乾燥型の種類

　塗装は、塗布した塗料が硬化・乾燥してはじめて、塗膜として本来の性能が発揮されます。塗料の硬化・乾燥の仕方は「硬化・乾燥型」として数種類があります。硬化・乾燥型の表記は、具体的にどんな条件で使用する塗料なのか、塗装作業する側にとって有用な情報となります。「硬化・乾燥型＋合成樹脂＋塗料」が、製品として塗料に表記されているものもあります。

●合成樹脂の硬化・乾燥型の種類

　合成樹脂の硬化・乾燥型は大きく2種類に分かれます。熱可塑性型と熱硬化性型です（図3-7-1）。この2つは、よく食べ物に例えて説明されます。

①熱可塑性型（チョコレート型）

　洋菓子のチョコレートは、温めると溶け、冷やすと固まります。このような性質を熱可塑性といい、塗料も同様です。具体的にラッカー系や塩化ゴム系の塗料は、混合した溶剤が揮発すると化学反応を伴わずに塗膜が形成されます。その一方で、塗膜は加熱すると軟らかくなり、また使用した溶剤にも再度溶けます。このような性質のものを揮発乾燥型といいます（表3-7-1）。熱可塑性型には、このほかに融着乾燥型、融解冷却乾燥型があります。

②熱硬化性型（クッキー型）

　焼き菓子のクッキーは、一度固体化するとそれ以上焼いても溶けることはなく、必要以上に焼くと焼け過ぎてもろくなります。このような性質を熱硬化性といいます。

　熱硬化性型の樹脂は、塗料中の分子どうしが反応し、より大きな分子量の化合物になる「重合」と呼ばれる化学反応を伴って硬化し、塗膜が形成されます。具体的な塗料樹脂としては、アミノアルキド樹脂、メラミン樹脂、フタル酸樹脂、ポリウレタン樹脂、ポリエステル樹脂、フッ素樹脂等があります〈➡ p53・表3-6-1〉。

　熱硬化性型の硬化・乾燥の仕方には、酸化乾燥型、重合乾燥型、紫外線硬化型、熱重合乾燥型※があります（表3-7-1）。

※熱重合乾燥型：一般に焼付け塗装と呼ばれるのはこのタイプ。

図 3-7-1　熱可塑性型と熱硬化性型

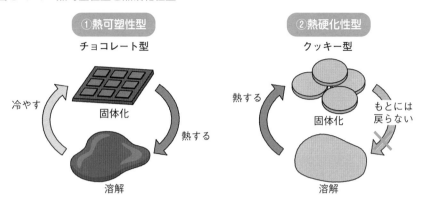

表 3-7-1　硬化・乾燥型の種類としくみ

（カッコ）は、塗料の性状〈➡ p56、58〉

	硬化・乾燥型	硬化・乾燥のしくみ	代表的な塗料
熱可塑性型チョコレート型（化学反応を伴わない硬化・乾燥）	揮発乾燥型	塗膜の溶剤が蒸発して、塗料が硬化する	・アクリルラッカー塗料（溶剤） ・塩化ゴム塗料（溶剤）
	融着乾燥型	溶剤や水分が蒸発すると、分散した樹脂粒子が接触、融着して連続した塗膜となる	・エマルジョン塗料（水性）
	融解冷却乾燥型	加熱によって融解した塗膜が冷却によって硬化する	・路面標示塗料（粉体）
熱硬化性型クッキー型（化学反応を伴う硬化・乾燥）	酸化乾燥型	塗膜中の溶剤が蒸発する際、塗膜が空気中の酸素と反応し、重合を伴って硬化する	・フタル酸樹脂塗料（溶剤）
	重合乾燥型	硬化剤や触媒等と混合することで、樹脂が反応し重合を伴って硬化する。硬化剤を添加するものは、樹脂と硬化剤を一定割合で混合させることから、二液硬化型とも呼ばれる	・ポリウレタン樹脂塗料（溶剤） ・エポキシ樹脂塗料（溶剤） ・フッ素樹脂塗料（溶剤）
	紫外線硬化型※	紫外線を照射することで、樹脂が反応し重合を伴って硬化する	・UV 塗料（無溶剤液体型）
	熱重合乾燥型	加熱することで、樹脂が反応し重合を伴って硬化する（一般に "焼付け" と呼ばれるタイプ）	・アミノアルキド樹脂塗料（溶剤） ・メラミン樹脂塗料（溶剤） ・アクリル樹脂塗料（溶剤・粉体） ・ポリエステル樹脂塗料（溶剤・粉体）

※紫外線硬化型：紫外線をあてた瞬間に硬化する。溶剤を含んでおらず、蒸発して乾燥するという状況がない。

3 -8 [塗料の性状別] 塗装の種類(1)
液体状の塗料（液体塗装）

　性状とは、物質の状態や性質を表します。塗料の場合、液体状のものと固体（粉体）状ものが存在します。「塗料の性状＋塗装」と表記することで、塗料の性状に合わせた塗装であることを意味します。

●液体状の塗料の種類

　液体状の塗料には、①溶剤系塗料、②水性系塗料、③無溶剤塗料の３種類があります。

①溶剤系塗料による塗装（溶剤塗装）

　塗料の性状で実際に最も多く使用されているものは、有機溶剤を使用した溶剤系塗料です。

　溶剤系塗料は、塗料樹脂〈➡ p53・表3-6-1〉と有機溶剤、顔料、添加剤の混合物からなる液体状の塗料です（図3-8-1）。油性塗料とも呼ばれます。溶剤系塗料は、塗装方法〈➡ p60〉に対する汎用性も高く、塗膜を形成するための硬化・乾燥方法の選択肢〈➡ p76〉も豊富にあります。

　長所は、使用する有機溶剤が水より揮発しやすく、乾燥時間が短くて作業性が良いことです。また、基本的にどんな対象物でも対応可能です。

　短所としては、環境への負荷や使用する際の安全性があげられます。これは、溶剤系塗料にはその性質上、揮発性有機化合物（Volatile Organic Compounds：VOC）が含まれているためで、大気汚染やシックハウス症候群の原因の１つと考えられています。

②水性系塗料による塗装（水性塗装）

　水性系塗料は、溶剤系塗料の溶剤にあたる溶媒の主成分が水でできている塗料です。若干の溶剤、樹脂分、顔料、添加剤が水に対して溶解・分散されています。

　粒子が乳化（本来混ざり合うことのないものが均一に混ざり合うこと）して分散しているものはエマルジョン塗料と呼ばれます。

　長所は、溶剤系塗料と違って火気に対し安全で臭いが少ないことです。ま

た、VOC を大幅に低減しているため、人と環境にやさしい塗料として家屋・建物の塗装でも多く使われています。

　短所は、溶剤系塗料と比較して自然乾燥〈➡ p76〉では気温や湿度によって時間がかかる傾向があることです。

③**無溶剤塗料による塗装（無溶剤塗装）**

　無溶剤塗料は、溶媒となる有機溶剤や水を含まず、合成樹脂そのものが液体状である塗料です。溶剤を含まない分、塗装条件に制約があるものの、作業環境中に溶剤の毒性が全くないため安全衛生面では安心です。

　建設現場における密閉空間での塗装工事、製品用途では UV クリアー塗装等で使用されています。VOC 削減に貢献する塗料ですので、今後の展開が期待されています。

図 3-8-1　液体状の塗料の構成

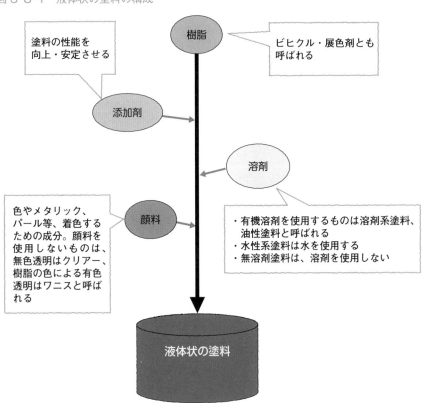

樹脂

塗料の性能を
向上・安定させる

ビヒクル・展色剤とも
呼ばれる

添加剤

溶剤

色やメタリック、
パール等、着色する
ための成分。顔料を
使用しないものは、
無色透明はクリアー、
樹脂の色による有色
透明はワニスと呼ば
れる

顔料

・有機溶剤を使用するものは溶剤系塗料、
油性塗料と呼ばれる
・水性系塗料は水を使用する
・無溶剤塗料は、溶剤を使用しない

液体状の塗料

粉状の塗料（粉体塗料）を用いた塗装が粉体塗装です。粉体塗料は加熱により溶融して流動化し、対象物上で膜を形成、さらに加熱あるいは冷却することで硬化・乾燥して成膜します。粉体塗料は無溶剤の塗料ですが、本書では前節で解説した液体の無溶剤塗料とは分けて話を進めます。

●粉体塗装の特徴 （図 3-9-1）

粉体塗装の長所は、VOC〈➡ p56〉を含まず、環境負荷低減に寄与していることです。また、溶剤系塗料による塗装と比べ1回での厚膜の塗装が可能です。溶剤系塗料の噴霧塗装では1回の工程で 20 μm 程度の膜厚しか得られませんが、粉体塗装では倍以上、方法によっては一度に 100 μm 以上の膜厚を得ることが可能です。これは外装品の素材保護という点では有利です。

一方、短所は塗膜を形成するために加熱させる必要があるため、設備が必要となることです。製品の部材の塗装としては、工場内の塗装に限られます。厚膜になる傾向があるために、精密部品等で嵌合のための精度が必要なものには配慮が必要です。調色（色の調合）も難しく、色替えも面倒なため、少量多品種対応には工夫を要します。

●粉体塗装の塗装方法

塗装方法としては、噴霧法（静電粉体塗装 ➡ p68）と浸漬法（粉体流動浸漬塗装 ➡ p70）があります。ここでは要点のみを記します。

①静電粉体塗装

静電作用を利用し、スプレーガン等で噴霧する際に塗料に帯電させ、対象物側をアースすることで塗料を付着させます。

粉体塗装は、対象物に塗料を付着させた後、熱により塗料を溶融・流動化させて塗膜を作り、さらに硬化・乾燥工程が必要となります。また、粉体塗装は専用設備を要することから、屋内での工業製品に使用される塗装方法です。

②粉体流動浸漬塗装

　粉体塗料を容器内で圧縮空気により流動させ、その中に予備加熱した対象物を入れると半溶融状態で塗料が付着します。そして容器から出した後、再度加熱することで塗膜が形成されます。粉体流動浸漬塗装は、ショッピングセンターのカートや金網フェンス等に使用されています。

　なお①②とは別に、屋外では路面標示の工事で、いったん塗料を溶かし、液状にして路面に塗り付ける融解冷却乾燥型〈➡ p55・表 3-7-1〉の粉体塗料の使用があります。

図 3-9-1　粉体塗装とは？

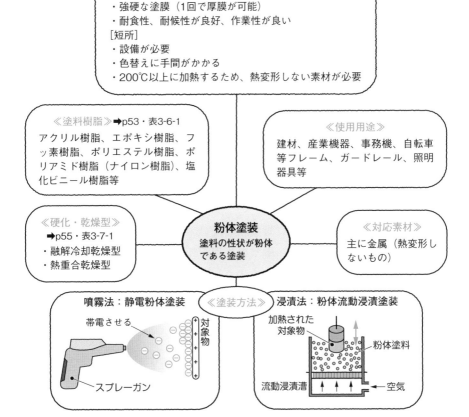

3 -10 ［塗装方法別］塗装の種類（1）4つの塗装方法

塗装方法は、大きく①接触法、②噴霧法、③浸漬法、④流動法の4つに分けることができます。これらの方法については、それぞれの中で原理が異なる塗装方法がいくつも存在します。「塗装方法＋塗装」と表記することで、どのような器具や設備を使って塗料を塗布するのか、その手段や施工の方法を判断することができます。

●4つの塗装方法（図3-10-1）

①接触法
刷毛、ローラー、ヘラ等の器具を使い、これらを対象物に直接接触させることで液体状の塗料を塗布する方法です。屋外での塗装や大型の対象物は、人の手を介して刷毛やローラーで塗装するものが多くあります。

②噴霧法
塗料を微粒化して霧状にし、対象物に噴霧して塗布する方法であり、工場内での塗装（工業塗装）では主流となっている塗装法です。代表的なものはスプレーガンを用いた塗装で、吹付け塗装とも呼ばれます。噴霧法に用いる塗装機器は種類も多く、技能に依存するものから最先端のIOTを組み合わせて省力化しているものまで多種多様なものが存在します。

③浸漬法
塗料の入った容器や槽の中に対象物を浸け、塗料を付着させる方法です。ディッピングとも呼ばれます。電気の作用を使った電着塗装、粉体塗料での流動浸漬法も浸漬法の部類に入ります。

④流動法
対象物に液体状の塗料をかけ流して塗布する方法です。代表的なものとしては、工場内で設備を構築して扱うフローコーターがあります。主に鋼板や木工合板等、面積の大きい連続した対象物を大量に生産する現場で使用されています。

塗装方法については、次節から詳しく解説していきます。

図 3-10-1　主な塗装方法

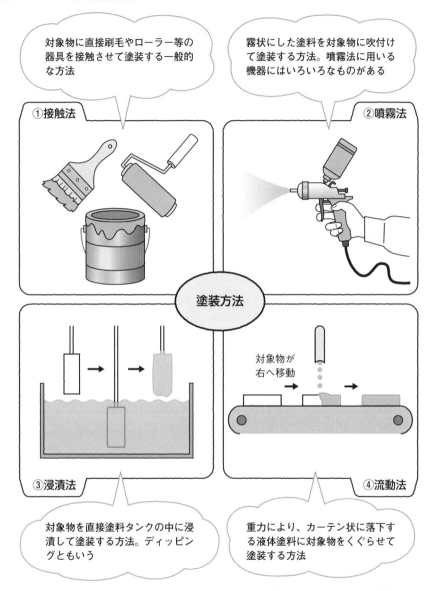

対象物に直接刷毛やローラー等の器具を接触させて塗装する一般的な方法

霧状にした塗料を対象物に吹付けて塗装する方法。噴霧法に用いる機器にはいろいろなものがある

① 接触法

② 噴霧法

塗装方法

対象物が右へ移動

③ 浸漬法

④ 流動法

対象物を直接塗料タンクの中に浸漬して塗装する方法。ディッピングともいう

重力により、カーテン状に落下する液体塗料に対象物をくぐらせて塗装する方法

塗装方法（塗料を塗布する方法）は各種あり、原理的に大きく分けると4種類になる。それらの塗装方法の扱える対象物の大きさや形状、仕上がりの良さ、生産性（速さ）、塗料の塗着効率に関する長所と短所についてはそれぞれの項目で解説する。

3 -11 [塗装方法別] 塗装の種類 (2) 接触法

　接触法では、主に刷毛、ローラー、ヘラ等の器具を使用し、対象物にこれらを直接接触させて塗料を塗り付けて塗装しています。接触法という言葉は、実際にはあまり使用されず、作業現場では「刷毛塗り」「ローラー塗り」等、個別の「道具名称＋塗装（または塗り）」で呼んでいます。取り扱いが容易で塗料の飛散も少ない塗装方法ですが、それだけにきれいに仕上げるためには熟練した技能が必要な塗装法でもあります。

●接触法の種類

①刷毛塗り

　刷毛塗りは、人の手を介して刷毛に液体状の塗料を含ませ、対象物に刷毛を接触させて塗り付ける塗装方法です（図 3-11-1）。刷毛塗りの長所は、手軽で簡単に扱え、狭い場所や複雑なものに対しても塗装可能なことです。短所は、手軽であるものの人の技能に依存するものでもあり、仕上がりが技能の差として現れることです。また、大量生産向きではありません。

　刷毛は、動物の毛や化学繊維等の素材を使用し、塗料の特性に合わせて使い分けています。さらに塗装する場所や形状に合わせて刷毛の大きさや形等を使い分けます。

②ローラー塗り、ローラー塗装

　ローラー塗りは、広い面を塗布する際に適した塗装方法です（図 3-11-2）。屋外の建築物や構造物の現場では壁や床等の面に対して使用されます。ローラーも種類が豊富にあり、対象物の表面状態に合わせて選択します。

　また、ローラーは工場内塗装では専用設備化することで、ロールコーターとしてカラー鋼板等大量生産を可能にしています〈➡ p74〉。

③ヘラ塗り（パテ付け、しごき）

　実際の現場では、「ヘラ塗り」という言葉はあまり使用されていません。パテと呼ばれる粘性の高いペースト状の充填剤・塗料を使って、対象物の凹みや割れ等を埋める作業にヘラを使用します（図 3-11-3）。その際は「パテ付

け」と呼びます（図3-11-4）。また、床等の広い面に対し、粘性が高い液体状の塗料をヘラでこすり付けるように平らに塗り広げる際にも使用されます。ヘラは、こすり付けて表面を均す"しごく"という意味から「しごき」とも呼ばれます。

図3-11-1　刷毛塗り

図3-11-2　ローラー塗り

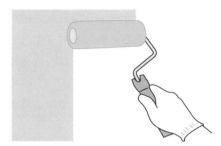

図3-11-3　パテとヘラ

出典：3級技能検定の実技試験課題を用いた人材育成マニュアル・塗装（金属塗装作業）編　厚生労働省

図3-11-4　パテ付けの様子

出典：3級技能検定の実技試験課題を用いた人材育成マニュアル・塗装（金属塗装作業）編　厚生労働省

　噴霧法は、塗料をスプレーガン等の塗装機から吐出させ、対象物に噴霧することで塗布する塗装方法です。噴霧法を行うには、圧縮空気を供給するためのコンプレッサーや、飛散した塗料を捕獲・回収する塗装ブース、乾燥設備等の付帯設備が必要になります（図3-12-1）。

　そのため、屋外の作業では、作業環境や扱える機器、塗料の硬化・乾燥型〈➡p54〉に制約があります。一方、屋内の作業では、設備を構築することで少量多品種から大量生産まで対応可能なことから、工業塗装の分野では主力の塗装方法です。

　噴霧法の主な種類は、①エアスプレー塗装、②エアレススプレー塗装、③静電塗装（液体塗料を使用するものと粉体塗料を使用するもの）の3つです。

●噴霧法の主な種類

①エアスプレー塗装

　エアスプレーガンを用いる塗装です（図3-12-2）。圧縮空気（エア）を利用し、空気とともに塗料を吸い込み、ノズルから空気と一緒に微粒化した塗料を噴霧する方法です。調整と小回りが利き、仕上がりも良く量産にも適しています。難点は塗着効率（塗料が対象物に付着する割合）が30〜40％と低く、塗料が付着せずに飛散し廃棄物となる量が多いことです。

②エアレススプレー塗装

　エアレススプレーガンを用いる塗装です（図3-12-3）。エアスプレー塗装では、コンプレッサー（図3-12-1）によってエア（空気）を圧縮しますが、エアレススプレー塗装では塗料そのものに直接圧力をかけ、ノズルから塗料を吐出する際に、微粒化させて噴霧します。高圧洗浄機もこの原理です。

　エアレススプレー塗装は厚塗りが可能で、塗着効率はエアスプレー塗装よりも高い50％程度です。細かな調整が効かないため、複雑で小さなものには向かないものの、構造物の壁や板状の部品等の広い面を速く塗るのには適しています。「③静電塗装」については次節で解説します。

図 3-12-1　エアスプレー塗装の際に使用する装置の例

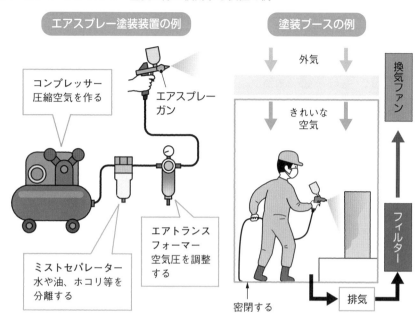

エアスプレー塗装装置の例

コンプレッサー
圧縮空気を作る

エアスプレー
ガン

ミストセパレーター
水や油、ホコリ等を
分離する

エアトランス
フォーマー
空気圧を調整
する

塗装ブースの例

外気

換気ファン

きれいな
空気

フィルター

密閉する

排気

3・塗装

図 3-12-2　エアスプレーガン

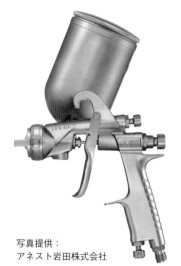

写真提供：
アネスト岩田株式会社

写真のエアスプレーガンは、カップを取り付け少量の塗料を使用する。塗料供給装置と組み合わせれば大量生産も可能。

図 3-12-3　エアレススプレーガン

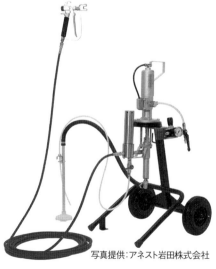

写真提供：アネスト岩田株式会社

エアレススプレーガンは、ポンプユニットとセットで使用する。

●**噴霧法の主な種類**（前節の続き）

③**静電塗装**

　静電塗装は、噴霧法の中でも塗着効率が50〜85％程度と高く、ロボット等による省力化も可能なことから、大量生産する工業塗装の現場では欠くことのできない塗装方法です。

　静電塗装機には、スプレーガン型（図3-13-1）や、回転遠心力を利用して塗料を霧化（回転霧化）するベル型、ディスク型※があります（図3-13-2）。スプレーガン型の塗装機は、人の手で扱えるものとロボットに装着して省力化を図れるものがあり、ベル型、ディスク型は人の手で扱わず、ロボット等の自動機に装着して使用します。

　静電塗装には、液体塗料ではなく粉体塗料を使用するものもあります。この場合は液体型の静電塗装機とは機器・原理が異なり、専用のスプレーガンを使用します。これについては次節で解説します。

●**静電塗装の原理と特徴**

　静電塗装では、塗料を噴霧する際に塗装機から高圧で荷電し、対象物をアースした上で静電界（高電圧をかけて帯電した塗料に電気的な力が及ぶ空間）に沿って塗布させます。対象物の静電界は、磁石に砂鉄が付く様子をイメージすればわかりやすいでしょう。

　このとき、対象物の形状によっては、静電界に偏りが発生し、塗膜が均一に付かないことがあります。特に凸部では塗膜が付きやすく、凹部では塗料が入りにくくなりますが、これをファラデーケージ効果といいます（図3-13-3）。

　このため、塗装機の種類と対象物の形状の組み合わせによって、仕上がりに対する得意不得意が存在します。その対策として、塗料が入りにくい凹部分を見越した工程設計や、静電塗装の前か後でスプレーガンによる補正塗装、もしくは塗装回数を増やす等の調整を行います。

※ベル型、ディスク型：遠心力を利用した噴霧器には、扇風機のように直進方向に吐出するベル型と、スプリンクラーのように円周状に吐出するディスク型がある。

図 3-13-1　スプレーガン型の静電塗装機

絶縁体の樹脂でできたスプレーガンで、塗料ホース、エアホース、電線が取り付いている。外部にあるコントローラーで電圧を調整し、エアによって塗料を微粒化して、噴霧する際に塗料を帯電させる。

図 3-13-2　ベル型の静電塗装機

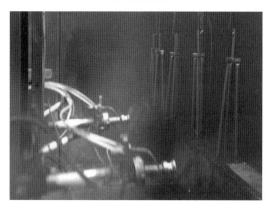

塗装機の先端のベル（コマ状の回転する部品）の側面周囲に巡らせた穴から、遠心力で塗料の微粒子を吐出して霧化する。霧化した塗料は帯電しており、アースした対象物に引き寄せられて塗料が付着する。

図 3-13-3　ファラデーケージ効果

端部は
付きやすい

凹部は
付きにくい、
薄い

内部は
入らない

円形部の
外はしっかり
塗れる

静電塗装では、凸部に塗料が付きやすく、凹部に塗料が入りにくい。塗料が入りにくい部分では、エアスプレーによる補正塗装等を行う（液体塗装）。

●静電粉体塗装の種類

　前節で液体塗料による静電塗装について解説しました。ここでは粉体塗料による静電塗装について見ていきます。静電粉体塗装には粉体塗料専用の静電エアスプレーガンを使用します。原理の違いにより2種類があります。

①コロナ帯電式

　コロナ帯電式は、静電粉体塗装の現場では多く採用されている塗装方法です。スプレーガンの先端にある針状のコロナピン（電極）に高電圧（-50～-100 kV）をかけることで、ガン先から吐出する粉体塗料の粒子にマイナス電気を強制的に帯電させ、これをアースした対象物に噴霧することで、静電気の作用により粉体塗料を付着させます（図3-14-1）。

　長所は、ほとんどの粉体塗料を扱うことができる、塗着効率が良い、膜厚を安定させることができる等です。一方で液体系の静電塗装と同様、凹部の内側には粉体塗料の粒子が入りにくいという短所があります。凹部に塗装しようと噴霧を重ねると、静電反発※や膜厚ムラが生じ、塗装外観不良へとつながるため、液体系の静電塗装と異なる別の対策が必要です。

②摩擦帯電式（トリボ式）

　摩擦帯電式は、粉体塗料がスプレーガン内部をエアとともに移動する際、ガン内部の荷電素材との間で発生する摩擦により電気を塗料に帯電させる方法です（図3-14-2）。噴霧の際は、対象物にアースは必要ではあるものの、高電圧は使用しません。また、荷電素材はテフロン®やナイロン樹脂等ですが、素材によって帯電はプラスとマイナスが変わります。

　長所は、コロナ帯電式の短所でもある凹部の内側や複雑な形状への塗装が行いやすいことです。一方短所は、高電圧により強制的に塗料に帯電させる訳ではないことから、帯電のしやすさが塗料の特性に左右され、湿度の影響も受けてしまう点です。

　以上の2種類の方法には、いずれも長所と短所があります（表3-14-1）。それぞれの特徴を理解した上で、塗装設計や工程に活かすことが必要です。

※静電反発：膜厚が厚くなり過ぎ、帯電した塗料どうしが反発して凹みが生じること。

図 3-14-1　コロナ帯電式の原理

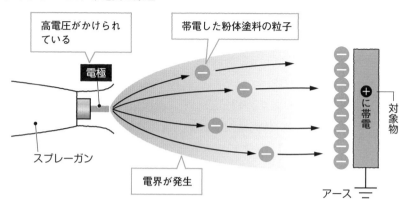

図 3-14-2　摩擦帯電式（トリボ式）の原理

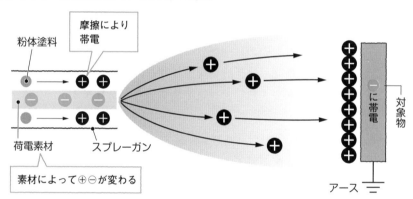

表 3-14-1　コロナ帯電式、摩擦帯電式（トリボ式）の長所と短所

	長所	短所
コロナ帯電式	・高電圧の条件変更が可能なため、塗装条件の変更や調整が行いやすい ・ほとんどの粉体塗料を扱うことが可能 ・湿度の影響を受けにくい ・摩擦帯電式に比べて塗着効率が高い	・凹部への入り込みが弱い（ファラデーケージ効果による） ・静電反発による肌荒れが発生しやすい ・電界を発生させるため、周辺のホコリ等も吸着させてしまう
摩擦帯電式（トリボ式）	・凹部への入り込みが良い（塗料自体が帯電しているためエアで凹部に送り込める） ・静電反発が生じないので肌感が良い ・高電圧を使用するための電源が必要ない	・塗料によって帯電量が変わってしまうため、塗料に制約を受ける ・湿度の影響を受けやすい

　3-10 節〈➡ p60〉でも述べたように、塗料の入った容器や槽の中に対象物を浸けて塗料を付着させるのが浸漬法です。浸漬法の主なものとしては浸漬塗装（ディッピング）、粉体流動浸漬塗装、電着塗装があります。

●浸漬塗装（ディッピング）

　浸漬塗装（ディッピング）は、塗料の入った容器に対象物を浸漬し、引き上げることで塗料を塗布します（図3-15-1）。原理としては最も簡易な方法です。

　対象物が複雑な形状であっても隅々まで塗布できる利点があるものの、塗料は重力により下方に流れるため、その対策が必要です。

　使用用途としては、ピン先の目印部分のみへの対応や、巻きバネやネジ等があります。ネジ等の小部品は、設備を一体化し、浸漬した後に遠心分離することで余計な塗料を除去する等の対策を施す場合があります。

●粉体流動浸漬塗装

　粉体流動浸漬塗装は、浸漬塗装（ディッピング）のように液体塗料の中に浸すのではなく、粉体塗料が舞い上がる容器の中に対象物を吊るして塗装する方法です。

　具体的な手段としては、下から吹き上げる空気によって粉体塗料が舞っている容器の中に、予備加熱した対象物を吊るして投入します（図3-15-2）。対象物に触れた塗料は熱により一部溶融して付着し、その後容器から出して再度加熱することで、付着した塗料が流動化して膜を形成します。

　用途としては、スーパーのカートや金網フェンス等の線材加工品や鋼管継ぎ手等、複雑な形状で強度が必要なものを得意とします。

　粉体流動浸漬塗装は、予備加熱温度と浸漬時間により物理的に塗料塗布の厚膜化が可能なことから、一度に$200\sim1{,}500\ \mu m$の膜厚（溶剤の噴霧塗装では、1回でせいぜい$20\ \mu m$程度）を付けることができます。

　また、粉体塗料の特徴を活かし、乾燥設備と組み合わせてナイロンやポリ

エチレン等、熱可塑性のある樹脂の融解冷却乾燥型の塗料を使用することも可能です〈➡ p55・表3-7-1〉。市場で「ナイロンコーティング」と呼ばれるものは、ナイロン樹脂で融解冷却乾燥型の粉体塗料を使用したものです。

図 3-15-1　浸漬塗装（ディッピング）

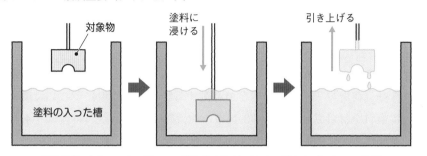

浸漬塗装（ディッピング）は、対象物を塗料に沈めて引き上げるため、塗料が垂直方向に垂れ、溜まってしまう欠点がある。

図 3-15-2　粉体流動浸漬塗装

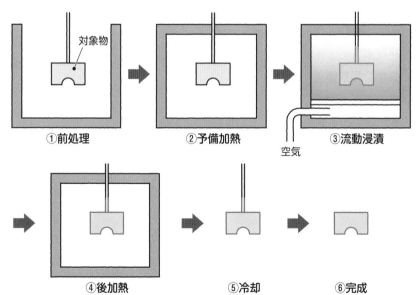

粉体塗料は、塗膜にするまでにいったん加熱流動化させる必要がある。粉体流動浸漬塗装は、前後の加熱工程（図の②と④）を合わせることで、はじめて塗装が可能になる。

　前節では、浸漬法の種類として浸漬塗装（ディッピング）と粉体流動浸漬塗装について解説しました。電着塗装も浸漬法の1つです。

●電着塗装の種類

　電着塗装は専用の水性塗料槽に対象物を浸漬し、電極との間に電位をかけ、電気泳動（荷電粒子が電場のもとで移動すること）の作用によって対象物の表面に塗料を付着させます（図3-16-1）。電着塗装後は、焼付け乾燥〈➡ p76〉により硬化させて塗膜を形成します。

　電着塗装は電極のプラス・マイナスの違いによって、カチオン型とアニオン型の電着塗装に分かれます。電極が陽極になるのがカチオン電着塗装、電極が陰極になるのがアニオン電着塗装です。

①カチオン電着塗装

　カチオン電着塗装は、防食性の高いエポキシ樹脂系塗料〈➡ p52〉を用いた自動車車体の下塗りや、部品の錆止め用途として多く使用されます。

②アニオン電着塗装

　アニオン電着塗装は、アクリル樹脂系で使用されるものが多く、中でも外装で使用されるアルミサッシでの採用が多くあります。アルミサッシは、食べ物のところてんのように、金型に半溶融したアルミニウムを入れて押し出す「押出材」という部材でできています。この部材を表面処理としてアルマイト（陽極酸化）し、直後にクリアーのアニオン電着塗装を行うことで複合表面処理として使用されています。

●電着塗装の長所と短所

　電着塗装の長所は、付きまわり※が良く、噴霧塗装では塗料が入らない複雑な形状のものでも、塗膜が均一に付くところです。また、ラインを構成することで量産性にも優れています。

　一方短所は、設備導入のコストが高いことです。塗料槽の色替えが困難で、

※付きまわり：均一な膜厚で被覆する能力のこと。部材に凹凸があると、凹み部分には膜が付きにくい傾向があるため、「付きまわり」という言葉が使われている。

塗料の管理も濃度やpH等に加え、一定温度を保持する必要があります。また、塗装する際には対象物が袋形状・箱形状で、液だまりや空気だまり（エアポケット）ができやすいものは、設計や治具へのかけ方等で相応の対策が必要です（図3-16-2）。

　塗り重ねについては、噴霧塗装等は電着塗装した塗装面の上に塗り重ね可能ですが、再度の電着塗装は通電しないためできません。電着塗装を塗り直す場合は、塗装剥離（塗膜や樹脂を剥がすこと）が必要です。

図3-16-1　カチオン電着塗装の模式図

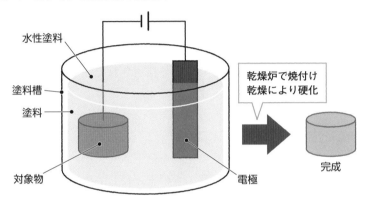

水性塗料
塗料槽
塗料
対象物
電極
乾燥炉で焼付け
乾燥により硬化
完成

電極が陽極、対象物が陰極。電着塗装の塗料は水性塗料で、電着塗装した後に乾燥炉で焼付ける。

図3-16-2　対策が必要な対象物の形状

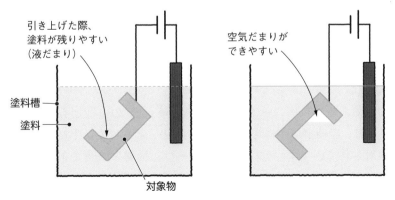

引き上げた際、
塗料が残りやすい
（液だまり）
空気だまりが
できやすい
塗料槽
塗料
対象物

電着塗装では、製品によっては液だまり、空気だまりができやすいため対策が必要となる。

3-17 [塗装方法別] 塗装の種類 (8) 流動法

　流動法は、対象物に液状の塗料を流しかける塗装法です。「ながし塗り」とも呼ばれます。対象物が立体で複雑な形状である場合、垂直方向に付着した塗料は重力により下方に流れるため塗料の液垂れ対策が必要になります。流動法は伝統工芸品で使われている場合もあり、高度な技能が必要となる塗装方法です。

　その一方で、工業塗装の分野では、塗装する対象を平面形状のものに特化し、設備を構築することで効率化が可能な塗装方法でもあります。鋼板や木材合板等、製造現場の塗装方法として広く採用されています。流動法の代表はフローコーター（カーテンコーター）です。

●フローコーター（カーテンコーター）

　フローコーターは、カーテン状に塗料を落下させ、その下に製品を通過させて塗布します（図3-17-1）。平面状のものを連続して塗装することに適しており、塗装速度が速く厚塗りも可能で、膜厚は均一になります。一連の塗装工程では、塗料を速く塗布できる分、塗布と同時に硬化・乾燥工程も重要になります。

　流動法の用途事例として住宅の床材や木工合板等があげられますが、これらは無溶剤のUV硬化・乾燥型塗料を塗布した後、UV照射により硬化・乾燥を行って効率良く大量生産しています。

●大量生産に欠かせないフローコーターとロールコーター

　流動法であるフローコーターと接触法〈➡p62〉の一種ともいえるロールコーターは、設備構成が似ており（図3-17-2）、ともに大量生産の製造現場で広く採用されています。　フローコーターは、板材の厚膜塗布に強く平板の塗装が得意です。ロールコーターは、ロールを複数組み合わせ、コイル状やシート状の素材（後で裁断）の薄膜塗布が得意です。ロールコーターで塗装している代表的な製品は、カラー鋼板（塗装鋼板）〈➡p168〉です。

74

フローコーターとロールコーターは、ともに塗布という技術において、塗料だけでなく接着剤や薬剤、印刷、食品加工、包装等の分野でも応用されています。

図 3-17-1　フローコーターの構成

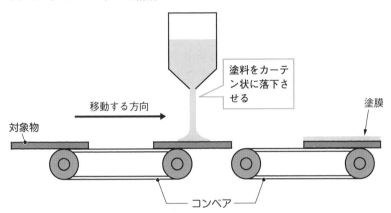

塗料を細くカーテン状に落下させて、その下でコンベアに載せた平板をくぐらせて塗膜を作る。平板に対する作業効率が良く、塗料も回収・循環させるためロスが少ない。

図 3-17-2　ロールコーターの構成

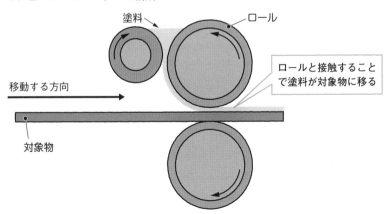

ロールコーターは、いったんロールに塗料を付着させ、対象物とロールが接触することで塗料が移動して塗り広げられていく。シート状の製品に対する連続塗装が得意。

［硬化・乾燥方法別］塗装の種類

　塗装は、塗料を塗布した後、硬化・乾燥させることで塗膜が完成します。

　硬化・乾燥の方法は、大きく乾燥設備を使用するか否かに分けられ、さらに乾燥設備によって種類があります。「硬化・乾燥方法＋塗装」と表記することで、どのような硬化・乾燥方法を使用する塗装なのか、使用する塗料の種類や設備、工程や施工方法を判断することができます。

●自然乾燥塗装

　塗料を塗布した後、乾燥設備を使用せずに常温で自然に乾燥させる方法です。自然乾燥による塗装は、主に建物や構造物等屋外で施工する塗装や、乾燥設備に入らない大きな対象物、加熱することができない素材等で使用されます。

　また、自然乾燥で使用する塗料樹脂の硬化・乾燥型の種類は、熱可塑性型塗料の3つの型〈➡ p55・表3-7-1〉と熱硬化性型塗料の酸化乾燥型、重合乾燥型（加熱を伴わないもの）が該当します（図3-18-1）。

●乾燥設備を使用する塗装

①焼付け塗装※（"焼付"塗装、"焼き付け"塗装とも表記される）

　重合乾燥型（塗料と硬化剤を混合する方式）、熱重合乾燥型の塗料に対して乾燥炉等の設備を使用する塗装です（一般には熱重合乾燥型に対して使用）。「焼付け」という言葉は、もともと乾燥炉の熱源にガスコンロの直火を使用していたのに由来します。現在では、ガスファンや電気（赤外線等を使用）により乾燥炉内の空気（雰囲気）の温度を制御しています。

　工業塗装の分野、特に金属素材に対しては、生産効率化の観点から焼付け塗装が汎用的に採用されています。塗料の種類や材料の熱容量、乾燥時間（数十分）により、焼付け温度は120〜230℃程度で管理します。

②強制乾燥塗装

　樹脂や木材等、加熱すると素材に影響が及ぶ対象物は、焼付け塗装ができ

※焼付け塗装：焼付け乾燥塗装や熱重合乾燥塗装を示す一般的な用語となっている。

ません。しかし、自然乾燥で対応する塗料でも、60〜80℃程度の加熱で素材に影響しないようにすれば、乾燥設備を使用し揮発や重合を促進させることができます。このような方法を強制乾燥塗装と呼びます。

③ UV 塗装

　紫外線硬化型の塗料で、乾燥設備に UV（Ultraviolet：紫外線）照射装置を使用する塗装を UV 塗装と呼びます。UV 塗装は、塗料と乾燥設備の両方が UV 対応している必要があります。

図 3-18-1　塗料の硬化・乾燥型と乾燥の関係

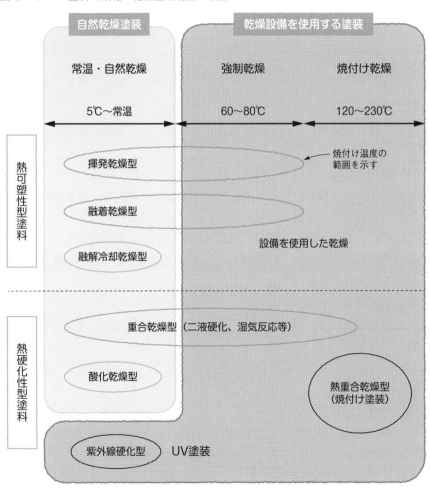

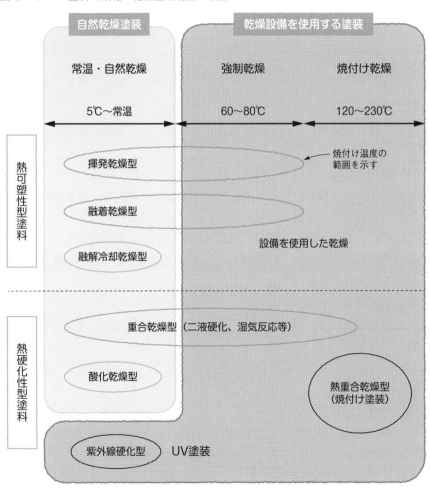

［機能別］ 塗装の種類

　塗料は、塗装することで素材を保護し、意匠性を付加する役割のほかに、機能を付加する役割があります。「機能＋塗料」と表記することで、機能を持つことを目的とした塗料を意味します。

　さらに、この機能塗料の性能を十分に発揮するためには、適切な工程で塗装することが必要です。「機能＋塗装」と表記することで、機能塗料を使用した塗装であることを表します。

●機能塗装の種類

　塗料メーカーは、市場ニーズに合わせて長年研究を重ね、多種多様な機能塗料の開発を行ってきました。

　ここでは、機能の目的に沿って大きく分類し、代表的な機能塗装について紹介します（図3-19-1）。

①熱に関するもの

●耐熱塗装：調理機器、焼却炉や乾燥炉等、直接熱が伝わる対象物に対して、熱変形から守り、塗膜自身も熱劣化しない耐熱性を付加します。

●遮熱塗装：道路表面や建物の屋根に対して使用し、太陽光の熱を反射、あるいは光のエネルギーを分散させることで、結果として建物や構造物まわりの温度上昇を抑制します。

②耐生物に関するもの

●抗菌塗装等：抗菌、殺虫、防カビ等、昆虫やカビ、菌等を抑制して、対象物を守ります。

●船舶防汚塗装：船舶の船底に塗装して、フジツボや海藻等の付着を防止します。

③電気特性に関するもの

　素材の電気特性を改変するものです。金属に対しては絶縁やシールド、樹脂に対しては導電等があります（絶縁塗装、導電塗装等）。

④機械特性に関するもの

衝撃や摩耗等、対象物にかかる物理的な力に対して対応するものです（耐チッピング（衝撃による剥がれ防止）塗装、潤滑塗装等）。

⑤光学特性に関するもの

塗膜自らが発光・発色するもの（発光塗装、蛍光塗装）のほか、太陽光を含め、光に対して反射や遮断等を行うもの（UVカット塗装等）があります。

⑥環境保全・安全に関するもの

気象状況や過酷な使用環境において、物理的に対象物を保護するもの（重防食（過酷な環境にある鋼造物に対する防食）塗装、耐候性塗装、塩害対策塗装、耐薬品塗装、耐溶剤塗装等）のほか、触媒による化学変化の作用で、浄化等周辺環境に影響するものもあります（光触媒塗装等）。

図 3-19-1 　主な機能塗装の種類

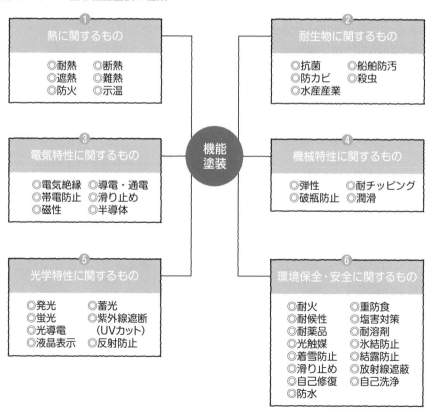

　塗装の目的の1つは、意匠性の付加です。塗装により製品の意匠性が高まることは、製品価値の向上にも寄与します。また、建築や構造物等への塗装は、意匠性を付与することで景観との調和効果も得られます。塗装の分類として「意匠＋塗装」と表記することで、色艶等、意匠性に関する塗装であることを表します。

●意匠性（美観や色彩）に関する塗装

①クリアー塗装

　塗料中に顔料を含まない透明な塗料をクリアー、ワニスと呼び、これを塗装することをクリアー塗装と呼びます。クリアー塗装は、素材の質感や下地の色を活かしつつ、表面の保護や機能の付加を行います（図3-20-1）。

②エナメル塗装

　クリアー塗料に有色顔料を分散させた不透明で有色な塗料をエナメルと呼び、これを塗装することをエナメル塗装と呼びます。

　エナメルという用語は、JISでは「塗料樹脂＋エナメル」と表記し、ラッカーエナメル、アクリルエナメル等という言いまわしで使われます（一部例外もあります）。

　エナメルの色の種類は、単色の顔料を分散させた塗料（原色塗料）を混合し調合（調色）することで、限りなく色を作ることが可能です。汎用色としては、一般社団法人日本塗料工業会等の色見本帳（図3-20-2）があります。色番を指定することにより、発注者と塗装業者、塗料メーカー間で仕様調整が可能となります。

　なお、「有色の塗料」がエナメルの本来の意味合いですが、塗料メーカーによっては、合成樹脂塗料を"エナメル"と呼ぶ事例もあります。

③メタリック塗装

　塗料に金属粒子を分散させた塗料をメタリックと呼び、これを塗装することをメタリック塗装と呼びます（図3-20-3）。

図 3-20-1　クリアー塗装の例（自動車ボディの最終仕上げ）

出典：日産自動車株式会社

　クリアー塗装は、素材の保護や機能の付加に加えて、意匠面では塗装の最終仕上げの艶出しや、素材の質感を活かすために使用される。

図 3-20-2　日本塗料工業会の色見本帳

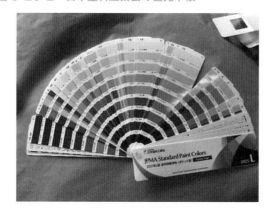

塗料を手配する方法は、色見本を支給するほか、製品名と色見本帳の色番号と艶を指定することで、汎用塗料として手配する。

図 3-20-3　メタリック塗装の例

メタリックは、金属粉の粒径によって輝度（ギラギラ感）が変わる。銅や亜鉛等が入っている真鍮等は、酸化し変色しやすいため、意匠性の維持にはさらにクリアー塗装が必要となる。

また、メタリック塗料は、顔料にアルミニウム粉等を利用し、顔料の粒度によって輝度（ギラギラ感）も変わってきます。メタリックシルバーの場合、シルバーといっても、顔料で使用するのはアルミニウムが一般的です。

●艶あり・艶消し塗装、3分艶・7分艶塗装、模様塗装

　塗装の色を指定する際には、艶も同時に提示することが必要です。塗膜が平滑で反射する「艶あり」に対し、艶消し剤を添加することで艶を落としていきます。艶の計測は、光沢計（グロス計）を使用します。光沢度により、「半艶」「3分艶」「7分艶」「艶消し」等と呼びます。艶消し塗装はマット塗装とも呼ばれ、質感も艶消し剤・成分によりザラツキがあります。

　また、凹凸模様等の特別な質感を出すための塗装として次のようなものがあります（模様塗装）。

①サテン塗装

　塗料に顔料とともにビーズ粒を分散させ、塗膜にザラザラした質感を出した塗装です。ビーズの粒径により、見た目や手触り感も異なります。塗膜が細かな凹凸であるため、素材のキズや塗装に付着するゴミ・ブツが目立ちにくくなる効果もあります（図3-20-4）。

②レザートン塗装

　スプレーガンにより、粘度を高めた溶剤塗料を低圧で吐出することで粒状にして塗装し、塗膜に凹凸模様を付ける塗装方法です。レザートンの名の由来は、皮革のような質感に似せていることにあります。通常は、平滑な塗膜を塗ってから、2回目に凹凸模様を吹付けます（図3-20-5）。

③ハンマートン塗装

　塗料にシリコン成分を分散させて、塗膜にする際にシリコンが塗料をはじく作用によって、ハンマーでたたいたように凹凸に模様を付ける塗装です（図3-20-6）。

　ハンマートンは、その後の別の塗装で、残ったシリコンがハジキの原因となることがあります。ハジキとは、液体塗料を塗装中に表面張力を持つ異物が混在し、これが付着することで液体がはじかれて、表面にくぼみができることです。その対策として、洗浄を十分に行う、機器を別にする等、扱いに気をつける必要があります。

図 3-20-4　サテン塗装

ビーズ粒によってザラザラした質感が生まれる。

図 3-20-5　レザートン塗装

一度平滑に塗ってから、凹凸模様を付ける。

図 3-20-6　ハンマートン塗装

塗料に混合するシリコンが塗料をはじき、模様を付ける。

3-21 塗装工程（1）
塗装工程の全体

　普段私たちが目にしている塗装の成果物は、最終工程を経た後の姿です。最近ではネットの動画配信で見ることが可能ですが、実務にかかわる人以外、塗装中の工程を直接見る機会は多くはありません。

　塗装する対象物は、素材、大きさ、使用環境がさまざまで、塗装する条件も異なります。工場で量産して塗装するものもあれば、屋外で人の手を介さなければならない塗装もあります。たとえば、自動車の塗装とプラモデルの自動車のそれでは、仮に同じ色の塗装をするとしてもその工程は全く異なります。

　塗装は"塗料ありき"ではありません。素材や外部環境、設備、状況等をふまえて適切な方法を判断し、複数の工程を組み合わせることで成り立っています。

●塗装のための3つの工程

　塗装の工程は、大きく①前処理、②塗料の塗布、③硬化・乾燥に分けられます。対象物によっては②や①の工程の一部を繰り返しています（図3-21-1）。

①前処理

　前処理は、塗装する対象物の表面状態を清浄にし、塗装可能な状態に整える工程です。素材が金属であれば、板金加工等の際に使用した油分の脱脂、錆や付着しているゴミ、ブツ等の不純物の除去を行い、化成処理〈➡ p126〉等密着や防錆力を向上させる処理を行います。

　また、素材が樹脂であれば離型剤〈➡ p20〉や付着したホコリ等不純物の除去、木材であれば、毛羽立つ表面の平滑化と乾燥、微細な穴を埋める目止め等、対象物の種類により対処方法が異なります。

②塗料の塗布

　塗料の塗布は、対象物の表面に塗料を塗り広げ被覆する工程です。どんな塗料をどのような方法で塗るかは、対象物と要求される性能、使用用途により選択します。さらに、工場内で行う工業塗装では生産性も大きな要素で、

84

事業者の持つ設備によって採用する塗装方法が変わってきます。その方法は1つとは限らず、選択肢は多数あります。

③硬化・乾燥

塗料を塗布した後には、塗膜を形成する硬化・乾燥の工程が必要です。大きくは常温の自然乾燥によるものと、設備により硬化・乾燥させるものとに分かれます〈➡ p76〉。

図 3-21-1 塗装工程

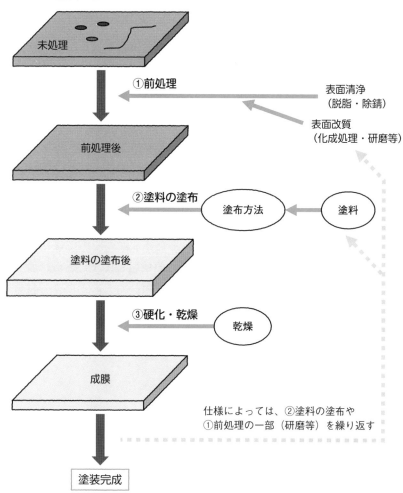

3-22 塗装工程(2) 前処理

　前処理は、塗装する対象物に塗料を塗布する前までの工程です。その役割は、塗装する面を清浄化し、塗膜の性能を発揮できるように表面の状態を改質することです〈➡ p24〉。前処理には、対象物の素材、大きさ、形状によりさまざまな方法があります（図3-22-1）。

●除錆（錆取り）

　対象物に錆が発生していた場合、そのままでは塗装不良の原因となるため、取り除かなくてはなりません。除錆する方法としては、物理的に研磨する、もしくは酸による化学反応を利用する方法（酸洗い・酸浸漬）があります。

●脱脂処理

　工場内で行う塗装では、対象物の素材、大きさに合わせて設備化されており、ライン化（流れ作業）しているものと、固定化（バッチ処理）しているものがあります。

　金属素材の場合、水洗式の脱脂の多くはアルカリ脱脂（工業用の石鹸➡ p30）をシャワーや浸漬槽で行います。また非水洗式脱脂では、トリクロロエチレン等塩素系溶剤を蒸留槽（固定槽）で使用します。さらに設備に入らない大型の対象物では、洗浄用シンナー等を用いた人の手による拭き取り脱脂や、表面改質を兼ねたブラスト処理（研磨剤粒子を圧縮空気で吹付ける処理 ➡ p32）が行われます。熱に弱い樹脂の場合、油分や離型剤の除去には、イソプロピルアルコール（IPA）等を使って拭き取り脱脂が行われます。

●化成処理、表面改質

　金属素材では、前処理工程である化成処理〈➡ p126〉は脱脂後の処理として一連の工程で行われます。また、塗装設備に入らないような大型部品や屋外作業を要するような対象物に関しては、ケレンと称する電動工具による処理（鉄の部分を塗装する前に錆や汚れを落とし、素地をきれいにする作業）

やブラスト処理（表面改質）を行います。

　これは、素材表面を削り取ることで脱脂も兼ねつつ、表面に微細な凹凸を作り密着度を高める効果があります。樹脂やゴム等の難付着素材に対しては、プラズマや火炎と特殊燃焼ガスを使って表面を改質する方法もあります。化成処理や表面改質ができない対象物は、塗装の際に密着力や防錆性を高めるために下塗りを行います。

　最近では、レーザー照射により旧塗膜や錆を除去するレーザーケレン、レーザーブラストといった表面改質の工法も登場しています。装置が小型化して現場にも持ち込めることから、今後の普及が見込まれます。

図 3-22-1　前処理の種類と得られる下地の状態

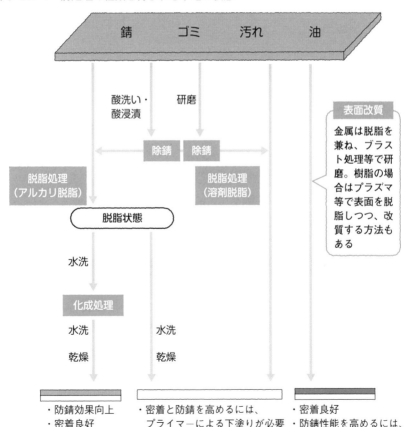

　対象物に塗料を塗布し、硬化・乾燥を経て塗装はできあがります。塗料を塗布したときの塗料の膜のことを塗膜と呼びます。

●積層構造の塗膜

　私たちが塗装を見る場合、外観の良し悪しに目がいきがちです。しかし、実際には複数の工程を経て塗膜ができています。中には、塗料を塗り重ね、塗膜が積層構造となっているものもあります。

　その工程は、処理する対象物、大きさ、形状、用途から選定されます。特に工程の選択肢が多い工業塗装では、前処理し、1回の塗料の塗布で済んでしまう部品もあれば、自動車車体のように前処理から最終のトップコートまで複数の工程を経るものもあります。

　屋外の塗装では、素材、大きさ、使用環境、塗り替えの状況に合わせる必要もあり、用途に見合った塗装方法を選択します。特に耐候性と防錆性が重要となるため、化成処理〈➡ p126〉ができない状況では、少なくとも密着と防錆を考慮して下塗りを行い、耐候性のある上塗りを行います。屋外での塗装の塗膜は、塗膜を重ねた積層構造となっています。

●塗膜の構成

　主な対象物における素材と塗膜の構成について説明します。

①自動車車体

　自動車車体は、私たちの身近で最も目につきやすい塗装製品の1つです。自動車車体の塗膜は、素材の鋼板に対してリン酸亜鉛処理による化成処理を行った上で、カチオン電着塗装〈➡ p72〉による下塗り、その上に中塗り、ベースコート（着色）、クリアーによるトップコートとなります（図3-23-1）。

　それぞれの塗装工程は、耐食性や衝撃性の強化、意匠性、耐候性向上等の役割を持っています。車種やグレードに伴い意匠性も異なるので、その場合は塗り回数が変わります。

②プラント等鋼構造物

　新設プラントの場合、部材としてある程度は工場で塗装します。部材の大きさや形状に合わせた処理を選択し、可能であれば化成処理を行う場合もあります。ただし、溶接等の現場で組付け作業がある箇所は、塗膜が溶接作業の障害となるため事前に塗装はできません。

　同じ部材であっても、屋外で塗装する場合は化成処理の代替として、ブラスト処理〈➡ p32〉、ケレン処理〈➡ p86〉、防錆用下塗りを行った上で、上塗りを塗り重ねます（図3-23-2）。

図 3-23-1　自動車車体（乗用車）の一般的な塗膜構成

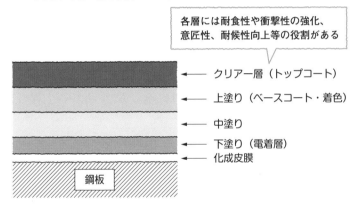

各層には耐食性や衝撃性の強化、意匠性、耐候性向上等の役割がある

◀── クリアー層（トップコート）

◀── 上塗り（ベースコート・着色）

◀── 中塗り

◀── 下塗り（電着層）

◀── 化成皮膜

鋼板

乗用車は車種やグレードによって意匠性が異なるため、それによって塗る回数も変わってくる。

図 3-23-2　鋼構造物の塗膜構成の一例

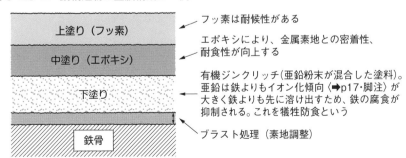

上塗り（フッ素）

中塗り（エポキシ）

下塗り

鉄骨

フッ素は耐候性がある

エポキシにより、金属素地との密着性、耐食性が向上する

有機ジンクリッチ（亜鉛粉末が混合した塗料）。亜鉛は鉄よりもイオン化傾向〈➡p17・脚注〉が大きく鉄よりも先に溶け出すため、鉄の腐食が抑制される。これを犠牲防食という

ブラスト処理（素地調整）

屋外で塗装する場合は、化成処理の代わりにブラスト処理等を行う。

3 -24 塗装工程（4）
塗料の塗布② 塗装仕様

　塗装仕様を決定する際、設計側は塗膜に対する要求仕様を伝え、塗装事業者はそれに見合った塗装方法で要求に沿った工法を選択します。対象物によっては、塗膜に至るまでの工程が複数存在します。

●塗装仕様と工程の選択

　発注者の明確な指示のもと、予め詳細工程まで塗装仕様が決まっているのであれば、塗装事業者はそれに準じて対応の可不可を判断します。

　しかし、対象物によっては、外観を含め最終的な性能要求を満たしていれば、途中の工程は塗装事業者の提案したものになる場合もあります。特に工場内の塗装では塗装事業者ごとに持つ設備が異なり、素材や大きさで対応の可不可も異なります。そのため、上塗りに至るまでの途中の工程の選択肢は複数考えられます。

●前処理に対する選択肢

①鉄製部品の場合

　たとえば、鉄製部品 X を塗装する場合を考えてみます。部品の量産が得意な A 社では、化成処理をした後上塗り 1 回で済みますが、大型部品の少量生産が得意な B 社では、部品 X の化成処理設備を持っていないため、脱脂後に一度下塗りしてから上塗りを行います（図3-24-1）。この場合、A 社製と B 社製では膜厚は異なるものの、性能としては顧客要求仕様を満たしています。

②非鉄部品の場合

　非鉄の場合でも同様に前処理に対する選択が生じます。たとえばアルミニウムでは、

①クロメート系化成処理（クロム化合物を使用した化学反応 ➡ p132）
②下地にアルマイト（陽極酸化処理による人工的酸化皮膜 ➡ p140）
③脱脂後に下塗り塗装

と選択肢が複数存在します（図3-24-2）。

メーカーの指定仕様や業界団体として JIS 等で塗装工程の詳細を標準化しているものであれば、塗装事業者は対応の可不可を判断します。逆に標準化していないものであれば、塗装に至る途中の工程は、各社の設備を応用して対応しています。

図 3-24-1　鉄製部品の塗膜構成の一例

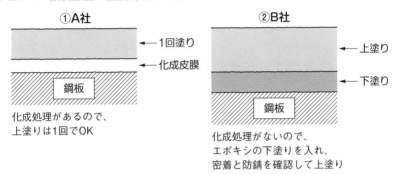

同じ塗料であっても、対象物や用途の制約により①、②どちらの方法もあり得る（膜厚が変わってくる）。

図 3-24-2　アルミニウムの前処理に対する選択

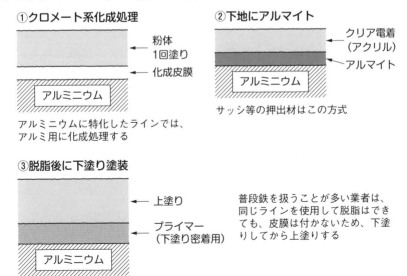

対象によって選択肢は複数考えられる。

硬化・乾燥工程では、対象物の大きさと素材の種類が大きく影響します。設備を使えるか否かによって、①自然乾燥による方法と、②乾燥設備を使用する方法に大きく分かれます 〈➡ p76〉。

●自然乾燥による硬化・乾燥

建築物や構造物等、屋外にあり移動が困難な対象物、また工場内でも乾燥設備 (後述) に入りきらない大きなもの、熱変形する素材は、自然乾燥を選択します (図3-25-1)。常温による自然乾燥では、路面標示塗料で使用する融解冷却乾燥型 〈➡ p55・表3-7-1〉 の塗料を除き、指触乾燥 (触った感じでは乾燥している状態) で数分から数時間、完全硬化 (塗膜として性能を発揮する状態) するのに数時間から数日の時間を要します。

●設備を利用した硬化・乾燥

①熱硬化・乾燥 (焼付け塗装)

乾燥設備 (乾燥炉) を使用し、熱により硬化・乾燥させる方法です (図3-25-2)。金属製品の塗装では主流の方法です。一般的にも熱硬化性型の塗料は「焼付け型塗料」、乾燥設備を使い熱硬化・乾燥させる塗装は「焼付け塗装」と呼ばれています 〈➡ p76〉。数十分で完全硬化するため、生産性も良いです。

乾燥設備の温度は、熱硬化性型の塗料の仕様に合わせて温度設定を行います。基本的には120〜230℃程度で、塗料の仕様、対象物の素材の種類、大きさ、肉厚、乾燥時間等から温度を調整していきます。

②強制乾燥

樹脂や木材等、熱変形する素材に対しては、焼付け塗装はできないため、自然乾燥型の塗料を使用します。それでも、乾燥設備が使用可能な状況であれば、常温よりは高い温度 (数十℃程度) で使用することで、自然乾燥よりも乾燥時間を短縮することが可能です。これを強制乾燥と呼びます 〈➡ p76〉。

③ UV 硬化・乾燥

　紫外線硬化型塗料を使用した塗装を UV 塗装と呼びます。特徴は、UV を照射すれば直後に硬化・乾燥するため、ラインでの生産性が良好なことです。また、塗膜も硬く（鉛筆硬度4H以上）、クリアーのトップコートとして利用されます。ただし、UV 照射が届かないと塗料は硬化しないため、対象物の形状、意匠性の選択に制約があります。

図 3-25-1　自然乾燥による硬化・乾燥

構造物の塗り替え・補修塗装には自然乾燥の塗料を使い、現場で足場を組んで作業する。

図 3-25-2　設備を利用した硬化・乾燥

左は塗装ラインで対象物が乾燥炉から出てくる様子。右のガスバーナーを使用して熱風を作り、循環させている。

3-26 塗装評価の概要

　塗装の評価は、大きく分けると①外観検査、②塗膜の計測・試験、③サンプルや試験片による環境暴露試験、機能試験の３つによって行われます。

　試験については、JIS K 5600 等で種類と方法が規定されています。ここでは、概要を紹介します。

●塗装評価試験の概要 （図 3-26-1）

①外観検査

　外観検査は、塗装の見た目の検査です。スケ（透け）やタレ（垂れ）、ピンホール、ゴミ（異物の付着）・ブツ（不規則な突起）等、外観上に異常がないか、人による目視や機器による可視化によって検査します。

　スケやピンホール等は、外観だけでなく塗膜の性能不足にも直結します。また、表面に付着するホコリ等のゴミ・ブツ等は、対象物によって実用上の限度が異なるため、基準を設けて検査します。

　色艶に関しては、色差計や光沢計等の計測機器で定量的に計測します。

②塗膜の計測・試験

　塗膜の性能は、塗料の性能に加えて、前処理も含む一連の工程・施工も影響します。塗料メーカーは、自社塗料製品の性能情報を公開しており、取扱説明書には「どのような塗料」で「どんな塗装をしたとき（標準塗装仕様）」に、「どんな性能・機能があるか（塗膜性能）」を記載しています。塗膜の計測・試験は、膜厚・密着（付着具合）・硬度等を検査することで、仕様どおりの塗装ができているか検証することが可能になります。

③環境暴露試験、機能試験

　実際、すべての製品を部品単位で全数試験・検査することはできません。使用される製品・部材のサンプルや同等の材料で塗装仕様に沿った試験片を試験することで、錆が発生するまでの時間（耐食性）や塗膜の劣化時間（耐候性）、機能にかかわる数値等を計測します。試験結果と「②塗膜の計測・試験」に相関を持たせることで、塗膜の品質・性能を確認する目安にもなります。

図 3-26-1　塗装評価試験の主な種類

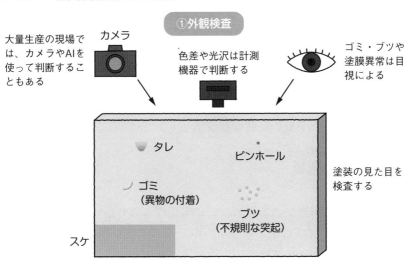

①外観検査

大量生産の現場で
は、カメラやAIを
使って判断するこ
ともある

カメラ

色差や光沢は計測
機器で判断する

ゴミ・ブツや
塗膜異常は目
視による

タレ

ピンホール

ゴミ
（異物の付着）

ブツ
（不規則な突起）

スケ

塗装の見た目を
検査する

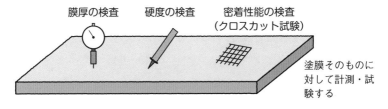

②塗膜の計測・試験

膜厚の検査　　硬度の検査　　密着性能の検査
　　　　　　　　　　　　（クロスカット試験）

塗膜そのものに
対して計測・試
験する

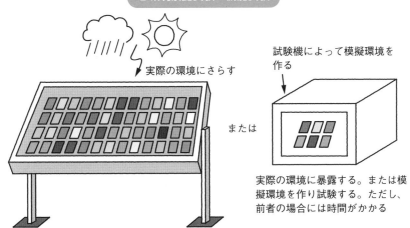

③環境暴露試験、機能試験

実際の環境にさらす

試験機によって模擬環境を
作る

または

実際の環境に暴露する。または模
擬環境を作り試験する。ただし、
前者の場合には時間がかかる

3・塗装

95

　良品と判断して一度納めた塗装品でも、後になって、意図せず不具合を起こすことがあります。ここでは、塗装が完成した後から発生し得る不具合現象について、代表的なものを紹介します（図3-27-1）。

●不具合現象の種類
①変色
　塗膜の主成分は樹脂であるため、経年劣化によって退色したり、紫外線によってチョーキング（白化）します。中でもエポキシ樹脂塗料〈➡ p52〉は、耐食性と密着力に優れ、下塗りや屋内用途で使用されるものの、耐候性は弱く、直射日光があたる環境下では、ほかの塗料と比較して変色しやすいといえます。

　また、顔料に亜鉛や銅、真鍮（銅と亜鉛の合金）等を上塗り使用した塗料は、酸化により短期間で変色することがあります。塗料によっては、「エイジング塗料※」として、逆にアンティーク製品用途にするものもあります。

②塗膜剥離
　塗膜がテープ等で簡単に剥がれて取れてしまい、素地あるいは下塗り塗料が露出してしまう状態を塗膜剥離といいます。塗膜剥離の原因は、素材に対する塗料の選定（設計）、塗装の前処理から硬化・乾燥までの一連の工程中の不具合（施工）等、複数考えられます。特定と再現が難しいこともあります。

　また、溶融亜鉛めっき品等への塗装では、塗装直後は大丈夫でも、両性金属である亜鉛と塗料がゆっくりと化学反応し、数週間経って剥離する場合があります。素材と塗料の化学反応の有無にも注意が必要です。

③錆の発生
　塗膜の下が数日から数週間で突起状や糸状にふくらみ、剥がしてみると中が錆びている場合があります。塗装前の前処理の不良や、前処理から塗装するまでの間に結露を被る等、錆が発生する要因は多々あります。一連の工程で発生したものか、全面か部分的かによって原因も変わってきます（図3-27-2）。

※エイジング塗料：新しい材料を古風なアンティーク調に仕上げるための塗料。

④塗膜に付く梱包の跡

　原因としては、塗膜の硬化・乾燥不足、梱包の緩衝材による影響があります。前者は工程中の不具合が影響するもので、後者は塗装後の扱いによるものです。樹脂の緩衝には可塑剤（樹脂を軟らかくする添加剤）が入っているものがあり、長らく梱包状態で保管して高い圧力がかかり続けると、可塑剤が移行して製品の塗膜に跡が付いてしまうことがあります。

図 3-27-1　不具合現象の種類

図 3-27-2　塗装後の局部腐食の例

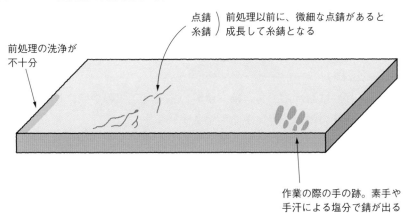

　塗装したものに何らかの不具合が起こった場合、それがどこに起因するものなのか、ある程度のあたりをつけることで原因の特定と解決につなげることができます。

　着目すべき点は、
①塗装の設計
②施工（工程）
③塗装後の運用
の3点です（図3-28-1）。

● 塗装の設計

　塗装の設計とは、素材・塗料の選定、塗装工程に関する一連の決めごと、仕様のことです。

　設計で考慮すべき点は、素材と塗料、塗り重ねる塗料どうし、乾燥方法の組み合わせ・相性です。個々の性能は良くても相性が悪い組み合わせになると、物理的に無理が生じたり、化学的に反応してしまうことがあるので注意が必要です。

　極端な例をあげれば、樹脂の素材に溶解力の強い溶剤を使用すると、素材が溶けてしまったり、熱乾燥をさせると熱変形したりします。塗装の設計が適切でない場合、不具合は生産品全体に影響が及びます。

● 施工（工程）

　施工（工程）における不具合は、塗装の施工・工程の中で、ロット単位あるいはある程度の割合で現象が発生します。

　素材や設備の扱い、塗料の調合等に通常とは異なる部分がなかったか、工程の1つ1つについて、良好な状態のときとの差分を確認することによって不具合原因を洗い出します。

●塗装後の運用

塗装後の運用は、塗装が完成し商品として出荷したとしても、後から外的要因で個別に発生するものです。

塗膜は樹脂でできています。そのため、接触しているもの（梱包・荷役・運送）や置かれた環境によっては、キズや梱包跡、熱や紫外線の影響等で不具合化してしまうこともあります。塗装後の取り扱いに関しては、責任範囲を明確化することも必要です。

図 3-28-1　不具合の原因特定

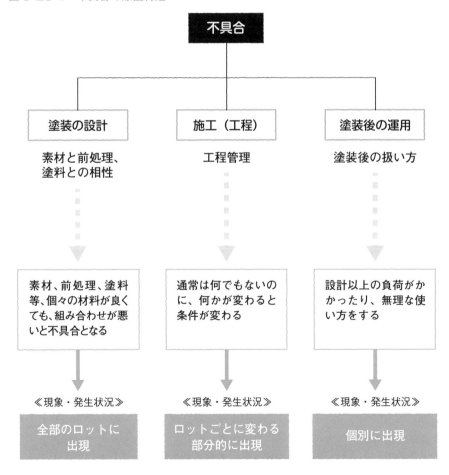

　会社で訪問客のＡさんと話をしていたところ、別のお客さんであるＢさんから電話がありました。

Ｂさん：予定の部材なんですが、先方が現場対応で上塗りするとのことなので、御社は錆止めまでお願いします。

私：プライマーを塗ればいいわけですね？　ほかに指示はありますか？

Ｂさん：特にありません。どうせ見えなくなるので、塗料はわざわざ買わなくても、御社にあるものでかまわないです。

私：では、赤錆ならありますけれど、それでいいですか？

Ｂさん：それでかまいません。納品してから、現場がいつ塗装できるか読めないので、とりあえず錆止めをして、置いておきたいそうです。

私：なるほど。では、手持ちの赤錆を塗っておきますね。

　そう言って電話を切ると、Ａさんが質問してきました。

Ａさん：すみません、今の電話の話が聞こえていたのですが、塗装するのになぜ錆を塗るんですか？

　Ａさんは、塗装とは無関係の用件で来られた方なので、そう感じるのも無理はありません。

私：そうですよね、不思議に思いますよね。赤錆っていうのは、色の名前なんですよ。錆止めの塗料には多いのですが、本当の錆を塗っているわけじゃないんです。紛らわしいですよね。

　そう説明し、付け加えて、「ちなみに赤錆の色って、下塗りではありませんが、ここら辺でいうと浅草の雷門の赤色に近いですよ」とお話したところ、「なるほど、あの感じの色ですか！」と納得していました。

　実際、錆止め塗料は赤錆色が多いのです。なぜ多いのでしょうか？

　それは、以前は防錆顔料として主流であった鉛丹（四酸化三鉛）が赤系の色であったことに由来します。鉛は昔から着色顔料・防錆顔料として使用されてきました。しかし、人体に有害で中毒性もあることから、現在は使用に制約があり、塗料でも鉛フリーの代替品に移行してきています。それでも、昔ながらの赤錆という色が、一部の業界では仕様や慣習として残っています。

　我々が普段仕事で気にしないことでも、一般の方からするとヘンな感じがするのでしょうね。塗料の赤錆は色の名前、錆を塗るわけじゃないんです。

第4章

めっき

めっきは、素材の表面に金属の薄膜を被覆する技術で、
塗装と並んで日常に浸透している表面処理技術です。
めっきは、一般的に金属膜の素材、成膜原理、目的等によって
分類されますが、本章では特に金属膜の素材によるめっきの種類、
成膜原理によるめっきの種類について詳しく解説します。
このほかに、機能めっき、めっきの評価、めっきの不具合についても
わかりやすく整理します。

4-1 めっきとは

　めっきは、素材の表面に金属の薄膜を被覆する技術です。「めっき」という言葉自体は日本語であり、平仮名の「めっき」が正しい表記として扱われ、漢字では「鍍金」と書きます。めっきする目的は、①装飾、②防食、③機能の付加等にあります。

●日常生活に必要不可欠な「めっき」

　めっきは、古くから存在する技術です。日本国内でも、8世紀半ばに建立された奈良・東大寺の大仏には、水銀の蒸発を利用しためっきが施されています（アマルガム法といわれる処理法）。

　現在、めっきはさまざまな方法が開発され、現代社会では欠かすことのできない表面処理技術となっています。

　日常で見られる製品をあげてみましょう（図4-1-1）。家の中では、水道まわり、飲料缶、化粧品の容器、ネジ、金具、ケーブル端子、仏具、装飾品等でめっきを直接目にします。

　また少し探してみると、家電製品や電子機器の筐体の裏や底板、基板内部でも使用されています。冷蔵庫や洗濯機等の白物家電の類は、外装は塗装がされているものの、塗装の下処理として亜鉛めっきした表面処理鋼板〈➡ p162〉が使われています。

　屋外では、構造物や建物の鋼材柱や壁、屋根、建築金物、ボルト等、直接目にするところ以外にも数多く採用されています。

　乗り物でも、たとえば自動車の場合、外装・内装・電装まわりと、部品の用途に応じためっきが採用されています。ちなみに自動車の車体も、外装は塗装がされているものの、やはり下地にはめっきした表面処理鋼板が採用されています。

　さらに目を転じてみると、社会基盤を支えるインフラ設備、産業機器、はては航空宇宙まで、めっき技術は装飾や防食目的のほか、電気特性や耐摩耗性等といった機能を必要とする部分で数多く使用されています。

図 4-1-1　めっきが施されている製品の例

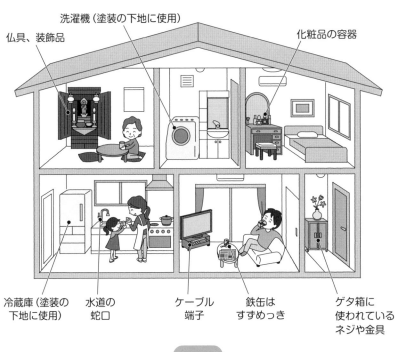

屋内

仏具、装飾品

洗濯機（塗装の下地に使用）

化粧品の容器

冷蔵庫（塗装の下地に使用）

水道の蛇口

ケーブル端子

鉄缶はすずめっき

ゲタ箱に使われているネジや金具

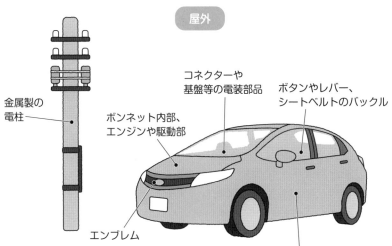

屋外

金属製の電柱

ボンネット内部、エンジンや駆動部

コネクターや基盤等の電装部品

ボタンやレバー、シートベルトのバックル

エンブレム

車体の下地はめっきを施した表面処理鋼板

めっきの種類

「○○めっき」という言葉が使われる際、「○○」の部分にどんな言葉があてはまるかを考えて判別することで、めっきの種類をより理解することができます。

●「○○めっき」の「○○」に入る項目 （図4-2-1）

①金属膜の素材（被覆材料）

金、銀、銅、亜鉛、すず、ニッケル、クロム、アルミニウム等、単体の元素のみならず、合金・混合成分も含めさまざまな種類があります。

②成膜原理（膜を付着させる方法）

水を使用する湿式法と使用しない乾式法の2つに大別され、湿式法は電気めっきと無電解めっきに、乾式法は溶融めっきと気相めっきに分かれます。気相めっきは、さらに細分化されます。

③被覆側の素材

金属、プラスチック、セラミックス等、被覆側の素材の種類もいろいろあります。①の金属膜の素材と区別するために、「○○へのめっき」という言葉に置き換えてあてはめてみると、よりわかりやすくなります。

④目的（装飾、防食、機能）

めっきの主目的となる3大項目で、それぞれさらに詳細に分かれます。

● **装飾（外観）による種類**：外観に関する色、艶（光沢）、質感等のタイプにより分類されます。

● **防食による種類**：防食性、耐候性にかかわる性能は機能とは別に扱います。

● **機能による種類**：機械的特性（硬さ、耐熱性等）、電気的特性、光学的特性等で細分類されます。機能めっきは、たとえばクロムめっきのように同じ金属膜を使用しても装飾用と区別し、工業製品向けは機能性能を要求されます。その場合、総称して「工業用めっき」「硬質めっき」とも呼ばれます。

⑤後処理名

亜鉛めっきでは、後工程でクロメート処理等の化成処理を行うものがあり

ます〈➡ p132〉。このように、完成品に対して後処理名を付けて種類分けしています。例としては、ユニクロめっき（亜鉛に対する光沢クロメート処理）、クロメート等があります。

⑥装置・手段

湿式めっきでは、液槽に素材を浸漬する際、その手段として治具に引っかけて吊るす、またはラック（バレル）に入れて回転させる等の作業をします。めっきの装置・手段により種類分けされ、実務用語として使用されます。

⑦工程

めっきの工程で使用される実務用語として使われます。ストライクめっき（下地めっき）、積層めっき（めっき膜を重ねるめっき）等があります。

①〜⑦の内、①金属膜の素材、②成膜原理、④目的が一般的にめっきの種類として扱われています。

図 4-2-1　めっきの種類

①金属膜の素材（被覆材料）
金、銀、銅、亜鉛、
すず、ニッケル、クロム、
アルミニウム等

②成膜原理（膜を付着させる方法）
電気めっき、無電解めっき、
溶融めっき、気相めっき等

③被覆側の素材
金属各種、樹脂各種、
セラミックス等

④目的（装飾、防食、機能）
●装飾：色、艶（光沢）、質感等
●防食：防食性、耐候性
●機能：機械的特性、
　電気的特性、光学的特性等
めっきの主目的となる3大項目で、
それぞれさらに詳細に分かれる。

⑤後処理名
ユニクロめっき、クロメート等

⑥装置・手段
治具に引っかけて吊るす、ラック
に入れて回転させる等

一般的には、①、②、④
がめっきの種類として用
いられている

⑦工程
ストライクめっき、積層めっき等

105

皮膜の構成と金属材料

前節で、金属膜の素材として金、銀、銅、亜鉛、すず、ニッケル、クロム、アルミニウム等をあげましたが、皮膜となる材料は1つの元素だけとは限りません。複数の元素を組み合わせた合金や非金属等との複合物も多数存在します。膜がどのようにできているか、膜の構成種類を知ることで、皮膜となる材料の理解もしやすくなります。

●めっき膜の構成から見る皮膜材料の種類

めっき膜がどのような形で構成されているかを示した上で（図4-3-1）、皮膜と材料の種類の一例をあげます。

①単一元素によるめっき

金、銀、銅、亜鉛、すず、ニッケル、クロム、アルミニウム等、単一の金属元素で皮膜が構成されるめっきです。それぞれの金属の性質やめっき材料としての扱いやすさ、用途とコスト等によって使い分けされています〈➡ p108〉。

②複数元素による合金めっき

合金とは、複数の金属元素が結合し同化したものです。合金化することで単一の元素では得られない性能を実現することが可能となります。合金めっきの場合、元素を羅列して"○○合金めっき"と表記するだけではなく、汎用名や商標名が付けられているものもあります。例として、装飾用ピンクゴールド（金と数%の銅合金）、溶融めっきで使用する防食用のガルバリウム（アルミニウムと亜鉛の合金➡ p166）があげられます。

③複合めっき

主となる金属元素の中にほかの元素・分子の粒子を取り込み、析出・分散したものです。そのため、金属元素だけでなくフッ素樹脂のような非金属粒子もめっき膜として付加することが可能になります。例として無電解ニッケルリン・テフロンめっき（合金めっきにフッ素樹脂を分散させたもの）があります。

④積層めっき（めっき回数を重ねて積層化したもの）

合金めっきのように、金属元素が2つ並んで表記されているものの、合金ではなく単一の金属元素のめっきを積層したものがあります。たとえばニッケルクロムめっきは、ニッケルめっきを下地とし、薄いクロムめっきで仕上げをしためっきです。本来は①と同様で、単一めっきを複数重ねたものですが、実用上の観点からこのような用語の使い方をされています。

図 4-3-1　めっき膜の構成

※本章では「対象物」のことを「処理物」と表現する

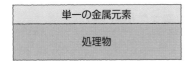

①単一元素によるめっき

単一の金属元素で皮膜を構成する

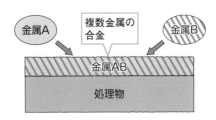

②複数元素による合金めっき

複数の金属が合金化して、単一元素では得られない性能を発揮する

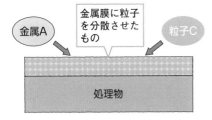

③複合めっき

ベースとなる金属元素の中にほかの元素の粒子を混合・分散して析出させたもので、テフロン®樹脂等の非金属も取り込むことができる

④積層めっき
（めっき回数を重ねて積層化したもの）

単一めっきを重ねたもの。下地めっきは見えなくなってしまうため、仕上げめっきの部分のみ表記すれば単一元素によるめっきと同様の扱いとなる。ニッケルクロムめっきのように下地めっきを表記することで、密着性や防錆性等の性能を示すことができる

①〜④の膜の構成は、主に湿式めっき（電気めっき➡p110、無電解めっき➡p112）と一部溶融めっき〈➡p114〉に対するものである。気相めっき〈➡p116〉に関しては、窒化チタン等湿式めっきでは実現できない皮膜を作ることも可能である。気相めっきの場合は「めっき」という言葉ではなく、「コーティング」という言葉が湿式法と区別しやすく、実務上も使われている。

皮膜となる金属材料の種類

　前節では皮膜の構成と金属材料について述べました。ここでは7つの主要な金属材料の特徴、用途を中心に説明します（表4-4-1）。

●主な金属材料の特徴と用途

　めっき膜の材料の選定は、実用上主に①用途（意匠性、耐食性、機能性）、②めっき材としての扱いやすさと性質、③コストで決まります。

①多くの業界、産業部品で重要な役割を担うニッケル、クロム、銅

　ニッケルは、耐食性、装飾性、機能性が良く、湿式めっき（電気めっき➡p110、無電解めっき➡p112）の材料として扱いやすい存在で、さまざまなめっき膜の主要材料として多用されています。クロムは、薄膜ではニッケル等と組み合わせて装飾用、厚膜では機械的な強度が必要な機械部品等で使用されます。銅は、電気伝導性の良さから電子部品やプリント基板等で使われています。また下地めっきとして処理素材と仕上げめっき膜の間に入り、平滑性と密着性を良くします。

②鉄の防食でコストパフォーマンスの良い亜鉛

　亜鉛は価格が安く卑な金属※であるものの、犠牲防食〈➡p18、89・図3-23-2〉の効果で鉄の防食用途として重宝されています。また電気めっきでは、後処理でクロメート〈➡p132〉をすることで耐食性を高めて使用されます。

③金、銀は付加価値利用の貴金属

　金は優美な外観で、装飾の中でも嗜好品の類で扱われる高価な材料です。機能的には電気伝導性が良いので、電子部品のコネクターや端子等工業生産品で扱われています。銀は金や銅よりも電気伝導性が良く、接点端子等の電子部品で使用されます。また、装飾品や食器等でも使用されます。

④加工性の良さで重宝され、人体に無害なすず

　すずははんだ付け性とボンディング性〈➡p119・図4-9-1〉が良く、電子・電気部品で使用されます。また、耐食性が良く人体に無害なことから、食品缶等で使用されるブリキ（すずめっき鋼板）として使用されています。

※卑な金属：空気中に放置すると酸化しやすい金属。鉄、亜鉛、アルミニウム、ニッケル、すず等がある。卑金属。

表 4-4-1　主な金属材料の特徴と用途

素材	特徴	目的	用途	外観
ニッケル	めっき処理剤として扱いやすく、湿式めっきではニッケル単体だけでなく、合金や複合めっきの主要材料としても多用される。また、耐食性が良く光沢調整も可能なため、下地めっきとしても利用される。無電解めっきでは、ニッケル・リン系のめっきが実用上最も多い	装飾、光沢調整、耐食性、下地めっき、合金・複合めっき材としての扱いやすさ、無電解ニッケル・リンめっきの硬度向上	装飾用、電子部品、産業機器部品、下地めっき	黄白色
クロム	硬度があり耐摩耗性、耐食性、装飾性が良い。薄膜（1μm以下）では、下地に銅やニッケルを使用し装飾用で使用される。厚膜では、薄膜と分けて「硬質クロム」とも呼ばれ、工業製品の機械部品の強度向上目的で使用される。クロムめっきとクロームめっきは同じもの。クロメートは、クロムを成分元素とした化合物の化成処理という点で異なる	装飾（光沢）、耐食性、耐摩耗性	薄膜：装飾が必要な部品、水道まわり、自動車・バイク・自転車等、プラスチック部品の装飾用厚膜：産業機器部品（機械部品、摺動部品）、エンジンまわり、金型、ピストンリング	青みがかった、透明感のある光沢
銅	展性・延性が高く、電気伝導性・熱伝導性が良い。下地めっきとしても使用されることが多い。外観は赤色の金属光沢だが、酸化すると茶色に変色する。亜鉛と銅の合金は真鍮と呼ばれ、金に似た外観になる。ただし酸化して黒ずむため、外観を維持するためにはクリアー塗装が必要〈➡ p80〉	電気伝導性、下地めっき、装飾（着色のための合金として使用）	プリント基板の配線、下地めっき、装飾めっきの着色合金成分	銅色、赤みがかった光沢
亜鉛	金属としては廉価で、酸にもアルカリにも反応しやすい卑な金属。イオン化傾向〈➡ p17・脚注〉の差により鉄に対しては犠牲防食があるため、鉄の防食法としてはコストパフォーマンスに優れる。融点が低く（420℃程度）、溶融めっき〈➡ p114〉での使用量が多い。アルミニウムと亜鉛の合金はガルバリウム〈➡ p166〉と呼ばれ、耐食性はより強くなる	防食	構造物、建材、産業部品、ネジ・ボルト、表面処理鋼板	白銀（徐々にねずみ色）
金	耐食性に優れ、純度が高ければ経時変化がほとんどない。貴金属として価値があり、外観も金色で優美なため付加価値の高い装飾品で使用される。電気伝導性が良く、はんだ付け性とボンディング性も良い。接触抵抗が少ないので、少量使用する接点端子、コネクター向き	装飾、電気伝導性	アクセサリー、仏具、時計等の高級装飾品、コネクター、リードフレーム、接点端子、電子部品	金色
銀	電気伝導性が金や銅より優れる。はんだ付け性とボンディング性が良く、潤滑性、焼付け防止性、シール性にも優れる。銀色で装飾品としても使用されるが、硫化物により黒色に変色しやすく、酸化し光沢が失われる。装飾用の代用としてはロジウムが使われる	はんだ付け性、ボンディング性、電気伝導性	電気・電子部品の端子、リードフレーム、軸受、嵌合部品、メカニカルシール、食器、アクセサリー等装飾品	銀色
すず	亜鉛よりもさらに融点が低く（232℃）、軟らかい金属で、はんだ付け性とボンディング性に優れる。はんだはもともと鉛とすずの合金であるが、鉛は有害であるため今ですが難しい。そのためすずを主体とした合金が、電子部品では使用されている。すずそのものは人体に無害なため、食品缶に使用される	はんだ付け性、ボンディング性、耐食性	電子部品の接合部分、食器、食品缶	銀白色

4 -5 電気めっき

　4-2 節〈➡ p104〉で成膜原理によるめっきの分類について述べましたが、ここからはそれに則ってめっきの種類を紹介していきます。

　電気めっきは、めっき液の中に溶けた金属を電気エネルギーによって金属として析出させ、皮膜とするめっき方法です。電解めっきとも呼びます。

　原理は、水溶液中で処理物を陰極（－極）、めっき膜にしたい金属を陽極（＋極）とし、電流を流します。陽極では酸化反応が起こり、金属が溶解して、めっき膜になる金属イオンの供給源になります。同時に、陰極では還元反応が起こり、金属イオンが金属として析出し、めっき膜となります（図4-5-1）。

　工業生産では、めっき膜にする金属を陽極で使用する代わりに、不溶性の電極を使用し、めっきしたい金属イオンを含んだ化学薬品をめっき液に直接補給する方法も採用されています。まためっき液には、生産性や品質管理の観点から、濃度や pH、温度、電気伝導性等を管理するための薬品、光沢や平滑性等、外観に影響を与える処理剤等が添加・混合されています。

●電気めっきの特徴

　電気めっきは、膜として扱える金属の種類も多く、金属素材に対し短時間でめっきができます。また、めっき回数を重ねる積層めっき〈➡ p107〉にも容易に対応できます。ただし、不導体（電気を通さない物質）にはめっきはできません。

　めっき膜の付き方として、平面よりも端部や尖った部分に膜が付きやすく、逆にパイプ内部や箱の内側隅部等は膜が付きづらい傾向にあります（図4-5-2）。そのため、形状によって膜厚の均一化は難しくなることには注意が必要です。

●工業生産としての電気めっきの工程

　脱脂や表面清浄化、酸化皮膜〈➡ p14・脚注〉除去等の前処理を経てめっき工程に入ります。めっき後は、皮膜となる金属の種類により後処理が違ってきます。たとえば、亜鉛めっきであればクロメート処理〈➡ p132〉、硬質クロ

ムめっきの鏡面仕上げであれば研磨、装飾用めっきで酸化を防止し、光沢を
保持する必要があるものはクリアー塗装〈➡ p80〉等を施します。

図 4-5-1　電気めっきのイメージ（ニッケルめっきの場合）

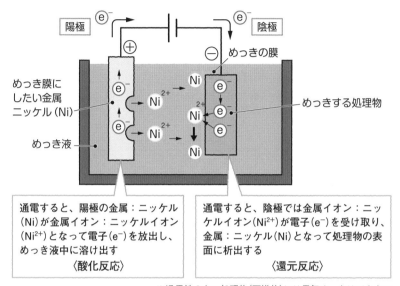

通電すると、陽極の金属：ニッケル（Ni）が金属イオン：ニッケルイオン（Ni^{2+}）となって電子（e^-）を放出し、めっき液中に溶け出す
〈酸化反応〉

通電すると、陰極では金属イオン：ニッケルイオン（Ni^{2+}）が電子（e^-）を受け取り、金属：ニッケル（Ni）となって処理物の表面に析出する
〈還元反応〉

※通電性のない処理物（不導体）には電気めっきはできない

図 4-5-2　電気めっきの膜の付き方

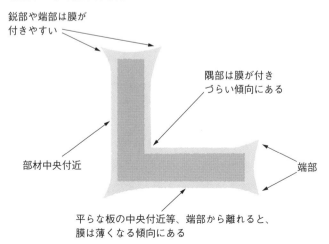

4・めっき

111

無電解めっき

　無電解めっきは、電気めっきのように電気エネルギーは使用せず、溶液中の金属イオンを化学反応によって還元するめっき方法で、化学めっきとも呼ばれます。

　原理としては、イオン化傾向〈➡ p17・脚注〉を利用した置換型と還元剤を使用する還元型の2種類の析出方法があり、工業生産では還元型が主流となっています。

　還元型の無電解めっきは、めっき溶液に添加した還元剤が処理物の表面上で電子を放出することで金属イオンが還元され、金属として析出しめっき膜となります（図4-6-1）。

●無電解めっきの特徴

　無電解めっきは、処理物を浸漬した際の表面状態が同じであれば、複雑な形状のものでも一様に化学反応し、均一な膜厚が得られます。厚膜生成は不得意であるものの、膜厚を制御して寸法精度の良い膜を得ることが可能です。また、不導体素材に対してもめっきが可能です。

　無電解めっきは、化学反応が進むにつれて溶液の状態も変わっていきます。それだけに、処理液はより厳密な管理が求められます。

●不導体に対する無電解めっきとその工程

　樹脂やセラミックス等の不導体に対して無電解めっきをする場合には、金属とは異なる前処理が必要になります。また、素材ごとに対応が変わってきます。

　たとえばABS樹脂（アクリロニトリル（A）、ブタジエン（B）、スチレン（S）から構成される樹脂）の場合、素材を脱脂・清浄化した後、化学反応により素材表面に凹部を作る処理（エッチング処理）を施し、凹部分に金属触媒を付与します（キャタリスト処理）。

　その後、触媒の不要物の除去（活性化処理／アクセレーター）を経て、無

電解めっき工程へと入ります（図4-6-2）。無電解めっきの後には、金属素材と同様に電気めっきを行うことが可能です。

図4-6-1　無電解めっきのイメージ（ニッケルめっきの場合）

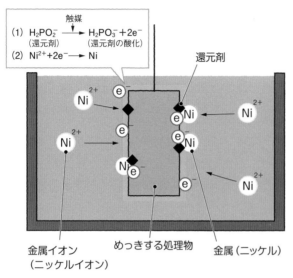

$$(1)\ H_2PO_2^-\ \xrightarrow{\text{触媒}}\ H_2PO_3^-+2e^-$$
（還元剤）　　　　（還元剤の酸化）

$$(2)\ Ni^{2+}+2e^-\longrightarrow Ni$$

工業製品で多いニッケルめっきの場合、還元剤には次亜リン酸塩を使用することが多い。還元剤は処理物（金属）表面上で酸化されて亜リン酸塩になり、電子（e^-）を放出する。同時に、その電子（e^-）を処理物の表面上で金属イオン：ニッケルイオン（Ni^{2+}）が受け取ることで、金属：ニッケル（Ni）として析出する（ニッケルめっきは、電気めっき〈➡p111・図4-5-1〉、無電解めっきの両方で扱うことができる）

金属イオン（ニッケルイオン）　めっきする処理物　金属（ニッケル）

図4-6-2　無電解めっきの工程（樹脂素材の場合）

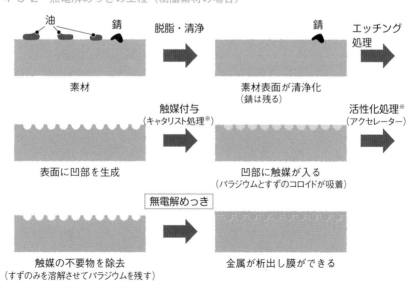

油　錆　脱脂・清浄　錆　エッチング処理

素材　素材表面が清浄化（錆は残る）

触媒付与（キャタリスト処理※）　活性化処理※（アクセレーター）

表面に凹部を生成　凹部に触媒が入る（パラジウムとすずのコロイドが吸着）

無電解めっき

触媒の不要物を除去（すずのみを溶解させてパラジウムを残す）　金属が析出し膜ができる

※キャタリスト処理と活性化処理（アクセレーター）を合わせて触媒化処理という場合もある

4-7 溶融めっき

溶融めっきは、高温に熱して溶解した金属浴（めっき浴）の中に処理物を浸漬し、引き上げることで膜を付着させるめっき方法です（図4-7-1）。

俗称では「ドブ漬けめっき」と呼ばれますが、正確には「溶融めっき」です。工業製品では、主に鋼材が処理対象とされます。皮膜として使用する金属は、主に亜鉛、アルミニウム、すず等、素材に対して融点の低い金属が使われます。

●溶融めっきの特徴

溶融めっきの中でも多く使用されているのが、亜鉛を主とした溶融亜鉛めっきです。鋼材の防食目的として、屋外で多く使用されています。

溶融亜鉛めっきは、厚膜にすることで亜鉛の犠牲防食効果〈➡ p18、89・図3-23-2〉と相まって防食性がより高まります。電気亜鉛めっきの膜厚が $30\,\mu m$ 程度であるのに対し、溶融亜鉛めっきは $50\sim100\,\mu m$ 程度付きます。用途は、鋼構造物、建材、ボルト等の部材で使用されます。

また、より耐食性を要求される環境においては、塗装前の下処理としても使用されます。溶融めっきは、多品種や複雑形状物に対する膜厚制御は難しいものの、鋼板メーカーの表面処理鋼板〈➡ p166〉では、専用ラインを構築し、寸法精度良く製造されています。

アルミニウムと亜鉛を合金化して耐食性・耐候性を向上させた"ガルバリウム"（日本国内ではガルバと呼ばれることが多い➡ p166）の鋼板も数多く市場に出ています。

●溶融めっきの全体工程

溶融めっきの生産現場では、前処理に主として湿式法が採用されており、湿式の前処理〈➡ p30〉をした後、溶融めっき工程に入ります。

鋼材の溶融亜鉛めっきの場合、脱脂、酸洗い（錆と酸化皮膜の除去）、フラックス処理（亜鉛と鉄の合金化を促進させる処理）、乾燥を経て、溶融亜

鉛めっきの工程、冷却となります。さらに後工程として、亜鉛の白錆を抑制する防錆剤処理を行います（図4-7-2）。

図 4-7-1　溶融めっき

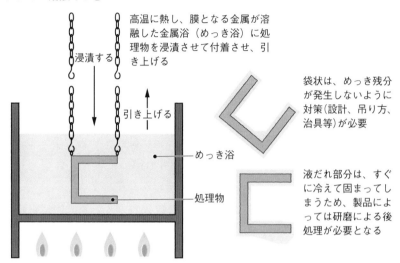

高温に熱し、膜となる金属が溶融した金属浴（めっき浴）に処理物を浸漬させて付着させ、引き上げる

浸漬する

引き上げる

めっき浴

処理物

袋状は、めっき残分が発生しないように対策（設計、吊り方、治具等）が必要

液だれ部分は、すぐに冷えて固まってしまうため、製品によっては研磨による後処理が必要となる

図 4-7-2　溶融めっきの工程（溶融亜鉛めっきの場合）

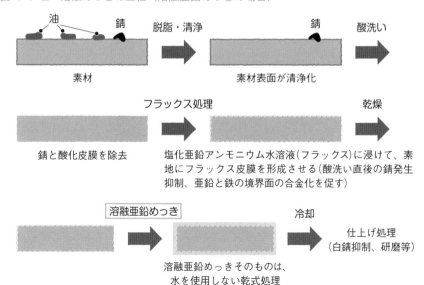

油　錆　　脱脂・清浄　　　　　　　　錆　　酸洗い

素材　　　　　　　　　　　　　　素材表面が清浄化

フラックス処理　　　　　　　　　乾燥

錆と酸化皮膜を除去　　塩化亜鉛アンモニウム水溶液（フラックス）に浸けて、素地にフラックス皮膜を形成させる（酸洗い直後の錆発生抑制、亜鉛と鉄の境界面の合金化を促す）

溶融亜鉛めっき　　　　　　　　冷却

仕上げ処理（白錆抑制、研磨等）

溶融亜鉛めっきそのものは、水を使用しない乾式処理

4-8 気相めっき

気相めっきは、気化した金属の蒸気や金属元素を含むガスにより、表面に膜を生成する方法です。物理蒸着法（Physical Vapor Deposition：PVD）と化学蒸着法（Chemical Vapor Deposition：CVD）に大別されます。

●PVD、CVD の種類と特徴（図4-8-1、表4-8-1）

PVD は、真空環境下で膜となる材料（蒸着材料、ターゲットと呼ぶ）を加熱や外部エネルギーにより気化させて、処理物に付着させる方法です。外部エネルギーの供給手段や蒸気の付着のさせ方の違いにより、真空蒸着、スパッタリング、イオンプレーティングの3種類が存在します。

一方 CVD は、原料となる成分元素を含む複数のガスを装置内に供給し、反応・分解させて膜を作ります。CVD もまた外部エネルギーの利用方式により、熱 CVD、プラズマ CVD、光 CVD 等の種類があります。

PVD、CVD の特徴として、金属膜だけではなく、窒化物や炭化膜等の化合物や非金属膜も生成することが可能です。金属膜を生成する「めっき」技術でありつつ、非金属膜も生成する「コーティング」技術でもあるという側面を持っています。

用途は、梱包資材（フィルム）、プラスチック成形品、高意匠品、先端工具、装置部品、電子部品・半導体デバイス等です。

●PVD、CVD の課題

PVD、CVD はいずれの方法にも長所があり、課題もあります。成膜するには装置として閉鎖空間・真空環境やエネルギー発生、排気処理等の機構が必要になります。また、処理物の大きさや形状、素材の耐熱性、成膜する箇所の条件、皮膜の種類等によって対応可能な処理方式に制約が発生し、量産化には、成膜スピード、品質・精度、エネルギーコストも影響します。

この分野は応用技術の進化が著しく、それぞれの長所を活かしながら、課題を解消しつつ、生産性・品質向上が図られています。

図 4-8-1　PVD（真空蒸着）と CVD（熱 CVD）の原理イメージ

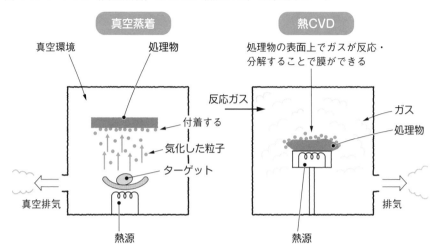

PVD は、真空中で固体材料をエネルギーにより気化させ、処理物に付着、成膜させる。CVD は、常圧から減圧環境において、原料となる反応ガスがエネルギーにより反応・分解して粒子化し処理物の表面で堆積することで成膜する。PVD も CVD もエネルギーの利用方式の違いにより種類が多く、原理もそれぞれ異なる。

表 4-8-1　主な PVD、CVD の種類

● PVD（物理蒸着法）

真空蒸着	加熱してターゲットを蒸発させ、物理的に堆積させる
スパッタリング	高電圧を利用してターゲットにアルゴン（Ar）イオンをぶつけ、ターゲットの分子を叩き出して気化させ、物理的に堆積させる
イオンプレーティング	ターゲットを蒸発させ、気化した粒子に電圧を印加し、処理物を陰極とすることで処理物へ引き付けさせて堆積させる

● CVD（化学蒸着法）

熱 CVD	容器あるいは処理物を加熱し、原料となる反応ガスを反応・分解させて粒子を析出させ、処理物上で成膜させる
プラズマ CVD	原料となる反応ガスをエネルギーによりプラズマ化して分解し、処理物表面上で堆積させる
光 CVD	光のエネルギーによりガスを分解し、析出した粒子を処理物上で堆積させる

PVDとCVDを比較すると、成膜温度はPVDの方が低く（常温〜500℃、熱CVDは約1,000℃）、成膜速度は真空蒸着が最も速く、スパッタリングとCVDは同じくらいで真空蒸着よりも遅い。

機能めっきの種類

　4-2節〈➡ p104〉で、「○○めっき」の「○○」に入る項目として7つの要素をあげています。その1つが「目的」です。

　めっきの目的は、大きく分けて①装飾（意匠性）、②防食（耐食性）、③機能（装飾と防食以外の機能）の3つです。①装飾、②防食も大きな意味では「機能」に含まれますが、実務で使用される「機能めっき」という用語は①、②以外のものを指します。機能は、物理的、化学的等の特性によってさらに小分類されます。

●機能めっきの種類（特性と小分類）

　以下に主な特性をあげ、該当する機能を紹介します（図4-9-1）。

①機械的特性：硬度、耐摩耗性、摺動性、潤滑性、型離れ性等

　歯車、ピストンシリンダー、金型等のように、機械部品どうしが噛み合い、擦れ合うものに対し、耐久性を良くするための機能です。

②電気的特性：電気伝導性、磁気特性、電磁波シールド特性等

　電気・電子部品では、部品間の電気伝導性を良くしたり、回路が干渉してノイズが発生しないようなシールドが必要とされます。

③物理的特性：はんだ付け性、ボンディング性、塗装密着性等

　めっきした処理物の表面に、さらにはんだ付け、接合、塗装等、物理的に物質を載せる際に求められる機能です。

④化学的特性：耐薬品性、抗菌性、汚染防止性等

　工業生産等では、酸・アルカリ薬品に対する耐久性、雑菌の繁殖を抑制する抗菌性のほか、汚れが付着しにくくする等化学的な特性が必要とされます。

⑤光学的特性：反射防止性、光反射性、耐候性等

　カメラ等の光学部品での反射・反射防止、陽の光があたる屋外での耐久性等、光に対する機能を求められる場合があります。

⑥熱的特性：耐熱性、熱放射性、熱伝導性、熱反射性等

　機械部品では部品の摺動による摩擦熱が発生するため、熱に対する耐久性

や熱を逃がす機能が求められます。また電気・電子機器でも電池やCPU（Central Processing Unit、中央演算処理装置）の発熱に対応する機能が求められます。

図 4-9-1　機能めっきの主な特性

耐摩耗性

部品が接触する際には摩擦が発生する。摩擦により表面が削られることを摩耗といい、摩耗を抑制する性質を耐摩耗性という。一般に、表面が硬く摩擦係数が小さいほど、耐摩耗性は高くなる

摺動性、潤滑性

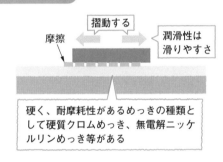

摺動とは、滑らせて動かす動作を意味し、摺動性とは、ピストンのように部品どうしが繰り返し擦れるような状況において、滑りやすく摩擦が少ない状況を表す。一方、潤滑性は滑りやすさを表し、潤滑性があると摩擦は小さくなる。部品が摺動することで、少なからず摩擦は発生する。摺動には、潤滑性と耐摩耗性が求められる

はんだ付け性

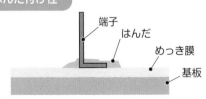

はんだ付け性とは、はんだに対する濡れ性が良く、馴染みやすい（はんだが付きやすい）特性のこと

ボンディング性

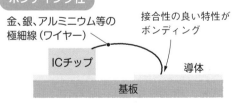

ボンディングとは、電子部品の組付けで使用される接合技術。金、銀、アルミニウム等の極細線（ワイヤー）を使用して、基盤とICチップを超音波や熱圧着で接合する技術をワイヤーボンディングという。めっきにおけるボンディング性とは、ワイヤーや端子とめっき膜とが接合しやすい特性を表す

119

めっきの評価

JIS規格では、めっきの種類（膜となる金属材料と方法）ごとに評価項目が細かく規定されています。そのため、これらを参考に検証・評価を進めることが好ましいといえます。評価項目の中でも、特に①外観、②膜厚（厚さと膜均一性）、③耐食性、④密着性の4つは、めっきの種類にかかわらず共通する項目となっています。

●めっきの主な評価項目 （表4-10-1）

①外観

目視による検査です。特に装飾品の品質については人の主観によるところが大きいため、艶、輝き、色合い、平滑性、キズ、異物混入、剥離の有無等、細かいことであっても最終ユーザーからクレームが出ないレベルの仕上がりが要求されます。

②膜厚（厚さと膜均一性）

めっきの膜厚は、膜の材料の種類やめっき方法にかかわらず、めっきの品質を評価する上で共通する重要な指標です。測定はJIS H 8501で規定されており、マイクロメーター、渦電流式膜厚計、蛍光X線等、複数の方法があります。

③耐食性

耐食性試験は、使用環境に応じて中性塩水噴霧試験やキャス試験、屋外暴露試験等、JIS Z 2371やH 8502で規定されています。耐食性試験は、時間と場所を要する試験のため、主にサンプルや試験片で行います。

④密着性

密着性は、処理物が適切にめっき処理され、膜が意図したとおりに密着しているかどうかを検証する試験です。仮に密着性に問題があると、ほかの機能に関しても性能を得ることができません。密着性もまた、めっきの種類にかかわらず共通する重要な評価項目です。

密着試性験は、テープ試験、曲げ試験、熱試験等、JIS H 8504で規定され

ています。

⑤その他

ほかの機能試験（硬さ、耐摩耗性、はんだ付け性等）は、めっき膜の種類ごとに要求性能に応じた試験がやはり JIS で規定されています。

しかし、新技術や新機能に関するものは、必ずしも JIS に規定されている試験が適応できるとは限りません。その場合は、使用環境と実用に応じてユーザー側の視点で検証を行う必要があります。また、環境対策の一環として、めっき膜に含まれる成分元素（有害物質の有無等）も評価基準の１つとなっています。

表 4-10-1　めっきの主な評価項目と測定・試験方法

評価項目※	内容	測定・試験方法
外観	装飾性（艶、輝き、色合い、平滑性、キズ、異物混入、剥離の有無等）について確認する	目視確認。JIS では限度見本を用いての目視比較、150 lx（ルクス）以上に明るくすること等の目安がある
厚さ	膜厚は、耐食性、耐摩耗性等の寿命やほかの機能の性能にも影響する。マイクロメーター、ダイヤルゲージ、渦電流式膜厚計、蛍光 X 線等を適応する	めっきの厚さ試験方法として JIS H 8501 で測定方法は規定される
膜均一性	膜厚が部位によって偏らないこと（電気めっき〈➡ p110〉、溶融めっき〈➡ p114〉では、角、隅等の部位によって膜厚が不均一になりやすい）	
耐食性	耐食性は、錆に対する寿命や薬品等に対する防食性能も関係する。中性塩水噴霧試験、キャス試験、屋外暴露試験等、使用環境に応じた試験を適応する	めっきの耐食性試験方法として JIS Z 2371 や H 8502 で測定方法は規定される
密着性	密着性は、めっきの性能全体にも影響する。破壊を伴う試験のため限度がある。テープ試験、曲げ試験、熱試験等、製品やめっきの特徴ごとに多数の試験方法を適応する	めっきの密着性試験方法として JIS H 8504 で測定方法は規定される
硬さ	硬さは、耐摩耗性等に影響する。単位：HV で表されるものは、ビッカース硬さ試験によるものを示している	ビッカース硬さ試験として JIS Z 2244、ヌープ硬さ試験として JIS Z 2251 等で測定方法は規定される
耐摩耗性	必要に応じて行う。膜が薄かったり、軟らかかったりすると膜の磨耗が早くなる	めっきの耐摩耗性試験として JIS H 8503 で測定方法は規定される

※JIS で規定されている項目をまとめた
※ほかの機械特性や電気特性等の評価項目は、機械分野や電気電子分野の JIS 規格や ISO を引用して実用に応じて評価される

めっきの不具合

めっき処理したものの、結果として評価基準を満たさないものは不具合となります。主な不具合は、①外観不良、②膜厚（均一性）未達、③密着不良、④性能未達です。

●めっきの不具合が生じる主な原因

めっきに不具合が生じたとき、その原因を突き止め、対策することが重要です。不具合発生の傾向は大きく分けて、徐々に性能が落ちてきて基準を下回る、突然不良が発生するの2種類です。その状況として、ロット全数が不良、ロット中のある程度の割合で不良が発生、ロットの中の一部分で集中して発生等の状況があります。

原因としては、次のようなことが考えられます。

①前処理

前処理が不十分で、素材に油やゴミ等の不純物が付着していると、異物付着、ザラ等の外観不良や密着不良が発生します。また、一度不純物が液槽に持ち込まれると、その後の処理品に対しても影響することが考えられます。

②めっき液の管理

めっき液の組成や濃度、温度、pH が適切に管理されていない、あるいは不純物や雑イオンの持ち込みが増加している等、めっき液の状態が劣化すると、ピットやピンホール、ザラ、くもりといった外観不良が発生します。

③めっきの工程

ハンガー治具やラックに処理品が適切に装着・配置されていない、電流値や通電時間が適切でない、各工程前後での洗浄や水切り乾燥工程が適切でない、水やエアが汚染されている等のほか、作業者の技能による要素も考えられます。

④設備による影響

付帯設備を含むめっき設備に異常が生じていたり、工場の吸排気や排水処理等で、硫化物や酸・アルカリの雰囲気が発生し、混入していることが考え

られます。これらは、光沢めっきのくもり等にも影響します。

表4-11-1に、目視検査できる主な外観不良の現象名と状態についてまとめました。

表 4-11-1　目視検査できる主な外観不良の現象名と状態

現象名	状態
剥離（密着不良）	めっき膜の一部が剥がれて、素地・下地膜が見える状態
ふくれ（密着不良）	めっき膜の一部が素地と密着せずに浮いており、ふくれている状態。ふくれを物理的につぶし、剥がすと剥離となる
ピット	めっき膜に発生する素地まで貫通していない穴。外観だけでは判断が難しいが、鋳造品等では素材の表面状態が原因となる場合もある（図aの右の穴）
ピンホール	めっき膜に発生する素地まで達する貫通した微細な穴（図b）。時間の経過とともに孔食（部分的な腐食、点錆）が発生するもととなる
割れ	めっき膜が割れて、ヒビが入った状態
異物付着	めっき膜の表面に異物が付着した状態
ブツ・ザラ	めっき膜に発生する小さな突起や突起群。異物を皮膜内に取り込んでしまった場合にも生じる
焦げ・やけ	めっき膜に発生する焦げたような表面状態。面積に対して大きな電流を流した（過大な電流密度）場合に生じる
くもり	光沢めっきで、めっき膜の光沢が乏しい、輝きが足りない状態
しみ	めっき膜に汚れがしみ状に付着した状態（図c）。最終洗浄した際に水切りした後の水滴が残り、乾燥したときに不純物がしみとなって残る
無めっき	めっき膜が部分的に析出、付着していない状態（図d）電気めっき〈➡p110〉では、凹部の内側等、低電流密度部に生じやすい。構造的にエアポケットができてしまう部分では、めっき液と接触しないために生じてしまう

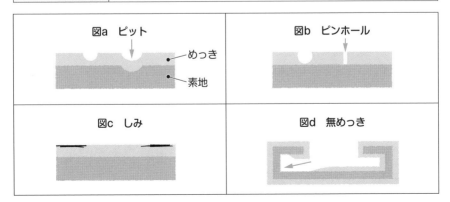

図a　ピット　めっき　素地

図b　ピンホール

図c　しみ

図d　無めっき

❗ めっき今昔物語

　私の会社は、東京東部の町工場が並び立つ準工業地域に所在しています。この地域には、かつて住居兼工場の事業所がたくさんありました。しかし、時代の流れとともに徐々にその姿を消し、今では最盛期の 1/4 程度になってしまいました。

　だいぶ前に廃業しましたが、弊社の近所にも"めっき屋さん"がありました。当時のことで思い出すのは、開け放った扉や窓から蒸気を帯びた空気が感じられ、奥で職人が鉢巻、前掛け、長靴姿で水切りしていた光景です。やはり近所にあった"プレス屋さん"で加工した部品を、防食用電気めっきしていたのを今でも記憶しています。

　一方で、度重なる難局を乗り越え、現在も活躍しているめっき屋さんが近隣に数件あります。代替わりした経営者のみなさんからはいつも前向きな姿勢を感じ、それぞれの会社も磨きがかかった光る技術を持っています。その主な技術は「機能めっき」と「高級装飾めっき」です。町工場は敷地が限られます。そのため設備の種類や規模にも制約があり、人員も制限されます。それでも、創意工夫と徹底した品質管理で高度なめっきを提供しています。

　微細部品の機能めっきを得意とする会社は、かごや回転バレルを使い、手作業と装置を組み合わせてめっきします。米粒ほどの部品を規定の膜厚で均一にめっきする技術が、大手メーカーの電子機器に採用されています。

　また別の会社では、海外の有名ブランド品のバッグに取り付ける装飾金具の貴金属めっきを扱っています。市場規模が限られるため、国内の大手メーカーや海外企業が参入しにくい分野です。

　いずれにしても、10 名足らずの少人数で高度なめっきに挑戦し、技術・技能を深化させ続けることで信頼を勝ち得ています。それは、時の内閣総理大臣が工場視察に訪れたことでも証明されています。その経営姿勢と技術・技能の追求は、業種や企業の規模にかかわらず、見習うところがたくさんあります。

　今後 DX 化が進むことで、生産技術はより高度化・効率化するでしょう。しかし、生産品の多くが自動化できたとしても、機械が対応できないところで人の手による技能は必要とされます。表面処理に関係する産業が今後どのようになっていくか当事者としてかかわりつつ、見守っていきたいと思います。

第 5 章

化成処理

化成処理は、金属素材と処理溶液を化学反応させることにより、
もとの素材表面とは異なった性質を持つ皮膜を生成する技術で、
さまざまな工業製品に採用されています。
金属素材の種類と用途により化成処理の方法は変わってきますが、
本章ではリン酸塩処理、クロメート処理、着色処理について
詳しく解説します。また、私たちの身のまわりでよく見かける
ステンレスの化成処理についても取り上げます。

5 -1 化成処理とは

　化成処理は、金属素材と処理溶液とを化学反応させ、素材表面にもとの素材の性質とは異なる皮膜を生成するものです。金属素材に対して化成処理を行う目的は、①耐食性の向上、②塗装前の下地処理、③摺動部品の減摩・潤滑性の付与、④着色等です（図5-1-1）。工業製品においては、さまざまな用途で多くのものに採用されています。

●化成処理の特徴と工業分野での使用状況 (図5-1-1)

　化成処理は、原理がシンプルなため、実験レベルで容易に再現できます。しかし、工業生産となると設備およびその管理は複雑になります。金属素材を処理溶液と化学反応させるために接触させる方法には、溶液槽に対象物を浸漬させる方法とスプレーで処理する方法があります。ただし、いずれの場合も化成処理前に脱脂、除錆、水洗等前処理工程が必要です。また、化成処理後には表面上に残る溶液を水洗し、乾燥あるいは続けて塗装等の工程があります。

　これに伴い、工業生産での化成処理はコストを含め安定した品質管理が重要となってきます。溶液の濃度・液温・pH管理、化学反応後に発生する塩の残留物処理、洗浄、乾燥、排水処理等、付帯設備の管理も大切な要素です。化成処理の採用を検討する際は、素材や大きさ・形状等対象物の適応範囲、環境への負荷低減、ランニングコスト等を考慮する必要があります。

●金属素材の種類に見る化成処理

　化成処理では、どんな素材でも同じ処理溶液が用いられる訳ではありません。化成処理される素材は、鉄、アルミニウム、亜鉛、ステンレス等であり、それぞれ酸化還元の反応の度合い、電位、また自然環境下における表面状態が異なります。そのため、金属素材の種類と用途によって化成処理の種類も変わってきます。主な金属素材と化成処理の種類について表5-1-1に示します。一部例外や特殊な処理も存在します。

図 5-1-1　化成処理とは？

表 5-1-1　主な金属素材と化成処理の種類、目的、用途

素材の種類	化成処理の種類	処理目的	製品用途
鉄鋼	リン酸亜鉛	防錆、塗装下地、潤滑、減摩	自動車、家電、建材等多数
	リン酸鉄	塗装下地	家電、工作機械、鉄鋼家具等
	リン酸マンガン	潤滑、減摩	摺動部品　ギア、カム、ベアリング
	リン酸カルシウム	潤滑、耐熱塗装下地	耐熱塗装品、冷間鍛造品の潤滑
	ジルコニウム系	塗装下地	自動車、家電、建材等多数
	黒染め	防錆、装飾	工具、ネジ
亜鉛めっき鋼板	リン酸亜鉛	塗装下地	建材、機械部品
	ジルコニウム系	塗装下地	自動車、家電、建材等多数
	クロメート・クロム系	防錆、塗装下地、着色	建材、金具
アルミニウム	リン酸亜鉛	塗装下地	アルミ缶
	ジルコニウム系	塗装下地	機械部品、アルミ缶、カラー鋼板
	クロメート・クロム系	防錆、塗装下地	建材、家電、機械部品等
マグネシウム	クロメート・クロム系	防錆、塗装下地	パソコン、カメラ筐体
ステンレス	シュウ酸（塩）	防錆、潤滑	配管、線材、耐食性用途部品
銅	クロメート・クロム系	防錆、塗装下地	空調配管、電気部品
	着色処理	装飾	調理器具、装飾品、美術品

リン酸塩処理

　リン酸塩処理は、主に鉄鋼素材や亜鉛めっき品に対しての防錆、塗装下地用途、摺動部品に対する摩擦低減用途、金属部品の塑性加工の際の潤滑用途に使用されます。種類としては主に①リン酸亜鉛、②リン酸鉄、③リン酸マンガン、④リン酸カルシウムの4種があります。工業生産では、それぞれの特徴に応じて使い分けられています〈➡ p127・表5-1-1〉。

　また、リン酸塩処理は、皮膜を生成させる方法を総称して、別名パーカライジング、パーカー処理とも呼びます。この呼び名は、リン酸塩処理を工業用途で発展させたアメリカのパーカー兄弟の姓をとったことが由来です。パーカライジング、パーカー処理の名称は、リン酸塩処理の通称として広く用いられています。

●リン酸塩処理の種類

①リン酸亜鉛皮膜

　単体での耐食性、塗装の下地、摺動部品と引き抜き加工の摩擦低減・潤滑に使われています。特徴は、化学的に安定な結晶皮膜が均一で緻密に素材を被覆している点であり、これにより耐食性が向上します（図5-2-1）。また、処理する際の加温温度も50℃前後と利用しやすいです。リン酸亜鉛皮膜は、リン酸塩処理の中で最も広く採用されている化成処理です（図5-2-2）。

②リン酸鉄皮膜

　リン酸鉄皮膜は、主に塗装下地として使用されます。皮膜は非晶質で膜厚は1μm以下です。リン酸亜鉛系の皮膜よりも防錆性は劣るものの、塗装前処理として設備・管理の扱いやすさは比較的良好です。

③リン酸マンガン皮膜

　結晶性の皮膜が形成されます。この処理はリン酸亜鉛皮膜と比較して、皮膜が厚いのが特徴で（5〜15μm）、主に摺動部品等のカジリ防止、潤滑用皮膜として用いられています。適用素材は鉄鋼製品で、処理温度は80〜100℃、処理時間は5〜30分と長くなります。自動車のカムシャフト、ミッション部

品等で使用されます。

④リン酸カルシウム皮膜

　処理液の主成分はリン酸イオン、亜鉛イオンおよびカルシウムイオンから構成されており、結晶性の皮膜が形成されます。この皮膜はリン酸亜鉛皮膜と比較して、耐熱温度が高いため高温で焼付けられる塗装下地に適しています。また、潤滑剤と併用することで冷間鍛造の潤滑皮膜としても適しています。適用素材は鉄鋼製品で、処理温度は80〜90℃です。

図 5-2-1　リン酸亜鉛皮膜の結晶の拡大図

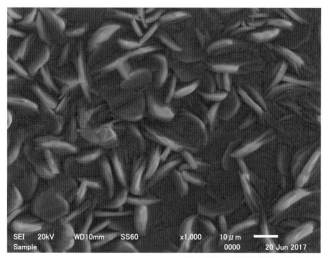

SEI　20kV　WD10mm　SS60　×1,000　10μm
Sample　　　　　　　　　　0000　　20 Jun 2017

写真提供：那須電機鉄工株式会社

図 5-2-2　リン酸塩処理の工程（リン酸亜鉛皮膜の場合）

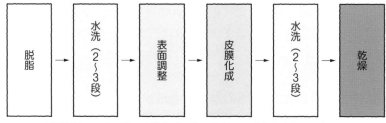

脱脂 → 水洗（2〜3段）→ 表面調整 → 皮膜化成 → 水洗（2〜3段）→ 乾燥

**表面調整は、次工程の皮膜化成の際に結晶の生成を促進させる処理。
リン酸鉄皮膜では、表面調整工程は不要。**

5 -3 鉄鋼素材の塗装の下地処理としてのリン酸塩処理

　鉄鋼素材の塗装下地として使用されるリン酸塩処理は、リン酸亜鉛とリン酸鉄の2種類が大多数を占めます（表5-3-1）。リン酸亜鉛皮膜を使用したものと、リン酸鉄皮膜を使用したものとで双方に同条件で塗装を行った場合（エポキシ系カチオン電着塗装）、塩水噴霧試験（JIS Z 2731）では、リン酸亜鉛で約700時間以上、リン酸鉄で約250時間程度と違いがあります。その要因は、リン酸亜鉛皮膜の方が厚膜であり、かつ化学的安定性が高い点にあります。屋外で使用する用途では、防錆性能の面でリン酸亜鉛皮膜が有利です。

　しかしながら、リン酸亜鉛皮膜では、処理工程中の化学反応後にスマット（塩の残留物）が多く発生します。そのため、処理後乾燥した際には、対象物の表面に微粉末が残留付着しやすく、塗装の美観に影響を及ぼすことがあります。これらの対策を十分にとろうとすると、設備の構成と管理が複雑になります。

　一方リン酸鉄は、防錆性能の面でリン酸亜鉛より不利ではあるものの、屋内環境で使用する製品に関してその性能は十分です。人目につきやすい屋内製品が主であれば、コストを含め扱いやすさ、塗りやすさの点でリン酸鉄が前処理設備として選択されています。また、リン酸鉄皮膜の化成処理だからといって、屋外製品に全く使用できない訳ではありません。化成処理の後、防錆機能を持った下塗り塗装をすることで対応は可能です。

　発注者側の視点で見た場合、塗装下地としてのリン酸塩処理は、使用用途、要求品質（防錆・美観）により選択する必要があります。あるいは、処理業者によって扱う化成処理がすでに固定されている場合、塗装は塗り回数、塗料の選定等、化成処理から塗装までを含めた工程で総合的に検討する必要があります（図5-3-1）。

●塗装下地用途の化成処理の最近の動向

　最近では、リン酸塩処理に代わる塗装下地用途の化成処理として、ジルコニウム系の化成処理（ジルコニウム化成）が登場しています。素材の範囲も

鉄鋼系、アルミニウム系のいずれにも対応は可能で、薄膜でスマットの発生も少なく環境対応にも優れています。塗装事業者でのライン採用実績も徐々に増えてきています。今後の動向が注目されます（表5-3-1）。

表 5-3-1　鉄鋼の塗装下地としての化成処理比較

	リン酸亜鉛皮膜	リン酸鉄皮膜	ジルコニウム化成
皮膜の結晶性	結晶質	非晶質	非晶質
膜厚	2〜15 μm	1 μm 以下	数十 nm（ナノ）
色	灰色	薄青〜薄黄色	薄青〜薄黄色
用途	塗装下地、防錆（単体）、潤滑	塗装下地のみ	塗装下地
対象素材	鉄鋼、亜鉛、一部アルミニウム	鉄鋼	鉄鋼、亜鉛、アルミニウム等
耐食性	外装品の塗装下地の主力。防錆油と併用すれば単体での防錆可	屋内製品の塗装は問題なし。リン酸鉄単体では不可	塗装下地としてはリン酸亜鉛と同等。ジルコニウム化成単体での防錆性は不十分
工程	表面調整必要	表面調整不要・脱脂兼用のものもあり	表面調整不要
液管理・排水	排水対応が必要、スラッジ処理必要	容易	容易（環境負荷低減対応）
仕上がり	膜が付き過ぎた場合、艶引け塗料の吸い込み注意	塗りやすい	塗りやすい
コメント	自動車や道路付帯装置等、外装品で使用。設備と液、排水に負担がかかるものの、量産製品の塗装下地として長年標準となっている。塑性加工の潤滑としても利用	屋内用途の製品であれば問題なし。パネル等、美観を要するものに対して塗装しやすい。塗料業者による採用実績多数あり	皮膜は薄いものの、塗装下地としてはリン酸亜鉛に追従する。管理がしやすく、排水対応も容易なため、塗装業界では徐々に採用が増えている

資料提供：日本パーカライジング株式会社

図 5-3-1　塗装下地として利用した場合のリン酸塩皮膜のイメージ図

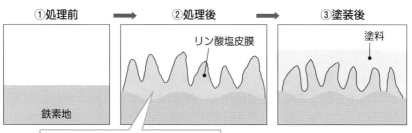

①処理前　②処理後　③塗装後

リン酸塩皮膜

塗料

鉄素地

凹凸により塗料との密着性が良くなる　資料提供：日本パーカライジング株式会社

クロメート処理

クロメート処理は、六価クロム（Cr^{6+}）を使用した主としてクロム酸の溶液を使った化成処理で、主にアルミニウム、亜鉛、マグネシウム等の非鉄金属に対して行われます（図5-4-1）。生産現場では、アロジン処理という用語も耳にします。これはアルミニウムに対しての六価クロメートの処理で、日本パーカライジング株式会社の商標です。

●クロメート処理の目的と特徴

クロメート処理は、主に防錆性の向上、塗装前処理、鉄鋼製品に対する亜鉛めっきの後処理に利用されています。特徴として、六価クロムで構成するクロメート処理の皮膜は耐食性が良好で、さらに皮膜自体が自己修復機能を持ちます。亜鉛めっきでは、めっきの上にクロメートの化成処理をすることで、亜鉛そのものの耐食性が良くなり、鉄鋼材の耐食性能の向上と意匠性の効果も得られます。亜鉛めっきに光沢クロメート処理をした製品は、ユニクロめっきと呼ばれています。

●クロメート処理の環境対策と今後の動向

現在、クロメートは取り扱い管理が厳しい化成処理となっています。欧州では、2003年のRoHS/ELV指令を機に、六価クロムの使用規制が厳格になりました。また、日本国内においても環境排出基準が設定されています。それに伴い六価クロメート処理は、市場と用途によって利用が選別されるようになりました。そのため、従来の六価クロメートの代替処理として、三価クロム（Cr^{3+}）を使用した化成処理が登場しています。三価のクロム化成処理を「三価クロメート」と呼ぶこともあります。しかし、三価のクロム化成処理の膜には、六価のような自己修復機能はありません。元素のクロムを使用している処理という点では共通しているものの、別の性質の化成処理と考えた方が良いでしょう。また、「クロメートフリー」という用語も、薬剤メーカーや取り扱う業者間の説明に出てきます。実際のところ、「クロメートフ

リー＝六価クロムを使わない＝三価クロムの化成処理」と「クロムフリー＝元素のクロムを使用しない」という2つの意味説明が混在しています。

　塗装下地用の化成処理で、クロムフリー化成処理として、前節で紹介したジルコニウムを使用した化成処理が登場しています。すでに2010年以前から自動車の生産ラインでも実績があります。ジルコニウムの化成処理は、鉄鋼系、非鉄系のいずれの場合でも使用可能です。クロメート・クロム系の代替としてだけでなく、リン酸亜鉛のように大量のスマット〈➡p130〉も発生しないので、リン酸塩処理の代替としての処理にもなっており、環境対策にも寄与しています。薄膜（ナノレベル）で耐食性も良好です。今後、SDGsの観点からも業界での採用の検討と実績が増えることが想定できます。

図5-4-1　クロメート処理の変遷

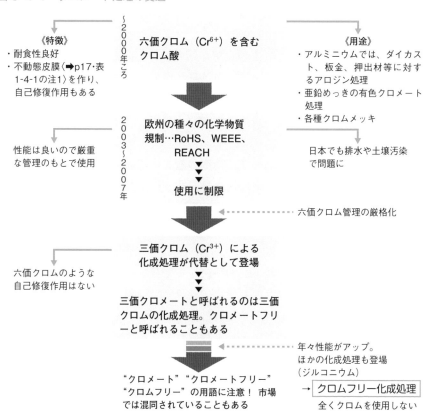

5・化成処理

5-5 着色処理

　着色処理は、酸やアルカリ等の薬品で化学反応させることで、金属素材のもとの色と異なる色の皮膜を付ける処理です。工業製品で代表的なものには、鉄鋼素材に対する黒染めがあります。それ以外には、あえて鉄鋼素材や銅素材を意図的に酸化や硫化等で腐食させ、着色させるもの等があります。

●黒染め

　黒染めは、鉄鋼素材を強アルカリ（主に苛性ソーダ）に浸漬し、高温（140〜150℃）で煮ることで人工的に黒錆を生成する処理です。フェルマイト、四三酸化鉄、SOB処理の別名で呼ばれることもあります。黒染めの皮膜は化学式Fe_3O_4の酸化皮膜〈➡p14・脚注〉で、マグネタイトと呼ばれる黒錆です。膜厚は1〜2μm程度と薄く、この黒錆が錆の進行を抑える役目を果たし、防錆力を高めています。しかし、防錆力は自然環境下において発揮されるものであり、湿気の多い環境、酸やアルカリ、塩害の環境下で耐えられるものではありません。そのために防錆油の塗布や、適切な気体環境のもとで使用されます。

　黒染めの目的は、鉄鋼製品の寸法精度の厳しい部品への対応、簡単な防錆、光の反射抑制、意匠性です。主な用途は、ネジ、工具、ヘアピン、機械部品、アングルや金具等の鉄鋼部材です（図5-5-1）。

●その他の着色処理

　着色処理という括りで伝統工芸的手法にまで目をやると、金属製品と薬品溶液の組み合わせは多様に存在します。鉄以外では銅も扱い量が多いです。主な用途は、金属製調理器具、建築装飾品、アンティーク家具等です。

　方法は異なるものの、同じ黒染めと呼ばれるものには、鉄瓶の黒染めがあります。これも見た目は黒錆です。しかしながら、黒錆化の方法が異なります。伝統工芸的な手法で、お茶や植物の葉から抽出されるタンニンを利用し、鉄瓶をお茶の葉とともに煮出すことでタンニン酸鉄の皮膜を形成しています。

ちなみに鉄のフライパンは、化成処理ではありません（図5-5-2）。購入直後に行う処理はシーズニングと呼ばれ、空焼きして酸化皮膜の膜を作り、さらに繰り返し使用するうちに油分と相まって黒い皮膜を生成しています。

また、エイジング処理と呼ばれるものもあります。これは金属素材に酸や硫化物を塗布し、鉄は赤錆、亜鉛めっき材では白錆、銅では緑青等、あえて使い古した感じの意匠性を持たせるために錆や腐食を起こす処理です。

図 5-5-1 黒染めの製品

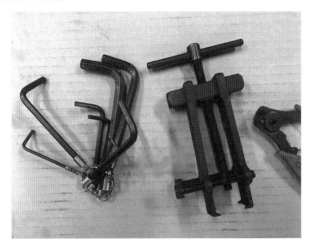

工具では、熱処理や窒化、浸炭等の処理〈➡ p156〉により硬度を
高め、表面処理として黒染め処理を行うことが多い。

図 5-5-2 フライパンは化成処理？

フライパンの酸化皮膜は、通常はシーズニングと呼ばれる空焼きによるもの。最終的な酸化皮膜は同じでも、化成処理ではない。

5 -6　ステンレスの化成処理

　素地のままの状態で多く見かける金属素材にステンレスがあります。ステンレスに対する化成処理はどうなっているのか、その実情について触れてみます。

●皮膜が付きにくいステンレス

　ステンレスは、鉄（Fe）を基材（50％以上）として、クロム（Cr）を10.5％以上含有する合金です。その表面は、Crを含んだ不動態皮膜〈➡ p17・表1-4-1の注1〉で覆われており、自己修復性もあります（図5-6-1）。これにより錆びにくくなり、ステンレスの大きな特徴となっています。

　実務において、ステンレスは鉄鋼系で使用するリン酸塩処理〈➡ p128、130〉のラインや、非鉄系のクロメート・クロム系の化成処理〈➡ p132〉ラインに入れても、脱脂は可能なものの、不動態皮膜の影響で化成皮膜は形成されません。

　ステンレスを化成処理する目的は、主に塑性加工時における潤滑用途、さらなる耐食性の向上（不動態化／パッシベーション）、および着色等です。

　ステンレスを化成処理するためには、まず不動態皮膜を強酸や研磨等で強制的に溶解・除去する必要があります。

　そして潤滑においては、還元性のあるシュウ酸を使用することで、不動態皮膜の再形成を妨げつつ、シュウ酸塩皮膜として化成処理することができます。シュウ酸塩皮膜により表面にミクロの凹凸ができることで、ステンレスの塑性加工時における潤滑剤の保持力を良くします。

　また不動態化（パッシベーション）においては、酸化作用のある硝酸に浸漬することによって、ステンレスを構成している Fe を溶解しつつ、表面に残る Cr の濃度を高めることで、より強力な不動態皮膜を形成します。不動態化は、電解研磨処理〈➡ p37・図2-5-1〉や化学研磨処理と併用することもあります。

　さらに着色に関しては、硫酸とクロム酸等の混合酸を用い、形成する酸化

皮膜の膜厚をコントロールすることで光の干渉作用を利用した化学発色（カラーリング）が可能になります（図5-6-2）。この処理は、開発当時のインコ社の名に由来して、インコカラーと呼ばれることがあります。

図 5-6-1　ステンレスの不動態皮膜

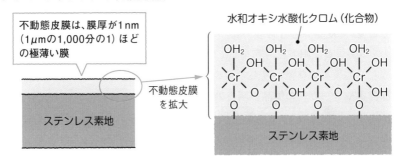

ステンレスの不動態皮膜は、クロムに対して酸素や水酸化物イオン、水が結合してできている。この不動態皮膜は、自然環境下では表面がキズ付いても、すぐに自己修復する。これにより、塗装前処理で使用されるリン酸塩処理やクロメート処理による化成処理や酸化は、反応しづらくなっている。ただし、塩化物イオン等のハロゲンイオンは、局所的に不動態皮膜から電子を奪い取り膜を破壊するため、腐食の要因となる。

図 5-6-2　ステンレスの化学発色のしくみ（イメージ）

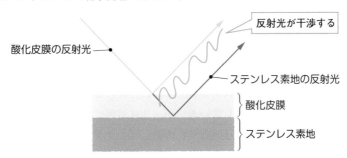

ステンレスの化学発色は、薬液の調合や膜厚をコントロールすることでできた酸化皮膜とステンレス素地の反射光が干渉し、色に変化を与えることで成立する。ただし、着色酸化皮膜は不動態皮膜と異なり、キズが付いてももとの着色酸化皮膜には修復しない。

❗ 「皮膜」と「被膜」の深い沼

　本書で多く使用している用語に「皮膜（ひまく）」があります。「酸化皮膜」、「不動態皮膜」等、金属材料の表面にできる薄い膜に対して用いています。実は、表面処理に関係する文献等を読んでいると、「被膜」という用語も見かけます。私も、当初はあまり意識せずにこちらを使用していました。しかし、自身で文章をまとめ始めると、「この場合はどちら？　このときは？」となり、"使い分け"という名の沼にはまってしまいました。

　そこで、「皮膜」と「被膜」について、改めて調べてみました。辞書では、この2つの言葉は両方とも存在していて、その意味は、「皮膜＝皮のような薄い膜」、「被膜＝物を覆い包んでいる膜」となっています。

　専門書やメーカーの製品説明書の多くでは、金属の表面に発生して存在する薄膜を「酸化皮膜」「不動態皮膜」と表記しており、"皮膜"が多数派です。また、JISの表面処理規格では、めっき、アルマイト、溶射の膜について「めっき皮膜」「アルマイト皮膜」「溶射皮膜」と明記されています。ただ、JISの鉄鋼に関する熱処理の中には、素材に対する炭化物の膜を作る処理は「炭化物被膜処理」とあり、「塗装など有機被膜処理」という言葉も出てきます。

　「被膜」に関しては、医療の分野で「細胞や臓器、皮膚を包んでいる膜」を示す意味合いで被膜が使われており、「被膜」という用語は業界によって扱いが異なることがわかります。被膜は「膜で覆い包む」動作・状態に対して、「処理」や「剤」等の単語と合わせて名詞化すると、文脈としてしっくりする感じがあります。

　表面処理では、金属材料に金属元素化合物の膜がある場合は「皮膜」、"非金属"の膜を被覆する場合に「被膜」が使用されている傾向があります。「皮膜」と「被膜」が混在する要因は、どうやらこの辺にあるようです。

　本書では、「ひまく」と呼ぶ金属元素化合物の薄膜そのものに対しては、多くの使用例に倣って「皮膜」で統一することにしました。たとえば「リン酸亜鉛皮膜」のように表記していますが、化成処理に関連する薬品メーカーでは、多くが製品に対してそのように表記しています。

　他の文献等において、用語として「被膜」を目にすることがあるかもしれませんが、意味の上では必ずしも間違いではありませんので、どうかご理解いただきたいと思います。

第6章

アルマイト

アルマイトとは、アルミニウム表面に陽極酸化皮膜を生成する技術です。
本章では、素材としてのアルミニウムの表面状態の解説から始めて、
アルマイトの原理、製品用途、処理可能な素材について取りあげます。
また、アルマイトの工程については前工程と後工程に分けて、
わかりやすく解説します。
最後に、アルマイトの着色についてもコメントします。

アルマイトとは

　アルマイト（陽極酸化処理）では、アルミニウム表面に陽極酸化皮膜〈➡ p14・脚注〉を生成しています。「アルマイト」という名称はすでに一般名称となっています。この名称はもともと理化学研究所の登録商標で、日本産業規格（JIS）等では「アルミニウムに対する陽極酸化処理」と記述しています。

　素材としてのアルミニウムの表面状態を把握することが、アルマイトの原理、用途、効果のより深い理解につながるので、改めてアルミニウムの性質について簡潔に説明します。

●アルミニウムの表面状態とアルマイトの関係

　自然環境下では、アルミニウムは薄い酸化皮膜に覆われています〈➡ p167・図 8-3-1〉。この皮膜は不動態皮膜で錆びにくく耐食性もあります。ところが、アルミニウムは両性金属※なので、酸とアルカリに容易に反応します。そのため、酸化皮膜は置かれた環境の変化により、敏感に化学反応して腐食します。また、アルミニウムは軟らかい素材であるため、表面がキズ付きやすく、キズは腐食が進行する原因にもなっています。そこで表面を保護するための表面処理としてアルマイトが活用されています。

●アルマイトの原理

　アルマイトは、硫酸やシュウ酸溶液等に浸漬したアルミニウムを陽極として通電し、溶解と同時に酸化させることで酸化皮膜を形成させる処理法です（図 6-1-1）。

　できあがった酸化皮膜は、多孔質層（ポーラス層）というアルミニウムの素地に垂直に立つ無数の六角柱状のセルの中心から素地に達する微細孔の層となっています（図 6-1-2）。さらに微細孔の底には極めて薄い緻密なバリア層（アルミニウム素地に接し、電解時に自らは素地に浸透していき、多孔質層の成長を支える層）があります（図 6-1-3）。

　人工的に生成された酸化皮膜は、自然状態での酸化皮膜よりも厚く丈夫で

※両性金属：酸と塩基に反応して水素を生じる金属で、アルミニウム以外に亜鉛とすず、鉛がある。

耐食性と耐摩耗性に優れます。また、素材のアルミニウムは電気伝導性があるものの、アルマイトを行った皮膜は電気を通さず絶縁性があります。さらに、皮膜は無色透明でアルミニウムの素材・質感を損なわず、着色することも可能です。

図6-1-1　アルマイトのしくみ

図6-1-2　アルマイトの表面構造

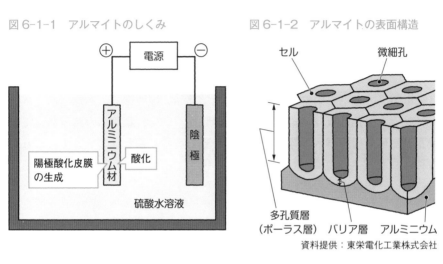

資料提供：東栄電化工業株式会社

図6-1-3　アルマイトの酸化皮膜が形成する様子

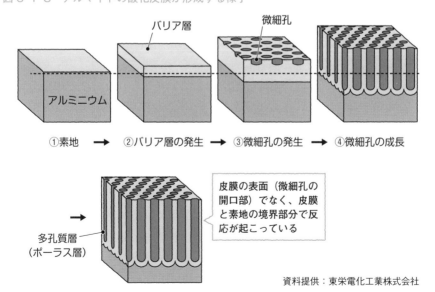

資料提供：東栄電化工業株式会社

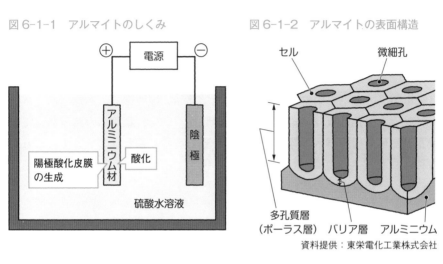

141

6-2 アルマイトの製品用途と処理可能な材料

アルミニウム製品の表面処理法としてアルマイトの採用を検討する場合、アルミニウム材料を選定する上で注意が必要です。

●アルマイトの製品用途と求められる機能

アルマイトが使用される製品用途は、アルミサッシや外装パネル等の建材、自動車部品、電車車両や航空機部品、光学部品、照明機器、医療機器、ネームプレート、化粧板、バイクや自転車の装飾パーツ、鍋等の台所製品、電子機器の筐体や操作パネル等々、幅広い分野で数多く使われています。これらの製品に付与される機能は、耐食性、硬さ、耐摩耗性〈➡ p119〉、摺動性〈➡ p119〉、絶縁性、放熱性、美観の向上等です。

●アルマイトが可能なアルミニウム材料系

アルミニウムは、鉄（Fe、比重 7.8）に対し比重は約 1/3 で、軽量かつ電気伝導性と熱伝導性にも優れ、磁性も帯びないという特徴があります。しかしながら、純アルミの強度は低いことから、使用できる用途に制約があります。そこで、合金元素(マグネシウム：Mg、銅：Cu、亜鉛：Zn、Fe 等)を添加することで、用途と加工条件に合うよう合金にしています。JIS では、アルミニウム展伸材（熱間や冷間の塑性加工により作られた材料）の合金元素成分によるアルミニウム合金の分類を 4 桁の数値で表しています（表 6-2-1）。

また、アルミニウムはリサイクル性の高い材料です。鉱石から地金を生産するのに比べ、再生塊はわずか 3 ％程度のエネルギーでリサイクル生産できます。展伸材には新地金や合金成分を調整した材料を使用する一方、リサイクルしたアルミニウムは、除去できない合金成分が残るカスケード利用（品質の格下げ利用）として鋳物品やダイカスト用の鋳造材としての利用が多くなります。そのため、アルミニウム材料といっても、すべてが同じようにアルマイトができる訳ではありません。アルマイトには合金成分の少ない純アルミ、もしくは Mg が含まれるものを主に選定します（図 6-2-1）。

表 6-2-1　アルミニウム合金の分類と陽極酸化性

合金番号（展伸材）	陽極酸化処理の目的 防食	染色	光輝	耐摩耗
1080	A	A	A	A
1070	A	A	A	A
1050	A	A	A	A
1100	A	A	A	A
2011	C	C	D	C
2014	C	C	D	C
2017	C	C	D	C
2024	C	C	D	C
3003	A	B	C	A
3004	A	B	C	A
4043	B	B	D	B
5005	A	A	B	A
5052	A	A	B	A
5056	A	A	C	A
5083	A	A	C	A
5N01	A	A	A	A
6061	A	A	C	A
6063	A	A	B	A
6N01	A	A	C	A
7075	B	B	C	B
7N01	B	B	C	B

陽極酸化性　A：優、B：良、C：可、D：困難

合金番号（鋳造材）	陽極酸化処理の目的 防食	染色	光輝	耐摩耗
AC1B	C	C	D	C
AC2A	C	D	D	C
AC3A	B	D	D	B
AC4B	C	D	D	C
AC4C	B	D	D	C
AC5A	C	C	D	C
AC7A	A	A	B	A
AC8A	C	D	D	C
AC9A	C	D	D	C

合金番号（ダイカスト材）	陽極酸化処理の目的 防食	染色	光輝	耐摩耗
ADC1	C	D	D	C
ADC3	B	D	D	B
ADC5	A	A	B	A
ADC6	A	B	B	A
ADC10	C	D	D	C
ADC12	C	D	D	C

材料の合金成分によって陽極酸化性が異なる。展伸材は 2000 番系を除き、概ね良好である。番号に AC が付くものは鋳造材、ADC が付くものはダイカスト向け材料。添加元素の種類・量も多くなり、陽極酸化性は低下傾向にある

JIS H 8601 より引用（抜粋）

図 6-2-1　すみだ北斎美術館の外装パネル（東京都墨田区亀沢）

建物壁全体に高耐食性・高輝度性のアルマイトを施している。

工業生産としてのアルマイトの工程（1）前工程

アルマイトの生産現場では陽極酸化の前後で、前工程や後工程が必要になります（図6-3-1）。ここではアルミニウム押出材のアルマイトをもとに説明します。

●アルマイトの工程（前工程：陽極酸化まで）

次の①〜④が前工程になります（図6-3-2）。各工程の後には、通常一度水洗します。

①脱脂

加工する素材に付着している油分を除去する工程です。加温した中性、あるいは弱アルカリ脱脂で洗浄し、場合によっては攪拌や超音波も使用して物理的に洗浄効果を高めます。

②エッチング

アルミニウム表面にもともと形成されている自然にできる薄い酸化皮膜や、脱脂で取り切れなかった油分を除去する工程です。苛性ソーダ等を含んだアルカリ性溶液にアルミニウムを浸漬し、酸化皮膜を溶解させると同時に油分等を除去します。

③スマット除去

アルミニウム表面に露出した不純物や合金成分を除去する工程です。アルミニウムは、製品用途に応じた合金成分が含まれています〈➡ p142〉。中にはエッチングで溶解しないものも存在するため、エッチングの後には不純物や合金成分が微粉末（スマット）として表面に露出します。この微粉末を取り除く工程がスマット除去工程です。合金元素の除去には、フッ素や硝酸を含んだ酸性溶液が用いられます。

④陽極酸化

前工程で油分、汚れ等の不純物、合金成分や自然にできる酸化皮膜が取り除かれ、ようやく陽極酸化の工程に入ります。アルミニウム押出材の場合には、主に硫酸を使用します。

図 6-3-1 アルミニウム押出材のアルマイトの工程概略

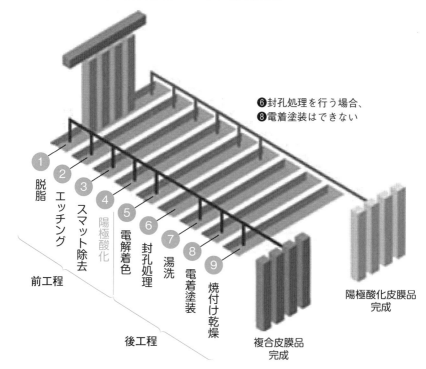

❻封孔処理を行う場合、
❽電着塗装はできない

① 脱脂
② エッチング
③ スマット除去
④ 陽極酸化
⑤ 電解着色
⑥ 封孔処理
⑦ 湯洗
⑧ 電着塗装
⑨ 焼付け乾燥

前工程

後工程

複合皮膜品
完成

陽極酸化皮膜品
完成

資料提供：三協立山株式会社

図 6-3-2 アルミニウム押出材のアルマイトの工程（前工程）

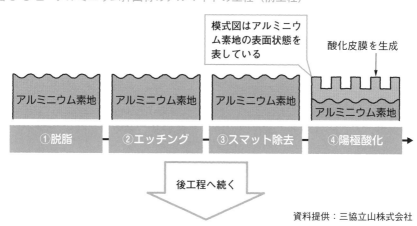

模式図はアルミニウ
ム素地の表面状態を
表している

酸化皮膜を生成

アルミニウム素地
①脱脂

アルミニウム素地
②エッチング

アルミニウム素地
③スマット除去

アルミニウム素地
④陽極酸化

後工程へ続く

資料提供：三協立山株式会社

145

前節で解説した陽極酸化までの前工程は概ね共通しているものの、後工程に関しては、対象物や使用用途、量産性により選択肢が異なってきます（図6-4-1）。

●アルマイトの工程（後工程：陽極酸化以降）※前節からの続き

⑤着色（電解着色）

前工程の④陽極酸化後、酸化皮膜表面に形成された穴に金属粒子や染料を定着させることにより着色します〈➡ p148〉。図6-4-1のアルミニウム押出材のアルマイトの工程では、一槽で色の濃淡が管理可能な電解着色による着色法が採用されています。

⑥封孔処理

封孔処理は、陽極酸化処理によって生成した多孔質皮膜の微細孔を加圧水蒸気や沸騰水処理等により封じる処理です（図6-4-2）。耐汚染性、耐食性等を改善する効果があります。

⑦湯洗

⑥の封孔処理が終了した後、湯洗してアルマイト皮膜が完成します。

⑧電着塗装

陽極酸化後⑥の封孔処理を行わず、代わりに塗装を行うことで多孔質を被覆するアルマイト複合皮膜の処理方法です。

塗装は耐候性のあるアクリル系の塗料で、部材を陽極側にするアニオン電着塗装により行います（図6-4-3 ➡ p72）。ちなみに電着塗装は塗料1色につき塗料槽も1つ必要です。艶ありクリアー・艶消しクリアー、白等を選択する場合は、ラインに個別に塗料槽を用意し使い分ける必要があります。

⑨焼付け乾燥

電着塗装により塗膜を付けただけでは、完成ではありません。焼付け乾燥（160℃程度）を行うことで成膜し、アルマイトの複合膜が完成することになります。

図 6-4-1　アルミニウム押出材のアルマイトの工程（後工程）

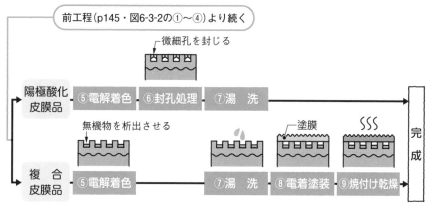

前工程（p145・図6-3-2の①〜④）より続く

微細孔を封じる

陽極酸化
皮膜品

⑤電解着色　⑥封孔処理　⑦湯　洗

無機物を析出させる

複　合
皮膜品

⑤電解着色　　　⑦湯　洗　⑧電着塗装　⑨焼付け乾燥

塗膜

完成

資料提供：三協立山株式会社

図 6-4-2　封孔処理の様子

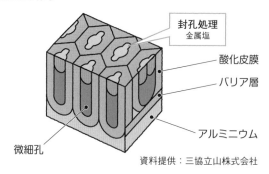

封孔処理
金属塩

酸化皮膜

バリア層

アルミニウム

微細孔

資料提供：三協立山株式会社

図 6-4-3　電着塗装の様子

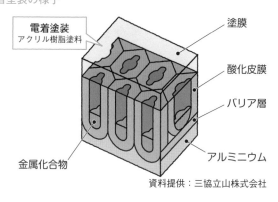

電着塗装
アクリル樹脂塗料

塗膜

酸化皮膜

バリア層

アルミニウム

金属化合物

資料提供：三協立山株式会社

6・アルマイト

147

アルマイトの着色

　アルマイト製品ではさまざまな色を目にしますが、着色方法には①自然発色、②染料着色、③電解着色の3種類があり、それぞれ特徴があります。

●アルマイトの着色方法

①自然発色

　自然発色は、素材を陽極酸化したままの自然の色です。アルミニウム材料の種類、前処理、陽極酸化に使用する溶液の種類により色調は変わってきます。白アルマイトと呼ばれるものは、アルミニウム素地の色を活かした無着色の自然発色によるものです（図6-5-1）。また鍋やヤカンで見かける黄金色は、シュウ酸溶液を使用した陽極酸化の自然発色によるものです。

②染料着色

　陽極酸化直後に、微細孔に染料を浸透させ、孔の内部に染料を吸着させてから封孔処理をして着色させる方法です（図6-5-2）。染料は、有機染料であれば多種多様で鮮やかな色を染色することが可能で、無機染料であれば濃淡のある金属感が表現できます。

　ただし、有機染料の場合、太陽光の下で長時間暴露しておくと、有機染料が紫外線により分解し退色してしまいます。そのため、取り扱いには注意が必要です。また量産する場合、個別部品の染まり具合も変わってくることがあります。製品用途としてアルマイト部材をつなぎ合わせるものや、上下で嵌合する部品では染色が微妙に違うこともあり注意が必要です。

③電解着色

　電解着色は、陽極酸化後に金属塩が溶解された着色液中で素材に交流電流を加えて、電気分解することにより皮膜の微細孔内に金属または金属化合物を析出させて着色する処理法です（図6-5-3）。陽極酸化後に再び電解するため、二次電解着色とも呼ばれます。電流、時間管理等によりステン色※〜黒まで単一浴で金属系の着色が可能です。なお、この着色による処理品は、耐候性に優れていて紫外線で変退色しにくいのが特徴です。

※ステン色：ステンレスの色合に似た色。

図 6-5-1　白アルマイト（左）と黄金色のアルマイト

図 6-5-2　染料着色の様子

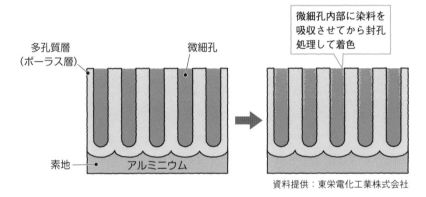

微細孔内部に染料を
吸収させてから封孔
処理して着色

多孔質層
（ポーラス層）　　微細孔

素地　　アルミニウム

資料提供：東栄電化工業株式会社

図 6-5-3　電解着色の様子

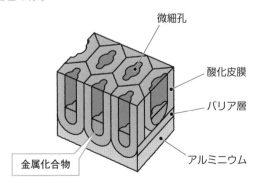

微細孔

酸化皮膜

バリア層

金属化合物

アルミニウム

資料提供：三協立山株式会社

「取引先から技術を学ぶ」という話

　私が駆け出しのころの話。顧客へ納品に行った際、受付の傍らにあった部品に目がとまりました。薄青色で艶を抑えた金属調の外観、A4コピー用紙くらいの大きさで断面がコの字形をした金属製の筐体カバーです。思わず、「あれは何ですか？」と担当のIさんに質問しました。「これはね、カラーアルマイトのアルミ押出材」と言いながら、Iさんは手に取って見せてくれました。

　「きれいで格好がいいですね。塗装と質感が全然違いますね」と、私は素直に感想を伝えました。すると、Iさんは「そう思う？　内輪の評判も結構良かったのだけれど……。見た目で、どこが悪いのかわかる？」と言って、2台あるうちの1つを私に手渡しました。

　よく見たところ、ヘアラインもきれいでキズはなく、外観上の問題は見あたりません。「どこが悪いのかわかりません。寸法ですか？」と私は聞き返しました。Iさんは「この部品はね、同じものを2個上下で向い合わせて1台の製品として使うんですよ」と言いながら、もう1台の部品と上下合わせて見せてくれました。そこで、不具合がわかりました。上下の色が微妙に違うのです。

　私が、「上下で色が合わないから不良なのですか？」と聞くと、Iさんは「うちとしては当初不良ではなかったけれど、ユーザーから気になるという指摘を受けてね。そのユーザーには、やむなく"現状、これが限度です"と伝えた次第」と説明してくれました。続けて、「アルマイト屋の染色は手作業だから、大きい部品で数をこなすと、色も薄いから微妙に染まり具合も変わるんですね。だから、染色カラーアルマイトの特に薄い色は、1個ずつの製品にするか、嵌合して見比べられないような使い方をしないといけないね」と教えてくれました。

　このときと同様の製品は、色違いの白と黒のアルマイト仕様として、今でも続くロングセラー商品です。Iさんはすでに定年で退職されていて、今では私の方が逆にこの会社の若い社員に経緯を伝える立場になりました。町工場の技術の継承は、何気ないやり取りの中に宿るものです。今でも、携帯ヘッドホンステレオ等、格好いいカラーアルマイトの製品を見ると、このときのことを思い出します。

第 7 章

その他の表面処理

これまで、塗装、めっき、化成処理、アルマイト等について見てきましたが、
表面処理の方法はほかにもあります。
本章では、鋳造品等にできる巣穴や割れの隙間に樹脂を充填させて
それを塞ぐ含浸、加熱溶融した材料を対象物に吹付けて
被覆する溶射、金属材料の表面を改質させて硬化させる表面硬化処理、
高エネルギーを持ち、電気的・化学的にも活性化した状態である
プラズマを照射して改質を図る方法について解説します。

7-1 含浸

　含浸は、鋳造品等の成形品に発生する巣穴や割れ等の隙間に樹脂を充填させた後、硬化させてそれを塞ぐ処理です。

●含浸が必要な背景（鋳造を一例として）

　鋳造は、金型に溶融した金属を流し込み、冷却し固めて成形する技術です。鋳造は、工程上素材の中に微細な気泡が混入しやすく、湯じわ（型に流し込まれた金属が固まる際にできるしわ）ができたりします。これらは、素材表面にできる巣穴や割れ等の原因となり、めっきや塗装をした際のピンホールやふくれ、剥離〈➡ p123・表4-11-1〉の原因にもなります。また、ステンレスや銅合金等の製品で、めっきや塗装を必要としない場合でも、水道や油空圧部品等の耐圧性が必要な部品では、巣穴や割れは圧漏れの原因となります。これらの対策をする技術が含浸処理です。

●含浸の工程（図7-1-1）

　穴を塞ぐ材料（含浸液）には加熱硬化型の樹脂を使用し、含浸液が入る真空容器によって処理します。まず大気圧の状態で、真空容器の空中部分に対象物を投入します。真空容器を真空にすると、対象物に存在する巣穴や割れ等の隙間に存在していた空気（ガス）が抜けます。その状態で容器内の含浸液槽に対象物を浸漬します。すると巣穴や割れの中に含浸液が押し込まれ、充填されます。容器から出した後も巣穴や割れ等の隙間には含浸液が残っており、表面に付いた余計な含浸液を洗い流した上で、加熱硬化させて完成します。

●含浸の用途

　鋳造品は、エンジンブロックやシリンダーヘッド、水道バルブ、油空圧フィルターケース等、耐圧性を必要とする工業製品の中に数多く採用されています。また、鋳造品以外では、焼結部品、樹脂成形品、セラミックス品、

木材等にも使用されます。含浸は、素材自体に空隙が発生し得る部品に対しては、単にそれを埋めるだけではなく、機能（強度や耐食性の向上、防カビ、絶縁性等）を付加する用途もあります。

図 7-1-1　含浸の工程

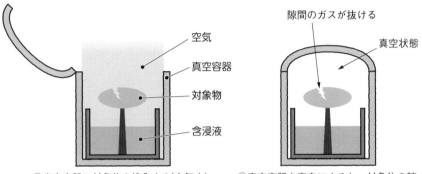

空気
真空容器
対象物
含浸液

隙間のガスが抜ける
真空状態

①真空容器に対象物を投入する(空気中)。対象物の隙間には空気(ガス)がある

②真空容器を真空にすると、対象物の隙間のガスも抜ける

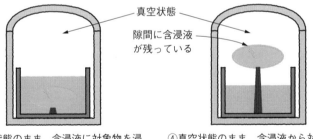

真空状態
隙間に含浸液が残っている

③真空状態のまま、含浸液に対象物を浸漬すると、隙間に含浸液が押し込まれて満たされる

④真空状態のまま、含浸液から対象物を引き上げる。隙間には含浸液が入ったままであり、表面には液が残る

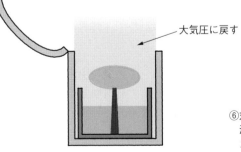

大気圧に戻す

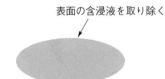

表面の含浸液を取り除く

⑤真空圧を開放し、大気圧に戻す

⑥対象物を容器から取り出し、表面の含浸液を洗い流す（隙間には含浸液が満たされたまま）。最後に加熱硬化して完成する

　溶射は、加熱溶融した材料を対象物に吹付けて被覆する表面処理です。皮膜となる材料（溶射材）は、金属、セラミックス、樹脂等材質を問いません。成膜した皮膜の材質だけに着目すれば、金属であれば「めっき」、樹脂やセラミックスであれば「塗装」に通じる部分もあります。しかし、溶射はめっきや塗装とは原理と皮膜の特徴が異なる技術です。

●溶射の原理と種類 （図7-2-1）

　溶射材は、粉末または線材等を使用します。溶射材を加熱溶融、あるいは半溶融するエネルギー源には燃焼ガス、電気エネルギー等を使用し、溶けた材料粒子（溶滴）の吹付けには燃焼ガス、圧縮空気、アルゴン等、装置に合わせた作業ガスを使用します。

　溶射は、加熱溶融する方法により「○○溶射」という名称で種類分けされます。代表的な方法は、フレーム溶射、アーク溶射、プラズマ溶射〈➡ p159〉です。これらの違いは、出力時の温度（1,000℃前後～10,000℃）と吹付け速度によります。高融点の材料が扱えるかどうかが重要で、要求する皮膜特性と生産コストにより溶射材と溶射方法の組み合わせが決まってきます。

●溶射の用途と特徴

　溶射は、産業機器部品、機械部品、電気部品、構造物部材等に対して耐食性や耐摩耗性の向上、電気特性、耐熱性、滑り防止等の機能と装飾性を付加する目的で使用されます。対象物の寸法に制約がなく、装置によっては構造物の現場施工も可能です。

　溶射皮膜の長所は、材料の種類が豊富で皮膜の厚さが自由にできること、成膜する時間が速いことです。短所は、皮膜が粒子を積層した多孔質層のため膜が粗いことです。また、対象物の表面と膜の密着は物理的作用によるため、密着が弱いことがあげられます。

　そのため、溶射の前処理工程では脱脂の後ブラスト処理〈➡ p32〉により

表面を粗くし、密着度を高める対策（アンカー効果）が取られます（図7-2-2)。また溶射の後工程として、微細な穴を埋める封孔処理（液状の封孔剤を塗布）や研磨等、必要に応じた処理が施されます。

図 7-2-1　溶射の原理と種類

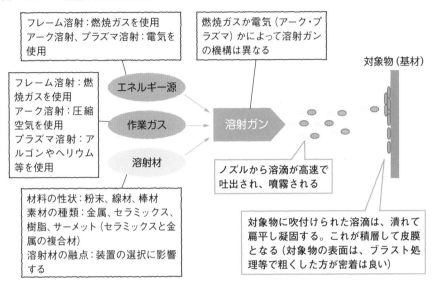

プラズマ溶射は出力温度が 10,000℃にも達し、高融点の材料を扱えるため選択肢が豊富。一方で装置が複雑で高価であり、エネルギーコストも高くなる。アーク溶射やフレーム溶射は構造物の現場施工も可能であり、たとえば亜鉛の溶射は、溶融亜鉛めっき〈→ p114〉の代替技術として塗装補修における下地処理に使用される。

図 7-2-2　溶射の工程

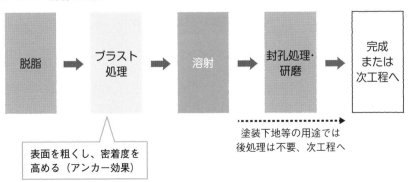

7-3 表面硬化処理

　表面改質〈➡ p24〉の主要な目的に金属材料の表面の硬化があります。金属の硬さは材料強度、耐摩耗性にかかわる指標でもあり、金属の結晶構造・組織と歪み具合、添加元素によって異なってきます。

　表面硬化処理はこの性質を利用し、金属材料の表面を改質させて硬化させるものです。

●鋼材を主とした表面硬化処理の種類 （図7-3-1）

①拡散浸透処理

　金属表面にほかの元素を侵入させて拡散させる処理です。代表的なものに窒化と浸炭があります。窒化は、鋼材に侵入した窒素が鋼材中の他元素と窒化物を生成し、硬い窒化物層を作るものです。方法としてガス窒化、塩浴軟窒化等いくつか種類があり、加熱も伴いますが、焼入れ温度には達しません。一方、浸炭は拡散浸透した後に焼入れを行います。そのため、浸炭と言えば、通常次の浸炭焼入れを指します。

②浸炭焼入れ（熱処理・焼入れ）

　鋼材表面に炭素を侵入させた（浸炭）後、焼入れします。浸炭により表層の炭素量が増えることで、焼入れ後表層に析出する炭化物が増加し、金属組織の変態も伴い表面硬化します。炭素を侵入させる方法（浸炭）には、ガス浸炭、真空浸炭等いくつかの種類があります。浸炭焼入れは材料に低炭素鋼を使用しているため、内部は靭性を維持し、表面は硬く耐摩耗性を向上させることが可能です。

③表面焼入れ（熱処理・焼入れ）

　焼入れ方法には、高周波、炎、レーザー、電子ビーム等の種類があります。鋼材の熱処理では含有炭素量が硬化に影響するため、予め熱処理に適した鋼種（炭素鋼や特殊鋼等）を選択する必要があります。

④ショット・ピーニング（冷間加工）

　熱処理と異なり、冷間加工の一種です。メディアと呼ぶ硬質の玉を素材表

面に高速で衝突させ、表面にくぼみを与えることで加工硬化させます。耐摩耗性の向上のほか、加工物の残留応力※の除去と耐疲労特性向上も目的となります。

図 7-3-1　表面硬化処理の種類

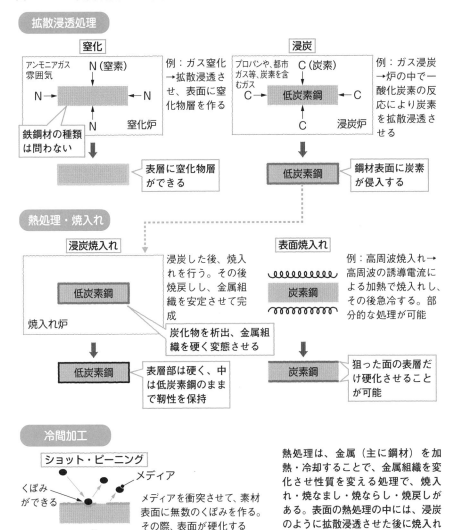

拡散浸透処理

窒化

アンモニアガス雰囲気　N（窒素）

N →　　　← N

　　　　　N

鉄鋼材の種類は問わない　　窒化炉

例：ガス窒化→拡散浸透させ、表面に窒化物層を作る

↓

表層に窒化物層ができる

浸炭

プロパンや、都市ガス等、炭素を含むガス　C（炭素）

C →　低炭素鋼　← C

　　　　　C

浸炭炉

例：ガス浸炭→炉の中で一酸化炭素の反応により炭素を拡散浸透させる

↓

低炭素鋼　鋼材表面に炭素が侵入する

熱処理・焼入れ

浸炭焼入れ

低炭素鋼

焼入れ炉

浸炭した後、焼入れを行う。その後焼戻しし、金属組織を安定させて完成

炭化物を析出、金属組織を硬く変態させる

↓

低炭素鋼　表層部は硬く、中は低炭素鋼のままで靭性を保持

表面焼入れ

炭素鋼

例：高周波焼入れ→高周波の誘導電流による加熱で焼入れし、その後急冷する。部分的な処理が可能

↓

炭素鋼　狙った面の表層だけ硬化させることが可能

冷間加工

ショット・ピーニング

くぼみができる　メディア

メディアを衝突させて、素材表面に無数のくぼみを作る。その際、表面が硬化する

↓

耐摩耗性、耐疲労特性が向上する

熱処理は、金属（主に鋼材）を加熱・冷却することで、金属組織を変化させ性質を変える処理で、焼入れ・焼なまし・焼ならし・焼戻しがある。表面の熱処理の中には、浸炭のように拡散浸透させた後に焼入れするものがあることから、窒化・浸炭等の拡散浸透処理も含めて表面熱処理と呼ぶ場合もある。

※残留応力：外力を取り除いた後でも存在している物体内の応力。

7・その他の表面処理

157

　プラズマは、ガス中の粒子が高いエネルギーを持って帯電した状態です（図7-4-1）。自然界では、地上の雷やオーロラ等がプラズマによって引き起こされた現象として見ることができます。

　人工的に生成するプラズマは、表面処理の分野でも多くの技術で応用され、品質や性能の向上が図られています。

●プラズマを使用した表面処理の種類

　プラズマを使用した表面処理は、目的によって、プラズマを発生させる装置や環境、使用する原料ガスおよび処理側の素材がさまざまです。以下に代表的な処理を紹介します。

①表面浄化

　プラズマを照射することで素材表面の不純物や有機物を分解し、表面を清浄します。分解された不純物は、揮発性であれば気体、不揮発性であれば微粒子として排気されます。

②エッチング

　プラズマにより表面の原子や分子を削り取ることで、表面の粗さや形状を変化させることができます。

③官能基付加

　プラズマ中のイオンが素材表面の結合を切断し、新しい官能基（分子の結合の手）を生成します。これにより、親水性や疎水性を改質させます。樹脂に対する塗装の密着性や、素材表面の潤滑性を向上させる等が可能となります。

④薄膜生成

　プラズマをCVD〈➡ p116〉に応用することで、原料ガスをプラズマ状態にし、活性化した状態で薄膜を生成することが可能です。生成した膜が金属であれば、気相めっきとしてめっきに分類され、DLC※のような非金属であれば、○○コーティング（たとえばDLCコーティング）と呼ばれます。

※ DLC：Diamond-Like Carbon、ダイヤモンドライクカーボン。ダイヤに似た炭素。

⑤溶射

プラズマにより高温で高速のガスの流れを作って噴霧に使用することで、セラミックスのような融点の高い物質の扱いや高質な膜の生成を可能にします〈➡ p154〉。

⑥拡散浸透処理

プラズマにより素材表面から元素を拡散浸透〈➡ p156〉させることが可能です。たとえば、使用する反応ガスに炭素が含まれていれば浸炭、窒素であれば窒化となります。

また、イオン注入に対してプラズマが応用されます。イオン注入は、半導体のシリコンウェハーの製造現場でも使用され、半金属のシリコン表面にイオンを打ち込み拡散層を生成します。プラズマは、イオンを打ち込む際に加速に援用されます。

図 7-4-1　プラズマの使用イメージ

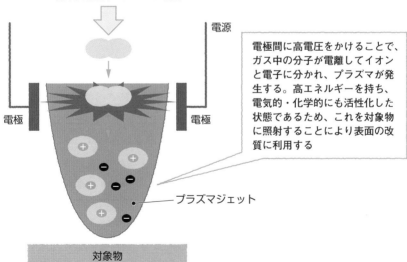

7・その他の表面処理

炎のように見えるものは、プラズマジェットと呼ばれる。炎は、燃料が酸素と燃焼する際の熱の発生に伴う現象だが、プラズマは、高エネルギーの放電によって発生するもので、物理的性質が異なる。プラズマジェットは、表面処理で多く使用される低温プラズマ（〜1,000℃程度）のものが該当し、高温のプラズマは、溶断等の加工（一部溶射）に使用され、プラズマトーチ（数千℃）と呼ばれる。

こんなところにも表面処理が!?

　被覆する表面処理技術の種類の1つに「ライニング」があります。ライニングとコーティングはよく比較されますが、用途や膜厚で区別されることが多く、ライニングは比較的厚い膜で被覆する処理を指します。

　ライニングの被覆材料には、金属のほか、樹脂、ゴム、ガラス、セラミックス等があり、目的として耐食性、耐熱性、耐薬品性、耐摩耗性等、機能・性能が必要な製品に対して行います。一口に「ライニング」といっても、処理する対象や被覆材料の種類によって工程はさまざまです。

　私の会社では、金属部品に対するゴムのライニングの一部工程を扱っており、求められる機能はゴムによる滑り止めです。ゴムの加工自体はゴム加工業者が担当し、ゴムの配合材料と金属部品を金型に入れて加熱処理（ゴムの場合は加硫といいます）することで一体成形します。

　しかし、それでは金属とゴムは密着しません。事前に、金属部品のライニングする面に接着剤を塗布しておく必要があります。そこに塗装技術を応用しています。

　接着剤は、扱いやすくするために塗料と同様に溶剤で希釈し、塗装機器を使用して塗布します。その後、数十℃で強制乾燥させることによって溶剤だけ揮発させ、接着剤の塗膜を形成させます。

　この段階では、塗膜は触れても接着することはありません。しかし、爪でこするとすぐ剥がれてしまいます。実は、接着剤は熱重合乾燥型〈➡ p.55・表3-7-1〉の樹脂でできているため、自然乾燥では本来の性能はまだ発揮されません。そのおかげで、重ね合わせての梱包ができるわけです。

　接着剤を塗布した部品は、その後ゴム加工業者によって加工されます。金型に入れてゴム材料を100℃以上で加硫し成形する際、接着剤が熱重合硬化し、はじめて金属とゴムが強力に接着します。成形した製品は厚さが数mmあるゴムライニングとなっています。

　完成製品は人が目にすることができるものの、接着剤を塗布した面は表面処理としてはもはや目にすることのない部分です。しかし、製品を支える重要な役割を担っています。せっかくですので、この場を借りて"日の目を見る"機会としておきましょう。

第 8 章

表面処理鋼板

表面処理鋼板は、鋼材メーカーにより表面処理工程まで
一貫して管理・製造された鋼板です。
鋼板の防錆・保護と機能付加に加えて、
素材加工後の表面処理工程の省力化、品質の安定化、
コスト低減等が実現できます。
表面処理鋼板は、大きくめっき鋼板と塗装鋼板に分けられます。
本章では、それぞれの鋼板の種類と特徴、
膜の構造、用途、具体的な製品のほか、
その鋼板を使用する上での注意点についても解説します。

表面処理鋼板とは

表面処理鋼板は、鋼材メーカーの品質管理のもと、表面処理工程まで一貫して製造された鋼板です。金属加工後の表面処理工程が削減できます。

●表面処理鋼板の目的と用途 （表8-1-1）

表面処理鋼板の目的は、鋼板の防錆・保護と機能付加、さらに素材加工後の表面処理工程の省力化と品質の安定化、およびコスト低減です。

素地のままの鋼板では、金属加工するまで防錆のために適切な湿度管理や防錆油を塗布した状態を保持し、加工した後は表面処理が必要です。

一方、表面処理鋼板は、事前に鋼板に表面処理することで金属加工するまでの防錆性を高め、金属加工する際も絞り性※等の加工性が良くなる効果もあります。その上で、金属加工後の表面処理工程を削減、製品用途に応じた機能を付加・選択することが可能です。付加する機能は、防錆に加え耐摩耗性、耐候性、耐熱性、潤滑性、電気伝導性、絶縁性等で、最近では防汚や抗菌、遮熱等の機能も登場してきています。表面処理鋼板の主な製品用途は、自動車、土木・建材、家電製品、電子機器、産業機器、容器等です。

●表面処理鋼板の種類 （表8-1-1）

表面処理鋼板はめっき鋼板と塗装鋼板に大別できます。めっき鋼板は、製品の使用用途によって、めっきの方法（電気めっき、溶融めっき）を選択し、めっき膜の上に化成処理〈➡ p126〉や有機被膜処理〈➡ p138〉をすることで機能をさらに付加しています。製品用途に応じて種類が豊富にあります。

塗装鋼板は、市場での呼び名としてカラー鋼板、プレコート鋼板、PCM鋼板（Pre-Coated Metal）とも呼ばれ、鋼板の素地あるいはめっき後に塗装します。めっき膜の上から塗装することで、耐食性の向上に加え、意匠性と機能を付加することが可能となります。

表面処理鋼板の採用を検討する際には、鋼板メーカーの仕様をしっかりと確認する必要があります。

※絞り性：素材がダイスの穴に絞り込まれるときの、絞り込まれやすさの程度。

表 8-1-1　表面処理鋼板の種類

種類	表面処理鋼板の種類		
	めっき鋼板		塗装鋼板
	電気めっき	溶融めっき	
主な被覆材料	亜鉛、すず	亜鉛、アルミニウム	塗料
特徴	・薄膜、美観・肌良好 ・寸法精度が良い ・製品用途・加工方法に応じた機能を化成処理で付加することが可能	・厚膜 ・耐食性・耐熱性に優れる ・熱処理することで素地とめっき膜との合金化も可能（密着性、加工性が向上する）	・用途に応じた性能、意匠性 ・機能の提供が可能 ・下地にめっき鋼板を使用することも可能。また、鉄鋼材だけでなく、ステンレス材に対しても塗装可能
主な機能・性能	・耐食性（屋内製品向け） ・潤滑性、電気伝導性、耐指紋性、加工性の向上（絞りや溶接等）	・耐食性（屋外向け）、耐候性、耐熱性 ・塗装鋼板の下地とすることで、耐食性＋耐候性、遮熱性等、性能向上が可能	・美観・意匠性、耐候性、機能 ・使用用途を特定することで、用途にあった機能・性能確保、量産効果とコスト低減
膜の構造（代表事例）			
用途	・製品組付け部品、塗装下地、容器 ・家電製品や電子機器、オーディオ等筐体のシャーシやブラケット等、目立たない部分。耐食性と密着性を良くするための塗装下地	・屋外用建材・筐体、耐熱部品、塗装下地 ・土木・建築、野外設置機器、加熱器具、自動車外装塗装下地	・意匠性、耐食性、耐候性、その他機能の付加 ・家電製品の外装パネル、屋根・壁、ディスプレイパネル、筐体外装
具体的な製品	自動車内部ブラケット等、家電製品、パソコン、複写機、オーディオ、産業機器、容器	自動車外装下塗り、屋根・壁材、自動販売機、空調室外機、加熱器具、屋外使用の産業機器、プラント	屋根・壁材（屋外品はめっき鋼板との組み合わせ）、冷蔵庫や洗濯機等白物家電の外装、精密機器筐体のパネル
その他	電気すずめっき鋼板はブリキと呼ばれ、容器で使用される（昔は玩具でも使用されていた）	亜鉛めっき鋼板はトタンと呼ばれ、住宅建材の波板では塗装付きで使用される	アルミニウム材も塗装板がある。ただし、鉄を基材としていないため"鋼材"とは呼ばない。汎用的にカラーアルミ板と呼ばれる

8 -2 表面処理鋼板の種類（1）電気めっき鋼板

電気めっき鋼板は、電気化学反応により金属イオンから金属を析出させて、めっきを付着した表面処理鋼板です。表面が均一で意匠性に優れています。

●電気亜鉛めっき鋼板の特徴

電気めっき鋼板で使用される金属元素は、主に亜鉛とすずです。用途が多岐にわたるのが電気亜鉛めっき鋼板で、主に屋内用途で使用されます。対象製品は自動車や家電製品、電子機器、産業機器、容器等です（図8-2-1）。

使用箇所としては、直接目に触れる部分よりも筐体のシャーシや基盤内部のブラケット等、あまり目立たない部分での使用が多くなっています。使用方法としては、素材を加工して油分を除去した後、製品に組付けられます。また塗装下地としても使用され、その場合、外装用途としても使用されます。電気すずめっき鋼板はブリキと呼ばれ、主に製缶に使用されています。

●電気亜鉛めっき鋼板を使用する上での注意点

電気亜鉛めっき鋼板は、塗装の現場では、「ボンデ鋼板」と通称（日本製鉄株式会社の商標）で呼ばれることが多く、塗装用の下地処理鋼板としては、塗装の現場で重宝されています（図8-2-2）。ボンデ鋼板は、電気亜鉛めっきにリン酸亜鉛処理をしたものです。電気亜鉛めっき鋼板は、鋼板メーカーから用途に応じた製品が多数出されており、めっきの上からリン酸亜鉛処理するだけでなく、クロメート系の化成処理や鋼板メーカー独自の有機被膜処理〈➡ p138〉等を付加しているものもあります。その分、取り扱いには注意も必要です。

有機被膜が付いた電気亜鉛めっき鋼板は、OA機器等のシャーシ等、必ずしも塗装を必要としない用途でも多く使われています。有機被膜のある鋼板を「ボンデ鋼板」として認識して扱ってしまうと、前処理や電着塗装時に皮膜や塗膜の異常が発生することがあります（図8-2-3）。

そのため、鋼板メーカーの表面処理鋼板に関する亜鉛めっき後の皮膜の種類や加工条件をきちんと確認しておく必要があります。

図 8-2-1　電気亜鉛めっき鋼板の例

複写機で使用されている電気亜鉛めっき鋼板。金属加工した後、めっき膜のままの状態で組付けられている。閉鎖空間にあるため湿度環境も良く、数年使用しても発錆は見られない。

電気亜鉛めっき鋼板

図 8-2-2　板厚 2.3 mm の電気亜鉛めっき鋼板（塗装前のボンデ鋼板）

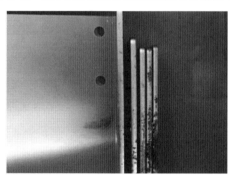

板の端面はめっきが付いていないため、加工工場では手汗や汚れ、湿気等腐食因子に触れる機会が多く、錆びやすい環境にある。板厚があるほど端部の素地がさらされる面も大きくなるため、加工後はより注意が必要となる。

図 8-2-3　有機被膜付き電気亜鉛めっき鋼板（塗装前（左）と塗装後）

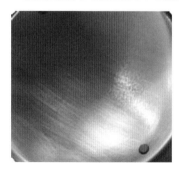 

有機被膜が付いているところは、電着塗装によって塗膜異常を起こしている（右写真上側）。有機被膜をペーパーで除去したところは、きれいに仕上がっている（同下側）。メーカー説明で塗装性が良いとされていても、電気・化学的な反応性とは別となるので注意が必要。

8 -3 表面処理鋼板の種類（2）溶融めっき鋼板

　溶融した金属の槽に鋼板を通すことで、鋼板表面に金属膜を形成するめっき鋼板です。複数の金属元素からなる合金めっき、厚膜が可能です。さらに熱処理することで、鋼板の鉄素地とめっき膜との合金化も可能になります。

●溶融めっき鋼板の特徴と用途

　溶融めっき鋼板は、主に亜鉛やアルミニウムをめっきの材料に使用します。亜鉛の犠牲防食〈➡ p89・図3-23-2〉やアルミニウムの酸化皮膜の作用（図8-3-1）に加え、厚膜による耐食性の向上が期待できることから、主に屋外用途で使用されます。

　対象製品は、自動車、土木・建材、家電製品、産業機器、プラント等です（図8-3-2）。また、塗装下地としても使用され、塗装により腐食因子との接触を抑制することで、さらなる耐食性の向上が可能になります。

●溶融めっき鋼板の１つガルバリウム鋼板

　ガルバリウム鋼板は、55％のアルミニウムと亜鉛、少量のシリコンからなる合金の溶融めっき鋼板です（図8-3-3）。もともと商標名ですが、現在では通称として広く使われています。単体での亜鉛めっきよりも耐食性と対候性が良く、見た目も、亜鉛めっきが銀色から徐々に白錆でねずみ色に変わっていくのに対し、変色もしにくいです。

　鋼板メーカー各社は、ガルバリウムに類する製品を多数出しています。中には、断面切り口の未めっき部分が一度は錆びるものの、時間をかけて自己修復作用で保護皮膜〈➡ p17・表1-4-1の注2〉を形成するものもあります。

●溶融めっき鋼板を使用する上での注意点

　溶融めっき鋼板は、耐食性が良いとされながらもやはり錆びます。海岸付近や工場近辺では潮風や排ガス等が腐食因子となるため、使用環境によって防食耐用年数が低下します。その場合、ステンレス鋼の採用や塗装の検討が

必要です。これは耐食性の良いガルバリウム鋼板でも同様です。また、設計の際、材料強度に加え、プレスや溶接等の加工性やその後の塗装性への配慮が必要です。用途に合わせた鋼板を選択する必要があります。

図 8-3-1　アルミニウムの酸化皮膜

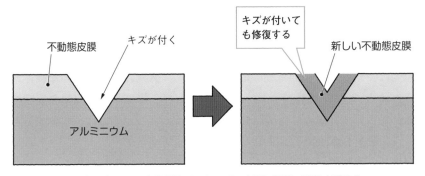

アルミニウムは、自然環境下において、表面に極薄い酸化皮膜を作る。耐食性に優れ、不動態皮膜〈➡ p17・表 1-4-1 の注 1〉とも呼ばれる。しかし、アルミニウムは両性金属で、酸にもアルカリにも反応しやすい性質があるため、使用環境や腐食因子の付着には洗浄や除去等の注意が必要になる。

図 8-3-2　溶融アルミニウム鋼板の例

電子レンジや冷蔵庫の裏面のパネルには、耐熱性のある溶融アルミニウム鋼板が採用されている。

図 8-3-3　ガルバリウム鋼板の例

下水プラント工事の建屋。建物の壁にガルバリウム鋼板が使用されている。

塗装鋼板はカラー鋼板、プレコート鋼板、PCM鋼板とも呼ばれます。鋼板メーカーで鋼板から前処理、塗装まで一貫生産した鋼板です。

●塗装鋼板の特徴

塗装は、一連する表面処理の最終工程です。鋼板に化成処理した後、塗装あるいはめっき鋼板に対してさらに塗装する等、塗装鋼板は用途や要求性能に応じて選定できます。下地に防食目的でめっきしたものは、塗装することでさらに耐食性が向上し、あわせて機能も付与できます。

鋼板メーカーで一貫生産するため、塗装の品質が安定し美観も良く、しかも加工した後の塗装が不要となるため、大量生産品におけるコスト低減・環境負荷低減にもつながります。主な用途は、家電製品、建材、OA機器、空調機の室外機、照明器具の反射板やパネル類等です（図8-4-1）。最近では、機能塗料を採用することで、屋根材等では高耐候性を持ちながら遮熱機能を有する鋼板も登場しています（図8-4-2）。

●塗装鋼板を使用する上での注意点 （図8-4-3）

塗装鋼板は、鋼板の成形加工後の塗装工程が不要というメリットがある一方、加工上の設計と取り扱いには注意が必要です。鋼板のせん断加工や塑性加工（曲げやプレス）をする際に、塗装表面にキズが付かないように注意を払う必要があります。また、塑性加工する際、直角のような急な折り曲げは、塗膜剥がれの原因になります。そのため、塗膜にかかる応力が鋼材に追従するよう、設計の際角部に丸みを入れる等工夫が必要です。

さらに、設計で配慮が必要なのは、組み立てと接合です。せん断面の切り口は、塗装がされていません。切り口は安全性確保も兼ねてフレームにはめ込む等、設計段階での配慮が必要です。また、接合に関しても、溶接はできません。ネジ止め、加締めやリベット接合等、物理的な方法で接合する必要があります。

図 8-4-1　塗装鋼板の使用例①

塗装鋼板の切り口端部は塗装がされていないため、フレーム等にはめ込む形で使用される。写真は冷蔵庫の扉・引き出し部分。磁石が付くので、素地は鉄だと判断できる。

図 8-4-2　塗装鋼板の使用例②

工場建屋で塗装鋼板が使用されている様子。最近では、遮熱塗料の効果で建屋の温度上昇を抑制する効果のあるものも見られるようになっている。

図 8-4-3　塗装鋼板の注意点

①加工上の注意点

曲げ加工の際に割れやすい

丸みを付けた設計にする

②設計上の注意点

フレーム

端部

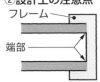

端部は塗装がないため、錆びやすい

外に出ないようにフレームにはめる等の設計にする

③接合の注意点

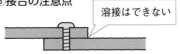

溶接はできない

接合はネジ・ボルト、リベット等を使用する

表面処理鋼板と加工油の話

　プレス品の塗装の依頼を受けたときの話です。特殊車両用の手の平サイズの部品を 500 個預かりました。この部品は素材が表面処理鋼板で、絞りプレス加工された容器形状のものです。前年も同じ依頼があり、そのとき問題なく納品・検収できたため、リピートの依頼でした。

　預かったときに外観を確認し、問題があるようには見えませんでしたが、休みをはさんで月曜に異常に気づきました。白い斑点が方々に出ているのです。改めて中身を確認してみると、すべての箱の中の部品全面に斑点が出ていました。すぐに依頼主に連絡を入れたところ、社長が出て「加工したばかりだから、そんなはずはない」との返事です。私は「とくかく現物を確認してください！」と訴えて、会社に来てもらいました。斑点が浮き出た部品を前にして、社長は「本当だ……。」とうなだれるばかりです。

　両者で確認した事実と認識は次の３点です。

① 表面処理鋼板は、数日置いたくらいでは普通こうはならない
② 白い斑点がすべての部品の全面に出ている
③ このまま脱脂しても落ちないが、ペーパーでこすれば落ちる

　これらのことから着目したのが、プレスの工程です。昨年と今年では何が違うのか聞いたところ、「材料は変わらないが、絞りやすくするために加工油を変更した」ことがわかりました。

　加工油の仕様を確認すると、「弱アルカリ水溶性、対応素材は鉄」とありました。表面処理鋼板の母材は、確かに鉄です。しかし、表面には亜鉛が皮覆してあります。そこで社長に「今まで、この水溶性の加工油でこの表面処理鋼板を扱って問題ありませんでしたか？」と尋ねました。すると、社長の答えは、「SPCC（冷間圧延鋼板）で使いやすかったので、初めてこの表面処理鋼板で使用した」とのこと。

　鉄そのものは、アルカリに対して不動態となり安定するため、水性の加工油でも問題はありません。しかし、亜鉛は両性金属であるため、アルカリにも反応するのです。白い斑点は、時間経過とともに亜鉛が反応して腐食した白錆だったのです。

　最終的には、実費をいただき、研磨して白錆を落とした上で塗装しました。表面処理鋼板はただの鉄ではありません。加工油との相性がとても大事です。

用語索引

■参考文献

よくわかる表面処理作業法　矢野雄三・井口茂・西沢爽著　1964年　理工学社

表面処理─化学と技術　佐々木良夫・尾形幹夫・武井厚著　1994年　大日本図書

はじめての表面処理技術　仁平宣弘・三尾淳著　2001年　工業調査会

トコトンやさしいプラズマの本　山崎耕造著　2004年　日刊工業新聞社

トコトンやさしいめっきの本　榎本英彦著　2006年　日刊工業新聞社

現場で生かす金属材料　ステンレス　橋本政哲著　2007年　工業調査会

トコトンやさしい塗料の本　中道敏彦・坪田実著　2008年　日刊工業新聞社

トコトンやさしい機能めっきの本　榎本英彦・松村宗順著　2008年　日刊工業新聞社

よくわかる最新めっきの基本と仕組み　土井正著　2008年　秀和システム

最新・工業塗装ハンドブック　河合宏紀監修　2008年　テクノシステム

トコトンやさしい表面処理の本　仁平宣弘著　2009年　日刊工業新聞社

鉄の薄板・厚板がわかる本　新日鉄住金(株)編著　2009年　日本実業出版社

ココからはじめる塗装　坪田実著　2010年　日刊工業新聞社

現場の疑問を解決する塗装の実務入門Q&A　坪田実著　2010年　日刊工業新聞社

よくわかるアルミニウムの基本と仕組み　大澤直著　2010年　秀和システム

よくわかるステンレスの基本と仕組み　飯久保知人著　2010年　秀和システム

「薄膜」のキホン　麻蒔立男著　2010年　SBクリエイティブ

よくわかる最新洗浄・洗剤の基本と仕組み　大矢勝著　2011年　秀和システム

現場で生かす金属材料　アルミニウム　日本アルミニウム協会編集　2011年　丸善書店

アルミ表面処理ノート［第7版］　軽金属製品協会著　2011年　軽金属製品協会試験研究
　　センター

工業塗装大全　坂井秀也著　2016年　日刊工業新聞社

アルミニウム大全　里達雄著　2016年　日刊工業新聞社

ステンレス鋼大全　野原清彦著　2016年　日刊工業新聞社

よくわかる最新さびの基本と仕組み［第2版］　長野博夫・松村昌信著　2016年　秀和システム

めっき大全　関東学院大学材料・表面工学研究所編集　2017年　日刊工業新聞社

JISハンドブック(41)2018　金属表面処理　日本規格協会編纂　2018年　日本規格協会

最新金属の基本がわかる事典［第2版］　田中和明著　2021年　秀和システム

よくわかる最新表面熱処理の基本と仕組み　田中和明著　2022年　秀和システム

めっき手帳技術要覧　日本鍍金材料協同組合情報委員会　日本鍍金材料協同組合

https://www.jst.go.jp/　国立研究開発法人科学技術振興機構（JST）

https://www.aen-mekki.or.jp　一般社団法人日本溶融亜鉛鍍金協会（JGA）

https://zentoren.or.jp/index.html　全国鍍金工業組合連合会

■著者紹介

小柳 拓央（こやなぎ たくお）/有限会社小柳塗工所代表取締役

1968年、東京生まれ。
1992年、中央大学理工学部土木工学科卒業。株式会社ザナヴィ・インフォマティクスの開発本部において車載器の開発業務に従事。
1997年、有限会社小柳塗工所に入社、金属製品の塗装を扱う。2000年より現職。
2011年～2022年、中央大学理工学部兼任講師。
現在、日本工業塗装協同組合連合会常任理事、東京工業塗装協同組合副理事長。技術士（金属部門・総合技術監理部門）、一級技能士（金属塗装）。

●装　　　　丁　　中村友和（ROVARIS）
●作図＆イラスト　　糸永浩之

しくみ図解シリーズ
表面処理が一番わかる

2024年5月15日　初版　第1刷発行

著　　　者　　小柳　拓央
発　行　者　　片岡　巖
発　行　所　　株式会社技術評論社
　　　　　　　東京都新宿区市谷左内町21-13
　　　　　　　電話
　　　　　　　03-3513-6150　販売促進部
　　　　　　　03-3267-2270　書籍編集部
印刷／製本　　株式会社加藤文明社

定価はカバーに表示してあります。

ISBN978-4-297-14099-1　C3057

Printed in Japan

本書の内容に関するご質問は、下記の宛先まで書面にてお送りください。お電話によるご質問および本書に記載されている内容以外のご質問には、一切お答えできません。あらかじめご了承ください。
〒162-0846
新宿区市谷左内町21-13
株式会社技術評論社　書籍編集部
「しくみ図解シリーズ」係
FAX：03-3267-2271

南蛮文化の息吹を感じさせる

豊かさに満ちた島

天草

AMAKUSA

天草へようこそ！

Welcome

天草で暮らし、島を愛する皆さんが、
天草の魅力やおすすめの楽しみ方を
教えてくれました♪

天草の自然の色彩を
楽しんで♪

自然も人も穏やかで
優しい天草。
故郷に帰ったような気分で
旅をしてください。

本渡
P.91
アマクサ
サンタカミングホテル
鶴田 敬子さん

魚介が
おいしいですよ

冬は味覚の季節。

海の透明度は
抜群！

初めての天草なら、
きれいな海を
舞台にした
イルカウォッチングを
体験してください。

牛深
P.42
よかよかダイビング
中野 誠志さん、
朝日くん、寛子さん

牛深の海には
サンゴも魚もたくさん。
ダイビングで
水中散歩を楽しんで。

本渡
P.84
奴寿司
村上 安一さん

牛深の洋風民宿で
お待ちしてまーす

天草は
魚介がおいしい！
島の食事処はもちろん
おみやげにもどうぞ♪

牛深
P.97
Easy Hostel
山下 美智子さん

海がきれいな島には
生物がいっぱい

陸上のホタルと同じで
水質のよい場所に住む
海ホタル。
夜の海岸で、光る姿を
見られることがあります。

松島
P.42
海中水族館シードーナツ
河野 壮志さん

夏はプリプリの
クルマエビも！

栄養たっぷりの
海藻を食べて育った
天草のアワビ。
歯応えを網焼きで
味わって。

天草海鮮蔵、
天草海鮮蔵 お土産物売場
五和
P.85,89
野﨑 多喜子さん（右）、
田尻 紫さん（左）

ギターを奏でながら
笑顔と唄声にあふれた
説法を行っています。
仏教に限らず、楽しいことや
うれしいこと、ためになることを
お伝えします。

ギターを
片手に30年！

松島
P.72
向陽寺 住職
渡辺 紀生さん

苓北町では
タコツボ漁が盛ん。
取ったばかりの
マダコの刺身は
最高です！

タコツボ漁師
苓北
今村 康博さん
節子さん

タコはメスのほうが
軟らかくておいしい！

天草の海は
見ているだけで
癒やされます

いつも穏やかな
天草の海。
朝日や夕日で
海面の色が
変わっていく光景は
感動的です。

鮮度抜群の地魚を
食べにきてね♪

夜、時間があるなら
龍ヶ岳の
ミューイ天文台へ。
天草の美しい星空に
感動するはず!

湯島にのんびり
しにきてね〜

湯島の西側に立つ
灯台がきれい。
海岸に下りると
小さい浜があって、
貝殻もいっぱい。

鶴の絵柄が特徴です

天草バラモン凧は

大矢野
P.75
麻こころ茶屋
小澤 麻裕さん
朋子さん

大矢野
P.73
マルケイ鮮魚
上原 順子さん

海女ちゃん食堂 乙姫屋
姫野 千月さん

湯島
P.53

天草の
バラモン凧は、
飾るだけでなく
大空に揚げて
楽しみます。

芝生広場も
あるよ!

カフェの前はきれいな海。
岸の近くまで大きな魚が
寄ってくることも
あるんです。

天草パール
ライン沿いは
どこも絶景!

天草松島の海に
夕日が沈む光景は
天気や季節によって
さまざまな表情に。

本渡
P.64
天草凧の会 会長
竹本 二三四さん

松島
P.25
カフェ・ドゥ・マール
上田 奈穂さん

松島
P.64
天草パールセンター
百田 瑞穂さん

崎津海沿いにたたずむ
教会がおすすめ

天草は
とにかく夕日がきれい。
夏でも夕方なら
涼しいですし、
サンセットを
見に行って!

女性が
子供を抱いた人形は、
潜伏キリシタンが
マリア像の代わりに
拝んだそうです。

天草土人形の素朴な
表情を楽しんで

本渡
P.89
Green Note
水野 沙也加さん

五和の隠れ家カフェ
プロペラプレート
(P.25)では私の作った
器でコーヒーが
飲めますよ。

広い西の久保公園は
散歩にぴったり

五和
P.61
市山くじらや
市山 富美子さん

本渡
P.65
天草文化交流館
土人形絵付け体験講師
松下 行男さん

日常から離れて……自然と歴史に育まれた島カルチャーに触れる

島旅×ジブン時間

島に着いたら、緩やかに流れるアイランドタイムに身をまかせて。
予定を立てずにぶらぶらと町歩きを楽しむ日があったっていい。
きっと素顔の天草が見えてくる。

入り組んだ入江にひっそりとたたずむ漁村に、違和感なく溶け込んだゴシック様式の﨑津教会 **5**

1

【島旅×ジブン時間】

壮大な自然が魅せる島の素顔

イルカが暮らす豊かな海、雄大な山々、透明度抜群の穏やかな入江……どれも天草の表情。
自然からの恵みを肌で感じながら過ごす島の休日は、心からリラックスできる贅沢な時間。

2

4

6

3

5

1. 世界中で流行しているスタンドアップパドルボードで妙見浦探検
2. 色とりどりの魚が泳ぐ海は、ダイビングやスノーケリングに最適
3. 次郎丸嶽の頂上にある巨岩の上に立って、周囲の山々を一望！
4. 西海岸の西平椿公園から見た夕日。日本の夕陽百選に選ばれた美景
5. 12月から2月中旬に、一面黄色の見頃を迎える100万本の菜の花園
6. 天草下島の北部には200頭ほどのミナミハンドウイルカが生息する

上／西平椿公園では、岩を抱くように根を張るアコウの木が話題
下／白砂が約 300m にわたって延びる西目海水浴場。波は穏やか

1

島旅×ジブン時間

時空を超えて語りかける悠久の記憶

島原・天草一揆という日本史上最大規模の一揆で、悲劇に見舞われた天草。
島内には一揆にまつわる史跡や記念碑が点在し、苦難の時代を生き抜いた人々の思いに心打たれる。

2

4

6

3

5

1. 島原・天草一揆のあとに、人心の安定のために建てられた明徳寺
2. 町山口川に架かる祇園橋は長さ28.6mの日本最大級を誇る石造桁橋
3. 五和町に点在していた墓石を城山公園に集めたキリシタン墓地
4. 本渡の明徳寺の階段脇には西欧風の顔立ちをした異人地蔵が立つ
5. 天草ロザリオ館には祈りをささげる潜伏キリシタンの姿が再現される
6. 潜伏キリシタンの尋問が行われた﨑津諏訪神社から集落を眺める

上／アーチ状の入口や小さな窓が特徴的な、ロマネスク様式の大江教会
下／﨑津教会の近くの岬には、海上に向かって祈りをささげるマリア像が立つ

Culture

島旅×ジブン時間

多様な文化が交錯する島の暮らし

天草にはキリスト教とともに伝わった南蛮文化や、船乗りが持ち込んだ日本各地の文化が根づく。
祭りや料理、町並みに、異文化を受け入れ自分たちの生活へ取り込んできた島の歴史が垣間見られる。

1. 注文を受けてからさばく活ヤリイカは、弾力があり甘味が上品
2. 日本三大ちゃんぽんに数えられる、具だくさんの天草ちゃんぽん
3. 倉岳には座高日本一のえびす像が立つ。1月上旬にはえびす祭りが
4. 宇土半島の三角から天草へ入る玄関口にあたる天草五橋の1号橋
5. 天草陶石の白地に島の自然を描いた天草ボタン。口コミで大人気
6. 一度は絶滅したが、復元された日本最大級の地鶏、天草大王

左上／牛深ハイヤ節は日本各地に伝わるハイヤ系民謡のルーツ
左下／秋から冬にかけて旬をむかえる緋扇貝。貝柱はクリーミーで甘味が強い
右上／陶磁器作りが盛んな天草では窯元のギャラリー巡りも楽しみ
右下／密集した漁村家屋の中を、幅1mほどの小路が続く「せどわ」

地球の歩き方
島旅 05

天草 AMAKUSA
c o n t e n t s

本書の見方

使用しているマーク一覧

交 交通アクセス	料 料金	観る・遊ぶ	観る・遊ぶ
バス停	客室 客室数	食べる・飲む	食事処
住 住所	カード クレジットカード	買う	みやげ物店
電 電話番号	駐車場 駐車場	泊まる	宿泊施設
問 問い合わせ先	URL ウェブサイト	voice◀編集部のひと言	アクティビティ会社
時 営業・開館時間	インスタグラム	旅人の投稿	
所要 所要時間	予約 予約の要不要		
休 定休日	フェイスブック		

地図のマーク

観る・遊ぶ　寺院
食事処　神社
みやげ物店　温泉
宿泊施設　観光案内所
A アクティビティ会社　学校

※新型コロナウイルス感染拡大の影響で、営業・開館時間や定休日が変更になる可能性があります。お出かけ前に各施設・店舗にご確認ください。
※本書に掲載されている情報は、2022年7月の取材に基づくものです。正確な情報の掲載に努めておりますが、ご旅行の際には必ず現地で最新情報をご確認ください。また弊社では、掲載情報による損失等の責任を負いかねますのでご了承ください。
※商品・サービスなどの価格は原則として消費税込みの総額表示です。
※宿泊料金は特に表示がない場合、1室2人利用時の1人あたりの料金です。また、素…素泊まり、朝…朝食付き、朝夕…朝夕食付きを意味します。
※休館日や休業日は年末年始やお盆を省き、基本的に定休日のみ記載しています。

多様な文化が旅に彩りを添える

ひと目でわかる天草

熊本県の南西部に浮かぶ天草は、大小120余りの島々からなり、
上天草市、天草市、天草郡苓北町の2市1町に分けられる。
まずは広大な天草の全体像と基本情報をチェックしよう。

島で〜た

面　積　876.96㎢
最高標高　682m（倉岳）
人　口　10万9040人
　　　　（2022年）

九州

ココ！

イルカには1年中、
会えるんだよ

中央エリア　P.81
本渡・五和・新和
上島と下島をつなぐ天草の中心
地。文化的な見どころが多い本
渡や、イルカウオッチングの拠点、
通詞島など魅力が豊富。

下田温泉
温泉旅館が並ぶ天草最古
の温泉郷。のんびり町歩
きにもぴったり→P.56

日本の夕陽百選
西平椿公園♪

西エリア　P.92
苓北・天草・河浦・牛深
夕日の好スポットが点在するエリア。島原・
天草一揆ゆかりの旧跡や、南蛮文化の影響
を受けた荘厳な教会などがおもな見どころ。

エリアマップ

本渡
天草の行政、商業、交通の中
心地。食事処も多く観光の拠
点になる→P.48

通詞島　早崎瀬戸
中央エリア
五和町
苓北町役場
苓北町
天草空港
天草市
天草市役所
本渡町
上血塚島
下血塚島
下田温泉
天草町
天草下島
横浦
新和町
河浦町
西エリア
崎津集落
羊角湾
産島
宮野河内湾
牛深町
魚貫湾
天草灘
N
0　2.5　5km

桑島
戸島
大島
下須島
法ケ島
築ノ島
片島

崎津集落
漁村にゴシック様式の崎
津教会がたたずむ、潜伏
キリシタンの地→P.50

湯島
島原・天草一揆で首謀者が集まった談合島。猫の島としても有名→ P.53

宇城市
JR三角線
宇土半島

宇城市
みすみIC
三角駅
戸馳島

北エリア
登立IC
上天草市
上天草市役所

野釜島

大矢野町
野牛島
維和島

大矢野島

永浦島

有 明 海

竹島
樋合島
前島

合津IC

松島町
知十IC

有明町
栖本町
倉岳
倉岳町

天 草 上 島

東エリア

姫戸町

平瀬島

樋島

楠甫島

横浦島

牧島

黒島

竹島

御所浦島

御所浦島
白亜紀から古第三紀までの地層より、多種多様な化石が見つかる恐竜の島→ P.62

天草五橋を渡って！

北エリア
P.70
大矢野・松島・有明
熊本県の宇土半島と天草をつなぐ陸の玄関口。小さな島々が点在する天草松島や緑豊かな山など美しい景色を満喫できる。

龍ヶ岳山頂からの絶景！

東エリア
P.77
姫戸・龍ヶ岳・倉岳・栖本・御所浦
天草上島南部に広がる、雄大な自然に恵まれたエリア。化石が取れる御所浦島や龍ヶ岳山頂の展望台など、個性派スポットが多い。

気になる
ベーシックインフォメーションQ&A

Q 何日あれば満喫できる？

A 日帰りから OK
宇土半島から橋で渡れるため日帰りもできる。ただしイルカウォッチングやトレッキングを楽しんだり、崎津や牛深へ行くなら1泊はしたい。

Q 予算はどれくらい必要？

A 1泊2日4万円から
シーズンや宿泊先により異なる。東京〜熊本の航空券が2万5000円、レンタカー5000円（2人で利用）、宿泊1万円で、4万円くらいが予算の目安。

Q 宿泊施設は充実している？

A ホテルから民宿まで揃う
北・中央エリアには大型のホテルや旅館もあるけれど、こぢんまりとした民宿も人気が高い。優美なデザインホテルも注目されている。

Q ベストシーズンはいつ？

A 7〜8月が人気
海水浴に最適なのは、7月からお盆頃まで。観光には4月から10月くらいまでがよい。ただし梅雨と台風は避けたい。冬は魚介がおいしいグルメのシーズン。

Q どんな料理が食べられる？

A やっぱり新鮮魚介が中心
クルマエビ、マダイ、ウニ、ハモなど季節ごとにおいしい海鮮料理が食べられる。天草黒牛、天草大王などの肉料理、またデコポンをはじめとした柑橘類も名物。

天草へのアクセス

熊本空港から陸路で
熊本空港から車で天草五橋の1号橋まで約1時間30分。本渡中心部まで約2時間30分。バスも利用でき、熊本空港から熊本交通センターか熊本駅へ行き、快速あまくさ号に乗り換えて本渡バスセンターまで約3時間、本渡から下田温泉までは約45分で到着する。→ P.120

熊本&福岡から空路の利用も
天草エアラインが熊本空港と福岡空港から天草空港への直行便を運航している。熊本〜天草は1日1便で所要約25分、福岡〜天草は1日3便で所要約35分。天草エアラインの熊本〜大阪便へもスムーズに乗り継げる。天草空港から本渡は車で約15分。→ P.120

観光列車とフェリーで！

土・日曜、祝日および冬・春・夏休み期間には熊本駅〜三角駅を特急「A 列車で行こう」が運行（要予約）。バーカウンターが設けられた優美な車内でくつろげる。三角駅からは徒歩5分の三角港へ移動し、天草宝島ラインの定期船で松島まで、約20分のクルーズ気分！→ P.123

天草の島ごよみ

平均気温 & 降水量

※参考資料　気象庁ホームページ
www.jma.go.jp/jma/index.html
※気象庁本渡観測所における
1991〜2020年の平均値
※海水温は有明海のデータ

	1月	2月	3月	4月	5月

本渡 ── 平均気温（℃）　東京 ┈┈ 平均気温（℃）
── 最高気温（℃）　　　降水量（mm）
── 最低気温（℃）
　　降水量（mm）

最高気温：10.7　12.2　15.5　20.7　25.2
平均気温：6.2　7.2　10.3　14.9　19.2　14.0
最低気温：2.1　2.6　5.3　9.5
降水量：83.1　96.1　132.6　157.2　169.9

海水温

14℃	13℃	12℃	15℃	21℃

オフシーズン

シーズンガイド

冬　12〜2月
平均気温は東京より1℃くらい高く過ごしやすい。1年でいちばん魚がおいしく、食を楽しむには最高のシーズン。

春　3〜5月　梅雨入り前の5月が狙い目
暖かい日が増えてきて、さわやかで過ごしやすい季節。3月の朝晩は冷え込むので上着があるとよい。例年、梅雨入りは5月末〜6月初旬。

お祭り・イベント
※詳しくはP.104へ

倉岳えびす祭り
えびす太鼓や綱引き大会、餅投げなどイベントで盛り上がる。

牛深ハイヤ祭り
ハイヤ総踊りや漁船団海上パレードなどが行われ、島外からも多くの観光客が訪れる。

あまくさロマンティックファンタジー
12月上旬〜1月下旬にイルミネーションやコンサートを開催。

天草西海岸 春の窯元めぐり
天草町と苓北町の各窯元で、新作を展示販売。陶芸体験も行う。

見どころ・旬のネタ
※詳しくはP.119へ

 ブリ

天然ワタリガニ

コノシロ

天然マダイ

コウイカ

デコポン

湯島大根

地ダコ

菜の花

対馬暖流の影響を受ける天草諸島は、夏は涼しく冬は暖かい海洋性気候に属する。
夏は九州を中心に多くの海水浴客が訪れ、ハイヤ祭りなどの夏祭りでにぎやか。
秋から春にかけては、マラソン大会や陶器市などのイベントが開催される。
冬は身がギュッと引き締まった、おいしい魚介料理が楽しみ。

6月	7月	8月	9月	10月	11月	12月

450(mm)

32.5　32.5
29.1
25.2
27.3　27.3
24.0　24.0
22.6
23.4　23.4
18.9　18.4
20.2
13.4
18.8
14.6
12.9
9.1
8.3
4.1

300

150

0

405.3　340.5　216.0　215.0　111.9　108.4　91.6

7月中旬～8月下旬
海水浴シーズン

25℃	27℃	27℃	26℃	22℃	20℃	14℃

オンシーズン　　　　　　　　　　　　　　　　　　　　　オフシーズン

天草を
しろう！

夏　6～8月　旅のベストシーズン
7月中旬に梅雨が明けると暑い日が続く夏本番。海水温は25～27℃で、ビーチはお盆過ぎまで多くの観光客でにぎわう。台風情報に注意。

秋　9～11月
お盆を過ぎると観光客が減り落ち着いて過ごせるため、9～10月に訪れるリピーターも多い。10月末頃から朝晩、冷える日が増えてくる。

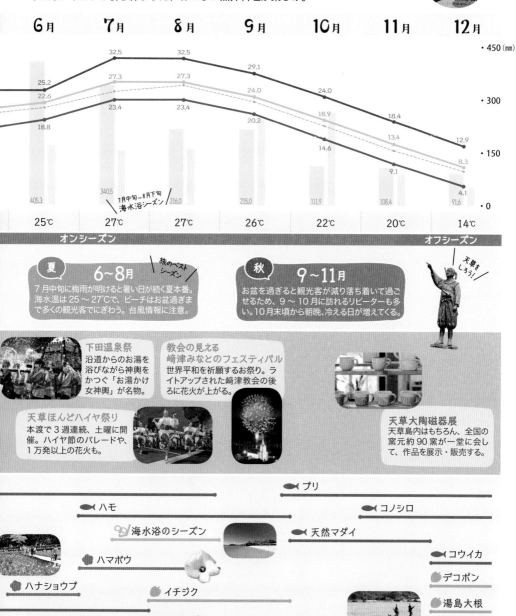

下田温泉祭
沿道からのお湯を浴びながら神輿をかつぐ「お湯かけ女神輿」が名物。

教会の見える
﨑津みなとのフェスティバル
世界平和を祈願するお祭り。ライトアップされた﨑津教会の後ろに花火が上がる。

天草ほんどハイヤ祭り
本渡で3週連続、土曜に開催。ハイヤ節のパレードや、1万発以上の花火も。

天草大陶磁器展
天草島内はもちろん、全国の窯元約90窯が一堂に会して、作品を展示・販売する。

ブリ
ハモ
コノシロ
海水浴のシーズン
天然マダイ
ハマボウ
コウイカ
ハナショウブ
イチジク
デコポン
湯島大根
天然クルマエビ
菜の花

大洋を渡ってきた多彩なカルチャーが息づく

天草をもっとよく知る
Keyword

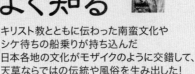

キリスト教とともに伝わった南蛮文化や
シケ待ちの船乗りが持ち込んだ
日本各地の文化がモザイクのように交錯して、
天草ならではの伝統や風俗を生み出した！

天草五橋
Amakusa Gokyo

**野生のイルカが
目の前でジャンプ！**
天草下島の通詞島周辺には
約200頭のミナミハンドウ
イルカが暮らしており、1年
中ウオッチングツアーが開
催されている。港を出て10
分ほどでかわいいイルカた
ちに会える！→ P.38

イルカウオッチング
Dolphin Watching

**島の生活を激変させた
5本の橋が結ぶ美景ルート**
熊本県西部の三角から大矢野島、
永浦島、大池島、前島を経由し天
草上島までを結ぶ5本の橋。美し
い島の風景を楽しめるドライブルー
トは、天草パールラインと呼ばれて
いる。→ P.124

**禁教の時代にも
信仰を守り継いだ人々**
江戸幕府の禁教令によって棄
教を迫られたキリスト教徒た
ち。なかには仏教徒を装い信
仰を守り続けた潜伏キリシタン
も。特に大江や﨑津に多くの
潜伏キリシタンがいた。→ P.58

潜伏キリシタン
Clandestine Christian

**華やかな西欧の文化が
天草で独自に進化**
16世紀、キリスト教の宣教師か
ら伝わった西欧の文化。活版印
刷の天草本や西洋楽器の演奏な
ど南蛮文化が花開く。禁教令に
より表舞台からは姿を消したが、
今でもその名残が。→ P.58

南蛮文化
Western Culture

天草陶石
Amakusa Pottery Stone

鈴木三公
Shigenari, Shosan and Shigetatsu Suzuki

**命を賭して
天草復興に尽くす**
島原・天草一揆後、天領
となった天草を復興させる
ために働いた代官鈴木重
成と兄の正三和尚、そし
て息子の重辰。天草では
今でも3人を鈴木三公と
して慕い、3人を祀った神
社もある。→ P.83

**透明感のある磁器を
生み出す天草の宝**
西海岸で取れる天草陶石は、日本で産出され
る陶石の8割を占め、有田や瀬戸などの高級
磁器にも使われる。江戸期の奇才、平賀源内
に「天下無双の上品」と絶賛された濁りのな
い白磁をおみやげに。→ P.60

世界遺産
World Heritage Site

潜伏キリシタンの里
﨑津集落が世界遺産に登録

禁教令の間も信仰を守り続けたキリスト教徒が暮らした﨑津集落は、2018年7月「長崎と天草地方の潜伏キリシタン関連遺産」の構成資産として、世界遺産に登録された。→ P.50

100軒以上が提供する
天草のソウルフード

日本三大ちゃんぽんと称される天草ちゃんぽん。多彩な具と太麺をスープと一緒に煮込み、奥深い風味の1杯に。店ごとに工夫を凝らした個性的なちゃんぽんを食べさせてくれる。→ P.26

天草ちゃんぽん
Amakusa Chanpon

牛深ハイヤ
Ushibuka Haiya

牛深で歌い継がれる
ハイヤ節の源流

江戸時代に天然の良港としてにぎわった牛深で、船乗りをもてなすために生まれた唄と踊り。酒宴の席で歌われた牛深ハイヤは全国へ広がり、ハイヤ系民謡のルーツとなった。→ P.108

うま味が凝縮された
幻の地鶏を味わう

明治初期から大正にかけて博多の水炊きに用いられた天草大王。昭和初期に絶滅したが10年の歳月をかけて再現された。原種は体高90cmと日本最大級を誇り、だしのうまさは格別。→ P.23

天草大王
Amakusa Daiou

天草エアライン
Amakusa Airlines

島内外にファンをもつ
日本一小さい航空会社

福岡・熊本からの直行便を運航する天草唯一の航空会社。保有機1機の「日本一小さい航空会社」と呼ばれ、社員一丸となっての経営復活劇は本やテレビでも取り上げられている。→ P.36

一揆軍を団結させた
悲劇の美少年

島原・天草一揆（島原・天草の乱）の総大将として、一揆軍を率いた天草四郎時貞。多くの謎に包まれた美少年の足跡は今なお語り継がれており、天草ではいくつもの天草四郎像が見られる。→ P.58

天草四郎
Shiro Amakusa

天草松島
Amakusa Matsushima

恐竜の島
Dinosaur Island

化石の知識がなくても
気軽に挑戦！採集体験

御所浦島では約1億年前の白亜紀の地層から化石が見つかっている。なかには日本最大級の肉食竜の歯の化石も。港近くの化石採集場では、巻貝や二枚貝などの化石が採集できる。→ P.62

穏やかな内海に島が浮かぶ
上天草きっての絶景

大矢野島から天草上島の間に浮かぶ、緑に覆われた小さな島々。日本三大松島と呼ばれる景観は、天草五橋を走るドライブ中にも見られる。高舞登山や千巌山展望台から見ても美しい。→ P.71

リピート必至の **逸品揃い**

とっておき

島みやげ

自然たっぷりの天草には、島素材を生かした調味料やお菓子がたくさん。
こだわり派には、陶磁器や天草更紗などの手作りの民芸品がおすすめ。

イタリア産とブレンド☆ **2916円**

1万1880円

素材の味を引き立てる

＼絶品♪／ 調味料

島の食材を贅沢に使ったこだわりの調味料。
料理の味を何倍にもおいしくしてくれる。

2484円

エクストラバージンオリーブオイル

自社農園で栽培から収穫、搾油、貯蔵まで一元管理した上質なオイル。「100％リミテッド」はすぐに売り切れるほど人気 Ⓗ

500円

486円

（左）天草100％リミテッドエディション
（右）天草スペシャルブレンド

えごま油

480円

無農薬栽培の天草産えごまを使った高品質のオイル。健康食品としても注目される Ⓓ

柚子こしょう

塩分強めの柚子こしょうは、華やかなユズの香りが食材の味を引き立てる Ⓕ

ニンニクこしょう

400円

ニンニクたっぷりのペーストに刺激的な赤トウガラシを合わせ食欲をそそる Ⓕ

天草塩

天草の海水を大釜で煮つめ、太陽の下で乾燥させた天日塩。まろやかで優しい味わい Ⓕ

540円

塩レモン

天草のレモンを使った万能調味料。さわやかな酸味と香りが料理の味を引き立てる Ⓕ

シモンドレッシング

倉岳名産シモン芋の葉の粉末入り。サラダやパスタ、カルパッチョなどに Ⓕ

ローズの香り

お肌うるるん♪ **1320円** **2200円**

オリーブコスメ

保湿力のあるオリーブオイルや抗酸化作用のあるオリーブの葉エキスを使ったコスメは、天草の新しいギフトとして人気に。自分用のおみやげにもぴったり。
左／ハンド＆ネイルクリーム　右／モイスチャーローション Ⓗ

バラマキみやげにもぴったり

こだわりの お菓子

島ならではの素朴なお菓子は間違いのない鉄板みやげ。小分けタイプのお菓子は多めにゲットしておくと安心。

950円

天草黒糖ばなな

バナナ風味のクッキーを黒糖で包んだ、リゾラテラス天草のオリジナル商品 Ⓓ

290円 **290円**

ちりんとう

カルシウムたっぷり、チリメンジャコ入りの手作りかりんとう。白糖と黒糖の2種類がある Ⓕ

餅とケーキが出会った～♪

650円

あか巻

小豆餡のロールケーキを餅で包んだ郷土菓子。南蛮文化と和文化の融合が天草らしい Ⓒ

650円

天草塩クリーム大福

ミネラル豊富な天草の天然塩を使った、さっぱりまろやかな味わい Ⓒ

648円

車えび煎餅

天草の養殖クルマエビを使った人気商品。甘味とうま味の絶妙なバランスが魅力 Ⓕ

600円

たこせんべい

天草産のタコと塩を使用し、米粉でサクッと焼き上げた香ばしいせんべい Ⓒ

648円

四郎の初恋

南蛮渡来の果物、イチジクをふんだんに使った餅菓子。ホテルやカフェのお茶請けの定番 Ⓖ

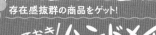

存在感抜群の商品をゲット!

\とっておき/ ハンドメイド

あたたかみのある陶磁器や染めが美しい更紗ほか、いつでも天草を感じられるアイテムが揃う。

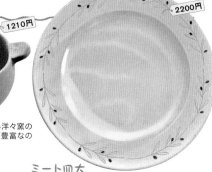
2200円

1210円

3080円

ミニポット
丸みを帯びたフォルムが美しい洋々窯の作品。カラーバリエーションが豊富なのでセットで購入したい Ⓔ

三つ葉小鉢（大）
縁が三つ葉の形をした山の口窯の小鉢。サラダやデザートの器にぴったり Ⓔ

1580円

マグカップ
緩やかに反った胴が美しい内田皿山焼のカップ。ホットでもアイスでもあらゆるドリンクに Ⓔ

ミート皿大
オリーブの葉が描かれた内田皿山焼の皿。サイズが複数あるので好みに合わせて選べる Ⓔ

2950円 **2750円**

コーヒーカップ（小）
高浜焼 寿芳窯の人気シリーズ、海松紋（みるもん）のカップ。何を入れても天草陶石の白さが際立つ Ⓑ

各2200円

ねこ皿
ていねいに手描きされた器峰窯の小皿。表情の違う作品を揃えてインテリアにするのも◎ Ⓔ

各1870円

カヌー皿（小）
高浜焼 寿芳窯が、海松紋と呼ばれる江戸時代中期に描かれていた模様を復刻 Ⓑ

4800円

クルスポーチ
天草更紗の個性派ポーチ。禁教時代にキリスト教の信仰を守った天草らしいデザイン。染めも縫製も手作業 Ⓙ

2860円

天草土人形
江戸時代中期に製作された天草土人形（どろにんぎょう）。禁教時代にマリア像に見立てた山姥と金時を復刻 Ⓔ

1595円〜

天草ボタン
ひとつずつ形成し絵付けした天草陶石の磁器ボタン（→ P.114）。清廉な澄み切った白さが魅力的 Ⓘ

1300円

1100円

天草更紗コースター
南蛮文化の影響を受けたエキゾチックな柄のコースター。立体感のある花コースターはプレゼントに好評 Ⓙ

5280円

1650円

ピアス
CHAMO のハンドメイドアクセサリー。お好みをチョイスして旅の思い出に Ⓔ

各1650円

手織りパッチワークの帆布トートバッグ
色とりどりの糸を手織りした「天草さをり織り」のパッチワークがかわいい個性派トートバッグ Ⓐ

トートバッグ
熊本名産のからしれんこんをモチーフにした Miko のバッグ。丈夫な帆布製でシーンを選ばない Ⓔ

愛らしい縁起物♪
天草下浦土玩具（どろがんぐ）
天草に 300 年以上前から伝わる天草土人形。その伝統を残すべく、下浦地域の有志が製作する天草下浦土玩具。マダコが運を呼ぶひっぱりだこや、疫病を鎮めるアマビエなど手作りの置物が。

各2750円

左/ひっぱりだこ Ⓔ
右/アマビエ Ⓔ

10〜3月の季節限定!

今すぐ食べたい 島グルメ

自然の恵みがギュッと凝縮

天草を囲む雄大な海は、潮流が激しく干満差も大きい。荒波にもまれた魚介は身が引き締まりおいしいと評判だ。ほかにもミネラル豊富な大地で育った牛や鶏、農産物など豊富な食材が天草の旅を彩る。

トレピチ♪ 新鮮魚介

旬の海鮮は島旅の楽しみ

全国ブランドのマダイやクルマエビをはじめ、豊かな海に育まれたおいしい魚介を味わって。

緋扇貝の刺身（ひ おうぎがい）

600円〜

天草名物の緋扇貝は秋から冬にかけてが旬。軟らかくクリーミーな貝柱は甘味が強く、刺身で食べるのがおすすめ。
●天草洋→P.95

海老塩焼き

1260円

天草名物のクルマエビは、シンプルに塩焼きにして食べるのがいちばん。濃厚な甘味が口中に広がる。
●海老の宮川 亀川店→P.84

活やりいかの造り

3000円〜

注文が入ってからさばくイカの活造り。夏季を中心に提供される名物料理だが、仕入れのない日もある。事前に確認を。
●福伸はなれ利久→P.84

刺身盛り合わせ

1400円（定食の一品）

飲む人も、飲まない人も、まずは頼みたい刺身。店の人に旬のネタを聞いてみて。迷ったらおすすめのネタを盛り合わせてもらおう。
●魚正→P.95

高級寿司は大人のご褒美♪

海老おどり

1650円

新鮮なクルマエビを生きたまま、刺身で食べるおどり食い。ぷりぷりの食感を楽しみたい。
●海老の宮川 亀川店→P.84

地タコ刺し

800円

五和産の地タコをスライス。もっちりとした肉質で、かむたびにうま味が口に広がる。
●幸寿司→P.87

おまかせにぎり

5500円〜

天草で一度は食べたい地魚の寿司。お任せを頼めば、その日いちばんおいしいネタを握ってくれる。
●蛇の目寿し→P.84

天然鯛骨蒸し

2200円

骨付きのマダイのあらを、日本酒と昆布だけで蒸したシンプルな料理。
●蛇の目寿し→P.84

ガラカブの唐揚げ

880円

ガラカブとは熊本の方言でカサゴのこと。カラッと揚げた身は骨まで食べられる。
●おさかな食堂 将吾→P.87

このしろ小袖寿司

880円

コノシロとはコハダが成長したもの。天草では押し寿司のネタとしてよく使われる。
●福伸はなれ利久→P.84

せんだご汁＆がね揚げ

イモを使った郷土料理を発見

「だご」とはだんごのことで、せんだご汁はだんごが入った天草の郷土料理。ジャガイモのデンプンとサツマイモを合わせただんごはモチモチ。「がね」はカニのことで、細く切ったサツマイモに衣をつけて揚げたものを、カニの足にたとえてがね揚げと呼ぶ。

上／せんだご汁 750円（茶寮 やまと家→P.88） 下／がね揚げ 200円（天草とれたて市場→P.89）

メインはやっぱりこれ！

ダイナミック 肉料理

日本最大級の地鶏、天草大王と放牧で育った天草黒牛、大江のロザリオポークという天草の3大ブランドミートを堪能。

大王刺身盛り合わせ
2600円（2人前）
朝引きの天草大王を新鮮なままさばいて刺身に。弾力がある肉からは、かめばかむほどうま味が染み出す。
●鳥料理 鳥蔵 → P.85

鮮度が命！予約して

サーロイン

ヒレ

天草大王のタタキ
1430円
天草大王の肉をさっとあぶって半生でいただく。鮮度のよい肉が入荷したときだけの贅沢メニュー。
●福伸はなれ利久 → P.84

シンシン

天草黒牛の サーロイン、ヒレ、シンシン
4180円（セットの一部）
高級和牛の素牛にもなる天草黒牛。適度にサシの入った肉は、表面をあぶるように焼いて塩で堪能！
●たなか畜産 → P.86

大江のロザリオポークのステーキ
1300円
天草ロザリオファームでていねいに育てられたブランド豚。ほのか甘味を感じさせる軟らかな肉質はステーキで！
●シャルキュティエ Picasso → P.86

お肉からうま味が染み出す

幻の地鶏、天草大王
明治初期から大正時代にかけて、博多の水炊き用地鶏として人気を博した天草大王。需要減のため昭和初期に絶滅したが、当時の文献をもとに10年の歳月をかけ復元された。日本最大級の地鶏は独特の歯応えとうま味が特徴で、上質なだしが取れると評判。
雄鶏のなかには体高90cmに達するものも

天草大王地鶏もも炭火焼き
1408円
炭火で一気に焼き上げ、うま味を閉じ込めたジューシーな肉。備長炭のスモーキーな香りが食欲をそそる。
●天草大王専門店 ヤキトリマン → P.86

ランチも島の食材を満喫

ガッツリ！ ご飯＆麺

たっぷり遊んでおなかが減ったら、ご飯モノでパワーチャージ。ボリュームたっぷりで満足感のある丼がおすすめ。

押包丁
510円〜
小麦粉の生地を包丁で押しながら切る、うどんのような麺料理。天草では昔から親しまれていた家庭の味。
●伊勢元 → P.88

丼からはみ出す

タコ天丼
1000円
天草では有明町を中心にタコ漁が盛ん。軟らかいタコを天ぷらにして、アツアツのご飯にのせると絶品に。
●道の駅有明 リップルランド レストラン → P.73

ウニ丼
3300円〜
宝多ウニとも呼ばれるウニをたっぷりのせた贅沢な一品。濃厚なウニの風味が口中に広がる。
●天草生うに本舗 丸健水産 → P.85

海鮮丼
2750円〜
海の幸をこれでもか！というくらい盛り込んだ、究極の丼料理。刺身で食べるよりお得なことが多い。
●天草生うに本舗 丸健水産 → P.85

23

市場&スーパーで
島グルメ

ほおが
落ちる♪

市場や物産館、スーパーには、魚介類の加工品や島の家庭で食べられる食材が。買ってすぐに宿で味わっても、おみやげにして自宅で楽しんでも、お好み次第！

昔ながらの家庭の味
総菜

島の魚やフルーツを調理した総菜は、おつまみにぴったり

598円

タイの刺身
498円
天草産の養殖マダイ。プリプリの歯応えが◎ Ⓒ

ウツボの湯引き
270円
ウツボの身は弾力がある。辛子酢味噌でさっぱりと Ⓒ

晩柑ピール
220円
晩柑を煮て砂糖漬けに。おつまみにもケーキの具材にも Ⓒ

アジの三杯酢漬け
小アジを揚げて酢に漬けた一品。まるごと骨まで食べられる Ⓒ

島の海鮮をテイクアウト
海産物

海の幸が自慢の天草。島の味を自宅でもう一度味わおう

タコすてーき
1200円〜
天草産の地ダコをふっくらと煮込んで真空パックに Ⓑ

干しだこ
1120円
有明産のタコを天日干し。そのままでも水で戻してタコ飯の具にしてもいい Ⓒ

粒うに
864円
五和産のウニを新鮮なまま瓶詰め。白いご飯と相性抜群 Ⓓ

牛深のかまぼこ
400円
アジやイワシの身を練った牛深名物。マヨネーズをつけて Ⓕ

うにクリームチーズ
1296円
クリームチーズにウニを合わせた濃厚マイルドな味 Ⓓ

あおさのり
648円
香り豊かな天草のあおさ。そのまま食べるほか、汁物の具にも Ⓓ

おみやげに喜ばれる!
名物食品

インスタント麺ほか加工品はおみやげに最適。生ものは宅配便で

130円

甘夏
スーパーには島の人が育てた果物や野菜が並ぶ。とにかく安い！ Ⓔ

天草大王の炭火焼き
1500円
天草大王の胸肉を炭火焼き。ヤキトリマン（→P.86）プロデュース Ⓒ

天草ちゃんぽん
1080円
天草大王の鶏ガラスープが自慢。エビやイカを加えて本格的な味に Ⓒ

天草ジビエ
700円
猪肉をスパイスと合わせたサラミ。ピリ辛で大人の味 Ⓒ

天草大王ラーメン
1134円
天草大王の鶏ガラスープが濃厚。香味を加えるマー油付き Ⓒ

ここで買えます!

Ⓐ	KANPAI AMAKUSA SHOP	P.63
Ⓑ	道の駅有明 リップルランド物産館	P.74
Ⓒ	天草とれたて市場	P.89
Ⓓ	天草海鮮蔵 お土産物売場	P.89
Ⓔ	グリーントップ本渡	P.90
Ⓕ	道の駅うしぶか海彩館 海彩市場	P.95

天草謹製!
アイス & 焼酎をチェック

ガリっとチューは昭和に愛された地元の味を、令和に復刻させたかき氷風のアイス。島のスーパーやコンビニで販売。池の露は島唯一の酒蔵、天草酒造を代表する芋焼酎

150円

1460円

左／ガリっとチュー
右／池の露（720ml） Ⓐ

オーシャンビューを満喫！
心がやわらぐ 海辺の島カフェ

上下島に広がる天草は、ドライブがてら寄れる休憩スポットをおさえておくと便利。
天草ブルーの海を眺めながらゆったりと過ごせる、海辺のカフェを紹介します。

ミオカミーノ天草 Cafe で
人気の天草産ブリのフィッ
シュバーガー

☕ 島のおいしいモノがここに集合

おすすめメニュー
はコチラ♪

湯島生チョコ
天草謹製の喜久屋生チョコ。
天草酒造の芋焼酎がふんわ
りと香る大人の味。
赤い月珈琲 400 円（左）、
湯島生チョコ 200 円（右）

新和

KANPAI AMAKUSA
（かんぱい あまくさ）

天草唯一の酒蔵、天草酒造（→ P.63）が地元食材
の情報発信をコンセプトにオープンしたカフェ。本渡で
人気の赤い月珈琲の自家焙煎コーヒーのほか、厳選ス
イーツやランチを楽しめる。ショップで焼酎を販売。

MAP P.81B5 交 天草宝島観光協会
から車で約30分 住 天草市新和町小
宮地11808 ☎ (0969)46-2013
時 11:00〜17:00 休 月〜金曜
カード 可 予約 大人数の場合は必要
駐車場 あり URL ikenotsuyu.com

☕ 天草の玄関口で癒やしと遊びを体験

おすすめメニュー
はコチラ♪

くらげソーダ
天草産の柑橘類を使用した
ソーダに、ブドウのゼリーをの
せたプルプルのソーダ
くらげソーダ 400 円（左）、
レモネード 400 円（右）

松島

ミオカミーノ天草 Cafe
（みおかみーのあまくさ かふぇ）

上天草産の食材にこだわった、ドリンクやフードを提
供。天草陶磁器ほかハンドメイド商品が並ぶショップ
（→ P.75）を併設し、電動アシスト自転車の貸し出し
（→ P.57）や、ボルダリング体験なども行っている。

MAP 折り込み①B3 交 天草四郎観
光協会から車で約12分 住 上天草市
松島町合津6215-17 ☎ (0969)33-
9500 時 9:00〜17:00 休 不定休
カード 可 駐車場 あり URL www.
kyusanko.co.jp/miocaminoamakusa

☕ ドーム型の店内からブルーの海を一望

おすすめメニュー
はコチラ♪

天草ソーダ
天草の海や空を
イメージしたブ
ルーのソーダ。
甘さ控えめですっ
きりしたのど越し
天草ソーダ
600 円（左）、
アイスキャラメル
600 円（右）

松島

カフェ・ドゥ・マール
（かふぇ・どぅ・まーる）

天草パールガーデン内のカフェ。敷地内に海中水族
館シードーナツ（→ P.42）や遊具広場を併設している
ため、子供連れのファミリーにおすすめ。ショップには
天草産の真珠ほか島のおみやげが並ぶ。

MAP 折り込み①B3 交 天草四郎観
光協会から車で約12分 住 上天草市
松島町合津6225-8 ☎ (0969)56-
1155 時 11:00〜16:30（土・日曜、
祝日10:00〜） 休 なし
駐車場 あり URL amakusapearl.com

☕ 天草陶磁器で楽しむ入れたてコーヒー

おすすめメニュー
はコチラ♪

ケーキセット
季節のケーキと香り
高いコーヒーでくつ
ろぎの時間を
ケーキセット 650 円〜、
ドリンク単品 350 円〜

五和

プロペラプレート
（ぷろぺらぷれーと）

鬼池港に出入りするフェリーを眺めながら過ごせる
海沿いの隠れ家カフェ。注文を受けてから豆を挽くコー
ヒーは、天草の窯元のカップでいただく。食事やスイー
ツメニューも揃うので、ドライブがてら寄ってみて。

MAP P.81B1 交 天草宝島観光協会
から車で約27分 住 天草市五和町鬼
池5098 ☎ 090-9566-3280
時 11:00〜15:00 休 不定休
駐車場 あり
○ propellerplate

必食！

島の人はみんな大好き♪ やみつき天草ヌードル

天草ちゃんぽん食べ尽くし

専門店や中国料理店はもちろん、居酒屋や喫茶店でも目にする「天草ちゃんぽん」の文字。
島内で天草ちゃんぽんをメニューに掲載している店は、なんと100軒を超える。
店ごとにスープや具にこだわり、味つけも異なる個性豊かなソウルフードを召し上がれ。

お気に入りの味を探してね〜

お食事処いさりび
福田啓子さん

天草ちゃんぽんとは

長崎、小浜とともに「日本三大ちゃんぽん」と呼ばれる天草ちゃんぽん。長崎との海洋貿易が盛んだったため、原点の長崎ちゃんぽんに近い、多彩な具と太麺が特徴だ。炒めた具とスープを合わせ、そこに麺を入れて一緒に煮るため、肉や魚介、野菜などさまざま具材からうま味が染み出し奥深い味になる。

A スープに豚骨を使わず素材のうま味をまるごと凝縮

特製海鮮ちゃんぽん　1200円

鶏ガラや牛深産ウルメイワシで取ったスープが絶品。野菜もたっぷり約300g。

🏅 カキ、エビ、イカ、さつま揚げ、卵、ブロッコリー、キャベツ、トウモロコシほか
スープ 鶏ガラ、昆布、煮干し

B 42年続いた弁当店がちゃんぽん店として再出発

岩ガキちゃんぽん　1500円

魚介や野菜の甘味が香る優しいスープ。岩ガキは6〜7月頃の限定メニュー。

🏅 岩ガキ、豚肉、キャベツ、モヤシ、ニンジン、さつま揚げほか
スープ 豚コツ、鶏ガラ、魚介

C 町の特産品を豪快にトッピング

れいほくレタスちゃんぽん　700円

シャキシャキのレタスがこってりスープに調和。1杯で350gの野菜が取れる。

🏅 豚肉、すり身揚げ、アサリ、レタス、ピーマン、ニンジン、タマネギ、モヤシほか
スープ 豚コツ、鶏ガラ、魚介

D 口コミの評価が高い具だくさんの1杯

上ちゃんぽん　1000円

多彩な具をじっくり堪能できる塩味の鶏ガラスープが評判。あと引くうま味♪

🏅 豚肉、イカ、エビ、すり身揚げ、ちくわ、キクラゲ、ニンジン、キャベツ、モヤシほか
スープ 鶏ガラ

A 牛深 **中華料理 紅蘭**

豚の角煮やエビが豪快に盛られた南蛮ちゃんぽん1200円も人気。中華定食も充実。
MAP 折り込み⑥ C1
交 天草宝島観光協会から車で約52分 住 天草市牛深町69
電 (0969) 72-3363
時 11:00〜20:30 (L.O.)
休 不定休 カード 可 駐車場 あり

B 苓北 **苓北給食センター 爺&婆**

仲よしご夫婦が笑顔でおもてなし。レギュラーメニューは、普通の爺ちゃんぽん800円ほか。
MAP P.92B1
交 天草宝島観光協会から車で約30分 住 天草郡苓北町内田230-9 電 (0969)35-1783
時 10:30〜14:00、17:00〜19:00
休 不定休 駐車場 あり

C 苓北 **お食事処いさりび**

昼はちゃんぽん、夜は定食1200円〜など、ご飯ものも並ぶ。地元の常連客も多い。
MAP P.92B1 交 天草宝島観光協会から車で約30分 住 天草郡苓北町上津深江383-1
電 (0969)37-0541 時 11:30〜14:00、18:00〜21:00
休 不定休 駐車場 あり

D 本渡 **みよし食堂 亀川店**

地元客の口コミで評価が高い天草ちゃんぽん。ちゃんぽんの種類が豊富なほか、定食や丼も揃う。
MAP P.81B3
交 天草宝島観光協会から車で約7分 住 天草市亀川町亀川1603-1 電 (0969)22-6139
時 11:00〜22:00 休 水曜
駐車場 あり

F 見た目にも
テンションが上がる
魚介尽くし

天草海鮮ちゃんぽん 1100円〜

スープは鶏ガラをメインに、昆布やカツオも加えた塩味。すり鉢で出されボリュームも多い。

🍜 豚肉、イカ、エビ、アサリ、かまぼこ、ひじき、キクラゲ、キャベツ、ニンジン、モヤシほか
スープ 鶏ガラ、魚介

E 野菜の甘味が染み出たまろやかなスープ

長崎ちゃんぽん 800円

注文ごとに大きな中華鍋で煮込む野菜が、深みのあるスープを生み出す。山盛りの具材に驚き!

🍜 鶏肉、エビ、かまぼこ、キクラゲ、キャベツ、ニンジン、モヤシほか
スープ 鶏ガラ

G 鶏ガラのうま味がきいたスープが麺に絡む

ねぎちゃんぽん＋卵 800円

すっきりとした鶏ガラスープと、中太のストレート麺が調和。後半はカボスを搾って。卵はプラス50円

🍜 豚肉、煮卵、かまぼこ、キャベツ、ニンジン、タマネギ、ネギ、モヤシほか
スープ 鶏ガラ

H 熊本からの常連客も多い繁盛店

海鮮ちゃんぽん 1300円

大きなエビがSNS映え間違いなし。マー油の香ばしさが味を引き立てる

🍜 エビ、豚肉、イカ、かまぼこ、キクラゲ、キャベツ、タマネギ、ニンジン、モヤシ、ネギほか
スープ 豚コツ、マー油

E 大矢野 **大空食堂**

創業60年以上の行列ができる老舗店。島原湾を一望する小さな港の一角に立つ。

MAP P.70C1
🚗 天草四郎観光協会から車で10分 🏠 上天草市大矢野町登立4823 ☎ (0964)56-1179
🕐 11:10〜15:00 🈚 日曜 🅿️ あり

F 大矢野 **ニュー入船**

味噌味や地ダコを使ったちゃんぽんなど個性的なメニューが充実。隣にはレストランも。

MAP P.70C1
🚗 天草四郎観光協会から車で約10分 🏠 上天草市大矢野町登立岩谷4060-2 ☎ (0964)56-0162
🕐 11:00〜21:00(L.O.20:30)
🈚 水曜 🅿️ あり

河浦 イートナヅレ **EAT730**

スープは鶏ガラと魚だしの2種類。魚だしはサバやイワシの燻製から取る個性的な味。

MAP P.92B3
🚗 天草宝島協会から車で40分 🏠 天草市河浦町今福梅ヶ原1630-4 ☎ (0969)79-0730
🕐 5:00〜9:00、11:00〜15:00
🈚 不定休 🅿️ あり

松島 居酒屋 **松ちゃん**

昼はちゃんぽんや定食、夜は居酒屋メニューを楽しめる。テイクアウトにも対応。

MAP 折り込み①B3
🚗 天草宝島観光協会から車で約12分 🏠 上天草市松島町合津7913-14 ☎ (0969)56-2039
🕐 11:00〜14:00、17:00〜22:00 🈚 火曜 🅿️ あり

天草
島人インタビュー 1
Islanders' Interview

Ho Ho Ho〜♪

霜月祭を祝い続け家族の絆を守った天草で
世界一のサンタとして子供に夢を与えたい

上／2014年にスウェーデンで開催されたサンタウインターゲーム世界大会
右／各国の代表を押さえて優勝した山下さん

やました こうへい
山下 浩平さん

故郷の天草で、サンタの日本代表に挑戦

「Ho Ho Ho」と、世界共通のサンタクロースのあいさつで迎えてくれたのは、牛深で家業の水産加工会社、山下水産に勤務する山下浩平さん。よく通る声と人懐っこい笑顔、サンタクロースのような丸い体型が印象的だ。

天草がサンタクロースの聖地と呼ばれるようになったのは2013年。450年前にキリスト教を迎えて以来、禁教令時代も霜月祭としてクリスマスを祝い続けた歴史が認められたため。同年9月には日本で初めて「世界サンタクロース会議 in 天草」

が開催された。「僕自身、小学5年生までサンタを信じていましたし、生まれ育った天草が夢のある世界的なイベントの会場になるなんてワクワクしました」と山下さん。サンタクロース会議の企画に、世界一のサンタクロースを決めるサンタウインターゲーム世界大会の日本代表選考会があると知り「これはチャンス！」と出場を決めた。

スウェーデン大会で優勝し世界一のサンタクロースに

選考会では煙突の上り下りやプレゼントの遠投、クッキーの早食いなどが行われ、その記録と立ち居振る舞いから体力、精神ともに日本代表にふさわしいと判断された選手に優勝杯が授与される。「第1回大会は予選敗退だったので翌年からはあらゆるパフォーマンスに磨きをかけました」との言葉どおり、2014年と2015

年の選考会で優勝した山下さん。スウェーデンのサンタウインターゲーム世界大会に出場する。

世界大会では、ミルク粥の早食い、木ぞりのプレゼント積み、トナカイ風ロデオマシン乗り、サンタトライアスロンと4種目が行われ、2014年大会では、ロデオマシン以外の3つの競技で1位を獲得。文句なしの成績で世界一のサンタクロースの称号をもぎ取った。「子供の頃に憧れの存在だったサンタに、大人になった自分がなれたなんて、夢がかなった瞬間でした」と振り返る。

現在は九州屈指の大型クリスマスイベント「クリスマスマーケット熊本」などに登場し人気を集める。「サンタとして子供たちと接していると、彼らの純粋な目に僕も心が洗われるんです。せっかくサンタをやっているのだから、多くの人にもっともっと大きな夢を与えられる存在になりたいです」と目を輝かせる。

左／木ぞりにプレゼントを積む競技。サンタの必須スキル!?
右／クリスマスマーケット熊本で子供に大人気の山下さん

山下水産→ P.95

28

タイプ別、おすすめルートをご紹介

天草の巡り方
Recommended Routes

天草上島、下島からなる広大なエリアに見どころがいっぱい！

効率的にいろいろ見て回るのか、テーマを絞って観光するのか、

旅スタイルに合わせたベストルートを提案します。

タイプ別
モデルプラン
1

主要スポットを効率よく巡る

1泊2日

上下天草を満喫

天草上島から下島にかけて主要な観光スポットをおさえた王道プラン。
さまざまな魅力に触れられるので初めての天草旅行にぴったり。

1日目 西海岸まで走る天草横断ドライブ

総距離 157km

1. 10:30 1号橋を渡り天草へ
2. 10:55 松島展望台で休憩
3. 11:25 高舞登山からの絶景
4. 11:50 魚介の贅沢ちゃんぽん
5. 14:30 青空に映える大江教会
6. 14:45 天草ロザリオ館へ
7. 15:30 﨑津集落を散策
8. 17:30 夕日のマリア像

天草ちゃんぽん食べ歩き〜

﨑津名物の杉ようかん

2日目 初天草なら必見！定番スポット巡り

総距離 143km

9. 10:00 富岡城に上る
10. 11:30 イルカウオッチング
11. 12:40 海鮮丼に舌鼓☆
12. 13:35 普段使いの器探し
13. 14:10 天草キリシタン館
14. 14:50 石造りの祇園橋
15. 15:30 道の駅の名物ゲット

世界三大聖旗の天草四郎陣中旗

※天草キリシタン館所蔵

有明でご多幸あれ

1日目 10:30 車で25分 → 10:55 車で15分 →

1 熊本空港を出発！1号橋を渡って天草へ

熊本空港でレンタカーを借りて天草へ。1号橋まで車で約1時間30分。途中、世界遺産の三角西港にも寄れる。→ P.124

宇土半島から天草への入口となる1号橋

2 松島展望台から天草松島の美景を望む

高台にある松島展望台からは、小さな島々が浮かぶ天草松島と510.2 mの4号橋が見渡せる。→ P.124

爽快な海の色！
天草五橋のなかで最も長い4号橋

→ 14:45 車で10分 → 15:30 徒歩すぐ →

6 天草ロザリオ館で島の歴史をお勉強

信仰とともに生きた潜伏キリシタンの歴史を学べる天草ロザリオ館。15分間の3D画像など工夫した展示が好評。→ P.59

館内には祈り声（オラショ）が流れる

7 のどかな漁村﨑津集落を散策

漁村の中にたたずむゴシック様式の﨑津教会は必見！　江戸時代の雰囲気を残す集落を散策♪ → P.51

カフェも増加中
世界遺産に登録された﨑津集落

→ 12:40 車で15分 → 13:35 車で17分 →

11 ボリューミーな海鮮丼に舌鼓☆

海産物の加工販売会社が経営する海鮮レストラン「天草生うに本舗 丸健水産」でランチ。みやげ物店を併設。→ P.85

名物のウニなど新鮮な魚介てんこ盛り

12 お気に入りの器を探して！

普段から使える器を探して、眺めのよい丘にギャラリーを構える陶丘工房を訪問。ぬくもりのある器が見つかる。→ P.61

ギャラリーには個性的な作品が充実

熊本空港

天草上島

天草下島

✈ 巡り方

タイプ別モデルプラン ▶ 上下天草を満喫

プランニングのコツ

西海岸の夕日は必見

天草下島の西海岸は夕日の好スポットとして有名。ここで紹介している﨑津の海上マリア像のほか、西平椿公園（→ P.93）や十三仏公園（→ P.93）は日本の夕陽 100 選にも選出。

→ **11:25**   車で6分 🚗 → **11:50**   車で1時間10分 🚗 → **14:30**   車で1分 🚗 →

3 上天草随一の絶景 高舞登山展望台へ

標高 117 m の高舞登山の展望台からは、雲仙普賢岳や阿蘇の噴煙が眺められる。夕日が美しいことで知られる。→ P.71

島々に架かる天草五橋を一望する

4 ビッグなエビがのった 海鮮ちゃんぽん

松島の人気店「居酒屋 松ちゃん」で、ちゃんぽんランチ。マー油がきいたパンチのあるスープでエネルギー補給を。→ P.27

具だくさんで野菜もたっぷり

5 青空に映える 白亜の大江教会

潜伏キリシタンの里、大江の丘の上に立つ真っ白な教会。現在の建物は 1933 年にロマネスク様式で建てられた。→ P.59

潜伏キリシタン復活の中心地となった

→ **17:30**   **2日目 10:00**   車で15分 🚗 → **11:30**   車で6分 🚗 →

8 雲のない日が狙い目 夕日の海上マリア像

﨑津の岬に立つマリア像は、サンセットスポットとして人気。マリア像の向こうに夕日が沈む厳かな雰囲気に。→ P.50

天草夕陽八景のひとつに数えられる

9 富岡城に上って 苓北の絶景を一望

富岡城の本丸からは富岡湾を一望できる。眼下に砂礫（されき）が堆積してできた砂嘴（さし）が延びる。→ P.54

二の丸長屋は歴史資料館になっている

10 天草の人気ツアー イルカウオッチング

桟橋から船で 10 分ほど行った通詞島（つうじしま）沖には 200 頭ほどのミナミハンドウイルカが暮らす。→ P.38

遭遇率95％！

年間を通してツアーが開催される

→ **14:10**   車で7分 🚗 → **14:50**   車で30分 🚗 → **15:30**

13 展示が充実した 天草キリシタン館

島原・天草一揆の遺品をはじめ、貴重な展示が多い天草キリシタン館。周辺にはキリシタン関連の史跡が充実。→ P.59

日本のキリシタン史に詳しい

14 天草の歴史を語る 石造りの祇園橋

本渡の町山口川に架かる祇園橋は、1832年に建造された国内最大級の石造桁橋。島原・天草一揆では激戦地に。→ P.49

45 脚の角柱が連なり橋を支えている

15 道の駅に寄って おみやげをゲット

「道の駅有明 リップルランド物産館」でおみやげ探し。有明町の名物タコを使ったせんべいやステーキが人気。→ P.74

食事処や温泉施設も併設している

知れば知るほど、島を好きになる！

1泊2日

歴史＆文化をたどる旅

キリスト教とともに南蛮文化が広まった天草には独特のカルチャーが残る。
島原・天草一揆をはじめとした史跡をたどりながら天草の素顔に迫る。

1日目 天草下島の中心地 本渡でカルチャー体験
総距離 **120km**

- ❶ **10:30** 世界遺産の三角西港
- ❷ **11:10** 天草四郎を知ろう！
- ❸ **12:05** 正覚寺へお参り
- ❹ **12:45** 歴史民俗資料館へ
- ❺ **13:15** 郷土料理を味わう
- ❻ **14:15** ろくろで陶芸体験
- ❼ **15:55** 天草更紗を購入
- ❽ **19:00** 名物クルマエビ三昧

シンプルに塩焼き

色使いがすてき♪

2日目 天草西海岸に点在する 見どころをチェック！
総距離 **170km**

- ❾ **9:00** 牛深ぞろ歩き
- ❿ **10:30** 天草コレジヨ館見学
- ⓫ **11:15** 﨑津教会を拝観
- ⓬ **12:00** 絶品！ 地魚のにぎり
- ⓭ **13:00** 天草陶石の器を購入
- ⓮ **14:30** 天草キリシタン館へ
- ⓯ **15:10** 山門が立派な明徳寺

海藻模様を彫刻
デコポンは必食！

1日目 **10:30** — 車で15分 → **11:10** — 車で35分 →

1 世界遺産登録の 三角西港を散歩

明治日本の産業革命遺産として世界遺産になった三角西港。天草に入る前に立ち寄りたい。→ P.124

熊本空港から出発！

明治期の港が完全に残る貴重な場所

2 天草四郎ミュージアムで 島原・天草一揆を学ぶ

島原・天草一揆のジオラマなどで、一揆の歴史的背景や南蛮文化の影響を解説。天草四郎の人物像にも迫る。→ P.58

マリア観音など展示品も充実している

→ **14:15** — 車で10分 → **15:55** — 車で15分 →

6 天草文化交流館で ろくろ陶芸体験

天草文化交流館では、ろくろと手びねりの陶芸体験を用意している。できた作品は約1ヵ月後に手元に届く。→ P.65

ろくろを回転させて粘土の形を整える

7 エキゾチックな 天草更紗を購入♪

独特の絵柄や色づかいが魅力的な天草更紗。「天草更紗 染元 野のや」では、天草更紗の服や小物が買える。→ P.106

ポーチやコースターが人気

→ **11:15** — 徒歩約1分 → **12:00** — 車で15分 →

11 静かな漁村にたたずむ 﨑津教会を拝観する

洋風の外観に反して、堂内は畳が敷かれた珍しい和洋折衷の教会。堂内の見学は要予約。→ P.51

周辺を散策♪

ゴシック様式の荘厳な姿に圧倒される

12 天草の旬を味わう 天然地魚の握り

海沿いの寿司店「海月」で旬の地魚を味わう。天然ネタにこだわった寿司は、ていねいな仕事ぶりが光る。→ P.94

地魚を盛り合わせたおまかせ握りが人気

天草上島

天草下島

プランニングのコツ

夜はきらめく星空に感激！

龍ヶ岳山頂にはミューイ天文台があり、大型望遠鏡で天草の星を観察できる。館内にはプラネタリウムが備わり、スタッフの解説も好評。夜、時間があったら行ってみて。→ P.64

→ **12:05** 車で25分 🚗 → **12:45** 車で5分 🚗 → **13:15** 車で3分 🚗 →

3 南蛮寺跡に立つ 正覚寺へお参り

江戸時代の教会跡地（南蛮寺跡）に建てられた寺院。本堂改築の際に発見された十字を刻んだ墓石が残る。→ P.58

境内には樹齢400年以上の南蛮樹が立つ

4 歴史民俗資料館で 天草の成り立ちを知ろう

本渡歴史民俗資料館では、民俗史料約2000点を展示。時代を追うように天草の歴史や風俗について学べる。→ P.83

古文書や民具、民芸品などが並ぶ

5 天草に伝わる 郷土料理を味わう

「茶寮 やまと家」は1935年に建てられた旅館を改装した雰囲気のある食事処。天草の食材を使った料理が充実。→ P.88

せんだご汁など天草の郷土料理が揃う

→ **19:00** **2日目** **9:00** 車で25分 🚗 → **10:30** 車で15分 🚗 →

8 天草の名物食材 名物クルマエビ三昧

自家養殖のクルマエビを新鮮なまま出してくれる「海老の宮川 亀川店」。ぷりぷりのエビを存分に味わえる。→ P.84

新鮮なクルマエビは生で甘味を堪能！

9 船乗りの町 牛深をそぞろ歩き

江戸時代、風待ちの港として船乗りでにぎわった牛深集落。町には今でも当時の面影が残る。→ P.52

ハイヤ節発祥の地

かつては遊郭や料亭が並んでいた

10 天草コレジヨ館で 南蛮文化の展示を見る

16世紀以降に伝わった南蛮文化の史料を展示する天草コレジヨ館。グーテンベルク印刷機や西洋古楽器の複製も。→ P.59

日本初の活版印刷機のレプリカ

→ **13:00** 車で1時間 🚗 → **14:30** 車で1分 🚗 → **15:10**

13 天草陶石で作った 磁器の食器を購入

透き通るような天草陶石の白磁が並ぶ「高浜焼 寿芳窯」。江戸時代に描かれた模様の復活シリーズが人気。→ P.61

海松紋（みるもん）と呼ばれる海藻模様

14 貴重な史料も充実の 天草キリシタン館

天草キリシタン館では、島原・天草一揆について、史料や年表で詳しく解説している。もちろんキリシタン史も。→ P.59

天草の歴史や南蛮文化の紹介も充実

15 荘厳な山門に圧倒される 明徳寺にお参り

島原・天草一揆後の民心安定のために建てられた明徳寺。参道の階段には十字が彫られ踏絵のようになっていた。→ P.49

1645年に代官の鈴木重成が建立

タイプ別
モデルプラン
3

大自然の造形に、思わず感嘆

絶景！島ドライブ

1泊2日

広大な天草には美しい景色がいっぱい。複雑な海岸線が見せる迫力の表情や
展望スポットに上って眺めるさわやかな景観など、島の美景を巡ります。

1日目 天草下島に広がる ダイナミックな景観

総距離 **211km**

1 **12:00** 竜洞山の爽快ビュー
2 **13:15** 﨑津教会を撮影
3 **13:35** 地魚たっぷりランチ
4 **14:35** 十三仏公園から海を
5 **15:30** 富岡城から見る海と町
6 **16:05** 白岩の海岸を散歩
7 **17:10** 丸尾焼で陶器探し
8 **19:30** 海鮮料理のディナー

天草絶品！
天草木王のたたき

ぽってり
カップ♪

2日目 海と島が織りなす 天草上島の美景

総距離 **137km**

9 **9:15** 十万山の山頂に登る
10 **11:00** 龍ヶ岳から海を一望
11 **12:10** 高舞登山の展望台へ
12 **12:40** 橋を望む松島展望台
13 **13:00** 海を見ながらBBQ
14 **14:00** 五橋を巡るクルーズ
15 **15:05** 樋合海水浴場を散歩

お店限定の
お菓子をゲット！

1日目 **12:00** 車で1時間 → **13:15** 車で10分 →

1 竜洞山から眺める パノラマビュー

熊本空港から天草下島の新和町まで、約3時間のドライブ。竜洞山展望所から不知火海や宮地浦湾を一望。→ P.82

雲仙天草国立公園の海と島を望む

2 漁村にたたずむ 﨑津教会を撮影

潜伏キリシタンの里だった漁村の風景に溶け込む﨑津教会。世界遺産に登録された集落は散策するのにぴったり。→ P.51

重厚感のあるゴシック様式の教会

→ **16:05** 車で45分 → **17:10** 車で10分 →

6 真っ白な海岸が続く 白岩崎を散歩

天草陶石を含む岩で埋め尽くされた、砂浜ならぬ岩の浜。まぶしいほど白い岩が織りなすファンタジックな世界。→ P.55

海の青と白のコントラストが美しい

7 工房併設の丸尾焼で おみやげの陶器探し

おしゃれなギャラリーでのんびり器を選べる丸尾焼。芸術的なオブジェからモダンな食器まで豊富な作品が並ぶ。→ P.61

普段、使えそうな皿やカップが充実

→ **12:10** 車で10分 → **12:40** 車で5分 →

11 高舞登山の展望台から 上天草を眺める

標高117mの高舞登山に立つ展望台から、天草松島と天草五橋を眺める。観海アルプスの北の始点でも知られる。→ P.71

北の有明海から東の八代海までを望む

12 内海に浮かぶ島々と 五橋を楽しむ松島展望台

松島展望台からは、天草五橋のなかでも最長の4号橋と美しい島々という、天草を象徴する光景が見られる。→ P.124

穏やかな海に小さな島々が浮かぶ

✈ 熊本空港

15 13
14 16
12 11
7 8
9
天草上島
10
4 天草下島
3 2 1

🐋 巡り方

タイプ別モデルプラン ▼ 絶景！島ドライブ

プランニングのコツ
島内移動にレンタカーは必須

天草は広いので、レンタカーでの移動が便利。熊本空港のほか、天草島内でも借りられる。海沿いは気持ちのよいドライブルートだ。夜の山道はかなり暗いので注意しよう。

→ 13:35 　車で15分 🚗 →

3 地魚たっぷりの ランチを満喫〜

大江の町なかにある定食屋「辨」。地魚を使った海鮮料理から天草ちゃんぽんまで、さまざまな料理を堪能できる。→ P.95

刺身も焼き魚も食べられる日替わり定食

→ 14:35 　車で35分 🚗 →

4 十三仏公園から 妙見浦を望む

北にスノーケリングの好スポット妙見浦、南に白鶴浜海水浴場を望む美景自慢の公園。日本の夕陽百選のひとつ。→ P.93

園内には十三体の仏像を祀った堂が立つ

→ 15:30 　車で5分 🚗 →

5 富岡城に上って 苓北の町を眺める

富岡城に上ると、眼下には苓北の町と富岡湾が広がっている。湾には曲崎と呼ばれる長い砂嘴が延びる。→ P.55

本丸がビジターセンターになっている

→ 19:30

8 個室でくつろぐ 海鮮料理店でディナー

夜は個室でくつろげる大人の隠れ家「福伸はなれ利休」へ。魚介はもちろん、黒毛和牛や天草大王も味わえる。→ P.84

鮮度が自慢の活ヤリイカの造り

2日目 9:15 　車で1時間25分 🚗 →

9 十万山の山頂から 不知火海を望む

標高220mの十万山山頂からは、本渡市街や不知火海、八代海をパノラマで眺められる。→ P.82

多島海の美しさ

天草で最もにぎわう本渡市街を一望する

→ 11:00 　車で55分 🚗 →

10 龍ヶ岳展望台から 八代海を一望する

龍ヶ岳山頂自然公園にある山頂展望所からは、八代海に浮かぶ緑の島々を見渡せる。星空観察の名所としても有名。→ P.78

椚島からつながった樋島。奥は九州本土

→ 13:00 　徒歩すぐ 🚶 →

13 海沿いのテラスで 4号橋を見ながらBBQ

前島にあるミオカミーノ天草では、天草の食材を中心としたバーベキューを堪能。旬の食材を味わえる。→ P.74

クルマエビや天草大王など天草の味を！

→ 14:00 　車で15分 🚗 →

14 天草五橋を巡る クルーズに出発

クルーザーに乗って、1号橋を除く4つの橋をくぐり抜ける五橋巡り。潮風に包まれた極上の時間を楽しんで。→ P.41

大矢野島と永浦島を結ぶ2号橋

→ 15:05

15 樋合海水浴場で 砂浜をのんびり散歩♪

樋合海水浴場はパールサンビーチとも呼ばれ、夏には海水浴客でにぎわう人気ビーチ。約300mの砂浜が延びる。→ P.43

夏はマリンスポーツも楽しめる

天草島人インタビュー 2
Islanders' Interview

機内誌は社員の手作りだし、
機内アナウンスには自虐ネタを（笑）

天草エアライン　客室部長　太田　昌美さん
（おおた　まさみ）

上／熊本、福岡、大阪へと飛ぶみぞか号
左／2016年2月より48席のATR42-600を使用　右／天草空港のチェックインカウンター

客室乗務員になりたい！
子供の頃の夢をかなえる

　2000年の就航以来、天草の空の足として島内外にファンをもつ天草エアライン。その客室部長として活躍するのが天草出身の太田昌美さん。就航1年後に採用された客室乗務員（CA）の2期生だ。
　「採用までの道のりが奇跡的なんですよ」と太田さんは笑う。
　「子供の頃からCAに憧れていたのですが、夢は夢としてすっかり諦めていたんです。ところが、新聞を読んでいたら天草に航空会社ができると書いてあるじゃないですか。迷わずすぐに応募しました」
　残念ながらCAでは採用されず予約センターへ入った太田さん。諦めずに次の

1代前のみぞか号、DASH 8-100機と太田さん

年もCAの採用試験を受けるが採用通知は届かなかった。「毎日、飛行機を見られるし、天草に空港ができただけで幸せだったと思おう」と自分に言い聞かせていたそう。そこへ人事部から電話がかかってくる。「2期生を再募集するという連絡で、なんとCAとして採用されることになったんです！」と太田さんは顔をほころばせる。情熱が夢の扉を開けた瞬間だ。
　「島外からのお客さまにも地元のお客さまにも喜んでいただけるよう、機内サービスに努めています。常連のお客さまから声をかけられることも多くなってきて、うれしいですし励みにもなります」

新生みぞか号とともに
天草の空の旅をサポート

　今でこそ全国区の知名度を誇る天草エアラインだが、長らく搭乗率が伸び悩む苦しい時期が続いた。しかし社員が一丸となって、天草ならではのサービスを提供することで

ファンを増やしていった。
　「小さい航空会社だからできるアットホームなサービスを心がけました。機内誌は社員の手作りだし、機内アナウンスに自虐ネタを織り交ぜ笑いを誘ったり（笑）。機内では毛布や子供用の絵本のほかに、イラストマップも配っています」と太田さん。1機しかない飛行機「みぞか号」は月に1回、社員総出できれいに洗う。またイルカモチーフのデザインは、全国の飛行機ファンにも愛されている。「エンジン部分にも顔が描いてあるんです。右側がカイくん、左側がハルちゃん。それから胴体の下面にはくまモンが！」
　愛おしい子供のことを話すように、みぞか号について話す太田さん。現在も後輩を指導しながら、客室乗務員として搭乗している。
　「地元で好きなことができる喜びをかみしめながら働いています。地元のよさを伝えられたらうれしい。特に食についてはおまかせください！」

さて、島に来て何をしましょうか？

天草の遊び方
How to Enjoy

天草の楽しみ方はバリエーションが豊富。

史跡巡りをしたり、絶景の展望台でのんびりしたり、

はたまたイルカに会いに行ったり、好奇心のおもむくままに島を満喫！

年中無休で
イルカに
会えます

船のそばまで
イルカたちが寄ってくる！

イルカウオッチング

200頭余りのミナミハンドウイルカが暮らす通詞島（つうじしま）の沖合。
ボートに乗って10分ほどで愛らしい海のアイドルに出会えちゃう♪

遭遇率は95％以上！
野生のイルカと会える海へ

天草下島の北西部から橋でつながる周囲約4kmの小さな島が通詞島。対馬海流の分流が注ぎ込むため魚影が濃く、古くから漁業が盛んに行われてきた。そんな自然の恩恵を漁師と共有してきたのが、ミナミハンドウ

ミナミハンドウイルカの体長は2〜3mで、水族館で見かけるハンドウイルカよりやや小型。20〜30頭の群れで泳ぐことが多い

イルカ。小魚が豊富な島の沖合には約200頭のイルカが定住し、1年を通してウオッチングツアーが開催されている。イルカたちはウオッチング用のボートに慣れているため警戒心がなく、船上の様子をうかがうように近くまで寄ってきたり、華麗なジャンプを披露してくれたりすることも。ツアーはおよそ1時間。海が荒れてウオッチング船が出せないとき以外は、よほど運が悪くない限り、95％以上の確率で元気な姿を観察できる。特に春から夏にかけては、親イルカに守られながら泳ぐ赤ちゃんイルカを見られるチャンスも。赤ちゃんイルカは体が小さく色がやや淡く白っぽいのが特徴。

もっと知りたい！

背びれの形で
イルカを個体識別

イルカを特定するための目印となるのが、背びれの形状や傷。1995年から行われた通詞島周辺海域での識別調査で、同じ特徴をもつ個体が長期間確認されたことなどから、島の周辺にミナミハンドウイルカのコミュニティが定住していることが立証された。

個体ごとに異なるイルカの背びれ。ウオッチング船によっては、識別したイルカに愛称をつけて呼ぶこともある

道の駅 天草市イルカセンター MAP P.81A1　天草宝島観光協会から車で約25分
住 天草市五和町二江4689-20　電 (0969)33-1600　時 10:00〜、11:30〜、13:00〜、14:30〜、16:00〜　休 荒天時　料 3000円、小学生2000円、2歳以上1000円（大人2人より催行）　駐車場 あり　URL www.amakusa-dolphin.jp

voice 船酔いが心配な人は、予約時にスタッフに相談し、揺れの少ない船の中心部に座るなどの対応を。酔い止めを服用する際は、薬の効果が現れるまでのタイムラグを考慮し30分〜1時間前に飲むのがおすすめ。

海面の青びれを探して！

スケジュール

所要時間	体力レベル
約1時間30分	🚶🚶🚶

徒歩すぐ

9:45 天草市イルカセンターに申し込み

乗船の窓口は「道の駅 天草市イルカセンター」。予約がなくても乗船できるが、繁忙期は満員になることがあるので予約をしておくと安心。

潮風を切ってイルカたちの海へ！

港は目の前。受け付けを済ませたら出航の案内を待つ

10:00 船で約10分のクルーズでイルカが暮らす海域へ

ライフジャケットを身につけてイルカの待つ海へ出航。天候や海況によって異なるが、10分程度でイルカの姿を確認できるはず。

船酔いしやすい人は揺れの少ない船の中心部がおすすめ

船で10分

10:20 イルカの鳴き声や息づかいが聞こえる

船にイルカが近づいてくると、コミュニケーションを取るための鳴き声や、呼吸をするための潮吹きの音が聞こえてくる。

船で10分

イルカの鳴き声や息づかいが聞こえる

イルカにストレスをかけないように、ウオッチングタイムは約1時間と決められている

10:10 ミナミハンドウイルカの群れを発見！

イルカを見つけたら、彼らのペースに合わせてウオッチング。船をまったく怖がらないので、泳ぐ姿を間近に観察できる。特に晴れた日は、水中へ潜っていく姿がはっきり！

かわいいイルカに大興奮♪

10頭を超える群れが目の前に。もちろん写真撮影OK

10:30 ボートを先導するように泳ぐイルカたち

潜ったと思ったら船の反対側に現れるなど、海中を自由に動き回るイルカたち。ボートの舳先で波に乗って遊ぶこともあるのでチェック！

ボートの舳先を見ると、波とたわむれるように泳ぐイルカの親子が

船で10分

10:40 鮮やかなジャンプが見られたらラッキー！

大自然の中で力強く生きるイルカは筋肉質でしなやか。若いイルカが、宙返りやきりもみなど、美しいジャンプを見せてくれることもある。

体をひねってきりもみジャンプ

水面からきれいな弧を描いてジャンプ。ボートから大歓声が上がる

もっと知りたい！

ウオッチング船の選び方のポイントは？

イルカウオッチングは、ここで紹介したように天草イルカセンターで申し込む以外に、直接ショップへ申し込んでもOK。それぞれガイドの同乗やランチ付きなど、特典プランを用意している場合があるので、ショップのホームページや観光パンフレットでお得なツアーを探してみて。

約15軒のショップがイルカウオッチング船を出している

体力レベル 🚶 …… 誰でも参加可　体力レベル 🚶🚶 …… やや体力が必要　体力レベル 🚶🚶🚶 …… 体力に自信がある人向け

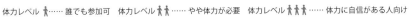

天草五橋をくぐり白砂の無人島を目指す

シーカヤック

　シーカヤックはパドルを漕いで穏やかな海を進むエコなアクティビティ。海辺で簡単なレクチャーを受けたら、カヤックに乗って海へ。島々に囲まれた松島の海域は波が少なく、初心者でも安心して楽しめる。ぬれてもいい服とタオルがあれば、あとは手ぶらでOK。ふたり乗りタイプもあるので、家族や友人と一緒に参加しては？

アンプラグド
船原 英照さん

一緒にワクワクしましょ〜！

ブレードの向きを意識

集合はミオカミーノ天草。準備運動をしたらパドルの使い方などのレクチャーを受ける

ライフジャケット着用！

目の前の海にカヤックを浮かべて出発！ 足やお尻がぬれるので着替えを準備しておこう

息をあわせて♪

パドルを交互に漕ぎながらバランスよく前へ。水面を滑るように進む感覚が気持ちよい

海の色が美しい〜

カヤックでしか入れない入江や貝殻でできた無人島など、冒険心が刺激されるツアーを満喫

アンプラグド |MAP| 折り込み① B3 |所要| 約3時間 |交| 天草四郎観光協会から車で約12分 |住| 上天草市松島町合津6215-17 ミオカミーノ天草内 |電| 090-8356-3577 |時| 9:00〜、13:00〜 |休| 不定休 |料| 半日ツアー8000円（器材レンタル、ツアー中の写真データ含む） |予約| 必要 |駐車場| あり |URL| e-unplugged.jp

---

立ったまま海面を進む初体験の感覚

スタンドアップパドルボード

　サーフボードの上でパドルを使い、海面をスイスイと進むスタンドアップパドルボードは、SUP（サップ）の愛称で人気上昇中。リアス海岸が続く天草は穏やかな入江（こぎとこうん）が多く、SUPのフィールドとしては理想的なんだとか。まずは小田床湾（こたとこうん）で10〜15分の練習。立ってパドリングができるようになったら、透明度抜群の妙見浦（みょうけんうら）を目指す。全身運動なのでダイエットにも◎。

妙見浦は国の名勝及び天然記念物。スクーバダイビングのスポットでもある

妙見浦ではシンボルとなっている象さん岩のアーチをくぐり記念撮影！

海の底が見えるよ

WAVE ACT
新井 勇さん

海に落ちても気持ちいい！

ボードって大きい！

まずは陸上でパドルの使い方や、ボード上での身のこなしについてレクチャーを

アーチをくぐって♪

バランス取って〜

静かな小田床湾で、座ってパドルを漕いだり、ゆっくり立ってみたりの練習！

立てるようになったら、不思議な象さん岩がある、妙見浦までのクルージング

WAVE ACT |MAP| P92A2（小田床湾） |所要| 約3時間 |交| 天草宝島観光協会から車で約40分（鬼海ヶ浦展望所に集合） |住| 天草市天草町下田南426（小田床湾） |電| (0969)24-5144 |時| 8:30〜、12:30〜 |料| 午前は6500円、午後は7000円（器材レンタル、ツアー中の写真サービス含む） |予約| 必要 |駐車場| あり |URL| wave-act.com
※象さん岩SUPクルーズプランのデータ

voice／シーカヤックを行うのは、イルカウォッチングのポイントとして知られる通詞島から7kmほど先にある亀島の周辺。過去には、カヤックの前方でイルカがジャンプしたこともあるとのこと。超ラッキーな出会いに期待しよう。

天草の生活を変えた夢の架け橋

天草五橋クルージング

　天草五橋は九州本土と天草を結ぶ5本の橋の総称。1966年の開通で島の生活や産業をガラリと変えた天草には欠かせない存在だ。天草五橋クルージングでは、1号橋を除く4本の橋を次々にくぐり抜けていく。小さな島々をつなぐ橋を海から見上げるのは新鮮な体験。大小20の島々が点在する周辺海域は天草松島と呼ばれ、潮風に包まれて絶景の海上遊覧を楽しめる。

穏やかな海をクルージング♪

※天草五橋を巡るドライブルートは P.124 を参照

これぞ天草松島

メルヘンチック〜

圧巻の長さ！

写真はここで☆

船が最初にくぐり抜けるのは、長さ510.2mという天草五橋の中で最長の4号橋

鮮やかな朱色が青空に映える5号橋。船はここでUターンをする

コンクリート打ちっぱなしの3号橋。周辺には小さな島々が浮かぶ

最後にくぐり抜けるのは、大矢野島と永浦島を結ぶ2号橋

シークルーズ MAP 折り込み① B3　所要 約30分　交 桟橋まで天草四郎観光協会から車で約12分　電 (0969)56-2458　時 9:20〜16:20の間、1時間おきに出発（12:20を除く。16:20は4〜9月）　休 12月〜3月上旬は不定休。3月中旬〜11月に定休日が設定される場合も　料 1600円、3歳〜小学生 800円　カード 可　駐車場 あり　URL www.seacruise.jp

---

海中探検を味わえる80分

グラスボート

　牛深港を出航し、ハイヤ大橋をくぐって目指すのは牛深海域公園。1970年に日本初の海中公園に認定された生物相の豊かな海で、グラスボートの船底に配された大きなガラス窓から、サンゴの群生や色とりどりの魚の群れを観察できる。陸上からの景観も美しく、船に寄ってくるカモメがかわいらしい。予約制でサンセットクルーズも開催されている。

船底のガラス窓から海中をのぞいて！

小魚の群れに遭遇

対馬暖流の分流が注ぐ牛深海域公園にはテーブルサンゴの群生ポイントも。周囲にはソラスズメダイが泳ぎ南国ムード満点

目の前を通り過ぎるキビナゴの群れ。鮮やかな赤が目を引くのは、ソフトコーラルと呼ばれる軟らかいサンゴ

南国のようなテーブルサンゴ

広々とした船底の両側には大きなガラス窓が並び、牛深海域公園の水中を観察できる

色とりどりの魚♪

キンギョハナダイやクマノミをはじめ、タコやフグなどユニークな生物がたくさん。何種類見つけられるかな？

ブルーマリンサービス MAP 折り込み⑥ C1　所要 1時間20分　交 天草宝島観光協会から車で約55分　住 天草市牛深町2286　電 (0969)73-1173　時 9:30〜、11:10〜、13:00〜、14:30〜、16:00〜（最終便は2〜10月のみ）　休 火曜、7〜8月は不定休、荒天時　料 2200円、小・中学生 1100円、3〜5歳 300円（最少催行2人）　カード 可　駐車場 あり　URL blue-marine-srv.co.jp

voice 天草五橋クルージングが開催される天草松島は、宮城県の松島、長崎県の九十九島と並ぶ、日本三大松島のひとつ。展望所からは大小20の島々が点在する風景が見られ、特に島々をオレンジの光が包み込むサンセットは必見。

天草の海の世界をのぞいてみよう

海中水族館

天草松島に浮かぶシードーナツ。水族館は階段を下りた海中にあり、窓から海の中をのぞけるほか、海水魚や淡水魚の展示が。イルカにタッチや餌やりができるプログラムも用意されている。

天草の生き物コーナーもおもしろい

上／海に浮かぶ個性的な水族館
右／タッチができるイルカふれあいタイム（500円）ほか、海岸でイルカと触れ合うビーチ体験やジャンプの合図を出す1日飼育員体験が人気

イルカにも会える♪

海中水族館シードーナツ
MAP 折り込み① B3 　天草四郎観光協会から車で約12分　上天草市松島町合津6225-7
(0969)56-2570 　9:00～18:00（11月1日～3月19日は17:00まで）※最終入館は1時間前
休 なし　1400円、小・中学生900円、4歳以上500円 駐車場 あり **URL** amakusapearl.com

---

幻想的に光る海ホタルに感激

ナイト水族館

懐中電灯を手に夜の水族館を巡る不思議な体験。泳ぎながら眠る魚や活発に動く夜行性生物など、貴重な生態を観察する。天草の海で採取した海ホタルや夜光虫が、淡くブルーに発光する姿が美しい！

暗がりからこんにちは

光る海ホタル！

刺激を与えると発光する海ホタル

上／夜の魚たちをウォッチング。懐中電灯の光を当てると、ユニークな顔をしたオコゼがギョロリ
右／夜の水槽を漂うクラゲが幻想的

海中水族館シードーナツ
※詳しいデータは上記を参照
所要 1～2時間　時 19:00～21:00（最終入場20:00）
※不定期開催。開催日はホームページで確認を
料 1100円、小・中学生600円、4歳以上400円

本格的な器材で気軽に海中散歩♪

体験ダイビング

レクチャーとウオーミングアップを経て、1時間ほどのダイビング。サンゴの群生地もあり、カラフルな魚の群れやウミウシを観察できる。講習やファンダイビングも受け付けている。

タツノオトシゴも！

カラフルな魚がたくさん！

左／ビーチからゆっくりエントリー　上／サンゴの周辺を舞うソラスズメダイ

夏場は満員になることも多いので早めに予約を

よかよかダイビング **MAP** P.92B4 所要 2時間30分～3時間（妙見浦や立神海水浴場に集合）　天草宝島観光協会から車で約50分（よかよかダイビング）　天草市牛深町373-5　090-7291-0661
休 荒天時　1ダイブ1万5000円、2ダイブ2万5000円（1ダイブは2人以上で開催）※推奨年齢13歳以上　予約 必要 駐車場 あり **URL** www.yokadive.com

---

voice 海ホタル（ウミホタル）とは、水質のよい海にすむ体長3mmほどの甲殻類。海水をかき混ぜるなどして刺激を与えると青白く発光する。プランクトンの夜光虫（ヤコウチュウ）も同様に発光する生物で、天草の海岸や港で観察できることもある。

海体験 ▼ 海中水族館、ナイト水族館、体験ダイビング／とっておきビーチセレクション

人気の海水浴場や隠れ家ビーチを紹介
とっておきビーチセレクション

天草は自然豊かな島々が連なる熊本県きってのビーチリゾートエリア。
海水浴客でにぎわう海岸や、地元の人がおすすめする穴場ビーチを厳選！

「スノーケリングに最適！」

[松島] 西目海水浴場（カームビーチ）
にしめかいすいよくじょう（かーむびーち）
300mにわたって続く砂浜から、沖に浮かぶ島々を眺めてのんびり。人が少ない穴場ビーチ。
MAP P.70B2　天草四郎観光協会から車で約25分

「白砂の海岸から天草松島を一望」

「海の家が連なる人気海水浴場」

〔トイレ〕〔シャワー〕〔更衣室〕〔売店〕〔監視員〕〔P 駐車場〕
※監視員がいるのは7月下旬から8月下旬の夏休み期間のみ。常駐時間が限られるので注意。
　売店の営業も夏季に限られる場合が多い。

[松島] 樋合海水浴場（パールサンビーチ）
ひあいかいすいよくじょう（ぱーるさんびーち）
樋合島西岸のビーチ。沖には天草富士と呼ばれる高杢島があり、干潮時は歩いて渡れる。
MAP 折り込み① A2　天草四郎観光協会から車で約15分

「岩場で釣りや磯遊びを♪」

[牛深] 茂串海水浴場
もぐしかいすいよくじょう
透明度が高く浅場にもカラフルな魚がいっぱい。美しい自然が保たれ、5〜6月はウミガメが産卵に来ることも。
MAP P.92A4　天草宝島観光協会から車で約1時間

[姫戸] 小島海水浴場
こじまかいすいよくじょう
防波堤の途中にあり、先にはキャンプを楽しめる周囲200mの小島が。朝焼けが美しい。岩場にはたくさんの魚が泳ぐ。
MAP P.77C1　天草四郎観光協会から車で約30分

[有明] 四郎ヶ浜ビーチ しろうがはまびーち
島原湾に面した天草随一の人気を誇る海水浴場。静かな海に沿って白砂の海岸が500m以上続く。
MAP P.70A3　天草宝島観光協会から車で約20分

[牛深] 砂月海水浴場
さつきかいすいよくじょう
三日月のように弧を描く約1kmの砂浜が魅力。牛深きっての人気ビーチ。
MAP P.92B4　天草宝島観光協会から車で約1時間10分

[天草] 白鶴浜海水浴場
しらつるはまかいすいよくじょう
鶴が羽を広げたように続く白浜の海岸。マリンアクティビティが盛ん。
MAP P.92A2　天草宝島観光協会から車で約47分
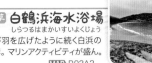

[本渡] 本渡海水浴場
ほんどかいすいよくじょう
市街地から近く地元の海水浴客が集まる。ボードセーリングも楽しめる。
MAP P.81B3　天草宝島観光協会から車で約10分

[倉岳] えびすビーチ
えびすびーち
トンネルを抜けると白砂の海岸が。波が穏やかで子供も安心して遊べる。
MAP P.77B2　天草宝島観光協会から車で約30分

[五和] 若宮公園海水浴場 わかみやこうえんかいすいよくじょう
静かな海水浴場。干潮になると無人島の亀島へ歩いて渡れる。
MAP P.81B2　天草宝島観光協会から車で約20分

[苓北] 富岡海水浴場
とみおかかいすいよくじょう
透明度が高い人気ビーチ。消波ブロックに囲まれ穏やか。
MAP 折り込み④ B1　天草宝島観光協会から車で約35分

[龍ヶ岳] 高戸海水浴場
たかどかいすいよくじょう
八代海の内湾で波が穏やかなため、夏は家族連れや地元の子供たちでにぎわう。
MAP P.77C2　天草四郎観光協会から車で約38分

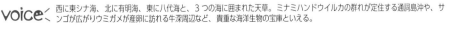
voice 西に東シナ海、北に有明海、東に八代海と、3つの海に囲まれた天草。ミナミハンドウイルカの群れが定住する通詞島沖や、サンゴが広がりウミガメが産卵に訪れる牛深周辺など、貴重な海洋生物の宝庫といえる。

次郎丸嶽・太郎丸嶽トレッキング

八代海を見渡す標高397m
の次郎丸嶽。そそり立つ巨
岩が大迫力

次郎丸嶽・太郎丸嶽は、天草北エリアにそびえる連山。
山頂からのパノラマビューを目指して、起伏に富んだ登山道を制覇。

急傾斜や岩場が続く山道を
アスレチック感覚で登る

天草上島の北東に並び立つ次郎丸嶽・太郎丸嶽。揃って九州百名山に数えられる風光明媚な兄弟岳で、起点となる海抜10mの登山口駐車場から、一気に頂上を目指す。

左／次郎
丸嶽頂上
から絶景
を望む

右／太郎丸嶽
の頂上は281
m。1日で兄弟
岳制覇も難し
くはない

駐車場からのどかな集落を抜けると、木々に覆われた登山口が見えてくる。さらに30分前後で「太郎丸分れ」と呼ばれる分岐点に出るので、体力に合わせてコースを決めよう。太郎丸嶽はなだらかな山道が続き、山頂の標高は281m。次郎丸嶽はロープが設置された岩場など急斜面が続き、山頂は397m。どちらも登山道が整備されているので初心者から挑戦できるが、道が険しい場所もあるので、動きやすい服装と靴、軍手を用意しておきたい。コースの途中には、海に浮かぶ天草松島や周囲の山々を見渡す絶景ポイントが点在する。

もっと知りたい！
白嶽や鋸嶽を
目指す周回登山

次郎丸嶽山頂付近にある小鳥越峠方面へのルートから、尾根伝いに白嶽（P.46）へ抜けることができる。体力に自信があれば、さらに鋸嶽や中嶽を周回する五座制覇も可能。

鋸嶽頂上の展望所から見た次郎丸嶽の頂上。周回登山に挑戦！

MAP P.70B3　天草四郎観光協会から車で約15分　住 上天草市松島町今泉　駐車場 あり

voice 太郎丸嶽より高い次郎丸嶽。その理由は、兄の太郎丸が「次郎丸、今日も松島の島々に沈む夕日がきれいだなぁ」と話しかけると、「俺は兄ちゃんの影でいちども見たことがない」と言われ、次郎丸からも夕日が見えるように、太郎丸が頂上を崩して低くなったからだとか。

トレッキング ▼ 次郎丸嶽・太郎丸嶽

スケジュール

所要時間	歩行距離	体力レベル
約3時間（片道）	約6km（片道）	

9:00 駐車場から集落を通り登山口へ

レンタカーは集落の入口にある無料駐車場に停めよう。トイレは今泉地区交流センターで借りられる。
MAP P.70B3

入口で杖を借りて頂上を目指せ！

芝生の公園でトイレ&準備をしてから出発〜

徒歩40分

9:40 兄弟岳の分岐点、太郎丸分れ

太郎丸嶽と次郎丸嶽の分岐点、太郎丸分れに到着。登山に慣れた人であれば、ノンストップで太郎丸嶽山頂まで約20分、次郎丸嶽山頂まで約30分で行ける。

両座を登る場合も一度、分岐点まで戻る

徒歩30分

10:10 ロープを使って岩場をクライミング

登山道の途中には、いくつか急な岩場がある。ロープが設置されているので、しっかりとつかまって登ろう。雨上がりは滑りやすいので注意が必要。

履きなれた靴を用意して登りたい

徒歩20分

10:30 太郎丸嶽の山頂でひと休み

太郎丸嶽の頂上からは、北に登山口付近の集落と海、南に次郎丸嶽を眺めることができる。水分補給を忘れずに。
MAP P.70B3

海と山のパノラマビュー

徒歩約1時間

山頂の岩場には柵がないのでスリル満点

11:30 見晴岩から次郎丸嶽山頂まではすぐ！

太郎丸分れまで戻って、次郎丸嶽への登山道を進む。巨大な岩盤をロープを使って登る見晴岩まで来たら、頂上はもうすぐそこ。

次郎丸嶽の頂上へ続くいなずま返し

ロープをたどれば意外と楽に登れる

徒歩15分

11:45 次郎丸嶽山頂から天草上島の絶景をひとり占め

巨岩を積み上げたようにせり出す次郎丸嶽の頂上。北には太郎丸嶽越しの天草松島、東には鋸嶽越しの八代海を一望できる。
MAP P.70B3

亀次郎岩を見下ろす

GOAL 次郎丸嶽山頂
弥勒菩薩
亀次郎岩（ライオン岩）
見晴岩
太郎丸嶽山頂
いなずま返し
太郎丸分れ
遠見平
長寿の湧水
登山口
次郎丸嶽・太郎丸嶽登山口駐車場 P
W.C.
START
今泉地区交流センター
＜イメージ図＞

サメに似た巨石

緑が続く遊歩道

湿地に滝、巨石群と見どころが多彩！

観海アルプス
白嶽・鋸嶽コース

天草上島の連山を縦断する観海アルプスコース。
緑豊かな登山道を歩き、美しい風景を堪能しよう。

眼下に森と海を眺め、ふたつの峰を歩く

白嶽森林公園の山々を目指すコース。距離は長いがなだらかなので、ハイキング感覚で踏破できる。巨石群と白嶽や、不動の滝と鋸嶽のピンポイントコースをはじめ、中嶽を含めた三峰周回などアレンジは自在。次郎丸嶽・太郎丸嶽（→ P.44）方面へも歩ける。

もっと知りたい！

全長約21kmの観海アルプスコース

白嶽は、高舞登山から龍ヶ岳まで続く観海アルプスコースの一部。八代海や雲仙普賢岳を眺め天草上島西岸を縦走。

登山道や道標が整備されている

MAP P.77C1
交 天草四郎観光協会から車で約40分
住 上天草市姫戸町姫浦　**駐車場** あり

白嶽森林公園マップ
九州自然歩道・観海アルプスコース
鋸嶽展望所
不動の滝
白嶽湿地
START
GOAL P
牟田峠
白嶽森林公園キャンプ場
矢岳神社
二弁当峠
巨石群（ドルメン）
白嶽展望所
中嶽展望所

〈イメージ図〉

スケジュール

所要時間 約3時間	歩行距離 約5km	レベル

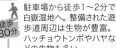

9:00　白嶽湿地からゆったりスタート

徒歩30分

駐車場から徒歩1～2分で白嶽湿地へ。整備された遊歩道周辺は生物が豊富。ハッチョウトンボやハヤなどの生物も多い。
MAP P.77C1

湿地にはモウセンゴケが生える

9:30　ギザギザな道を越え鋸嶽頂上へ

徒歩20分

尾根が鋸の歯のように起伏していることから名がついたとされる鋸嶽。標高344mの展望所から次郎丸嶽を一望できる。
MAP P.77C1

次郎丸嶽越しの雲仙普賢岳

9:50　森から水音が響く不動の滝

徒歩30分

鋸嶽と白嶽の中間地点にある落差約15mの滝。道標を頼りに、草木を分け入った場所にある。矢岳神社へもすぐ。
MAP P.77C1

木に囲まれ休憩にぴったり

10:20　謎の巨石が並ぶパワースポット

徒歩1時間

白嶽へ続く矢岳の林道に、ストーンサークルやサメの頭部を模した岩など、人が加工したと思われる巨石群（ドルメン）が現れる。
MAP P.77C1

ドルメンと思われる巨石

11:30　白嶽の頂上から八代海を一望！

真下に八代海を眺める標高373mの白嶽山頂。ここから白嶽湿地方面に戻る道と、中嶽を目指す道が分岐している。
MAP P.77C1

海を往来する船が見える

voice 矢岳巨石群のなかには、ドルメン（支跡墓）と思われる巨石がある。長さ18mの天井石を、幅2mの階段状の礎石を中心に5つの支石で支えている。巨石の表面に線刻画などを確認でき、祭祀的要素が強い場所だったことがうかがえる。

トレッキング ▼ 観海アルプス 白嶽・鋸嶽コース／九州オルレ 維和島巡り

自分のペースで歩いてニャ♪

順路は青の矢印

韓国・済州島発の爽快ウオーキング

九州オルレ 維和島巡り

維和島は天草四郎が生まれたと伝わる小さな島。のどかな漁村と絶景を巡る、島内1周の散策を楽しんで。

静かな海岸から展望台まで点在する見どころをのんびり歩く

韓国・済州島の方言で「通りから家に通じる狭い路地」を意味するオルレは、済州島の魅力を広めるために始まった韓国発祥のウオーキングコース。九州では「九州オルレ」としてトレッキングコースが整備され、自然や眺望、温泉を楽しめる18のコースが認定されている。

天草諸島の北部に浮かぶ維和島も、九州オルレのコースのひとつ。小さな島だが古墳群から眺めのよい公園や展望所、せんたく岩と呼ばれるゴツゴツとした海岸まで豊富な見どころに恵まれている。クルマエビの養殖で知られる素朴な島では、漁村らしいのんびりとした空気のなか、自然に触れながらののんびりウオーキングが気持ちいい。

もっと知りたい！
天草のオルレコースは3つ
2023年3月時点の九州オルレは18コース。そのうち3つのコースが天草に整備されている。維和島以外には、内海に浮かぶ島々が美しい松島コース、島原・天草一揆の激戦地を歩く苓北コース。どちらも天草らしい豊かな自然と文化を感じられる上質なウオーキングコースだ。

MAP 折り込み①B3 松島コースのゴールは疲れを癒す龍の足湯

MAP P.70C1・2　天草四郎観光協会から車で約12分
天草四郎観光協会 (0964)56-5602

スケジュール
所要時間 約4時間	歩行距離 約12.3km	レベル

9:00 海を見渡す千崎古墳群へ
徒歩55分
海が見える丘に、26基の箱型石棺や竪穴式石棺が点在している。これらは海洋貿易で活躍した豪族の墓といわれている。
MAP P.70C1

古墳時代初期の墓とされる

10:15 緑豊かな維和桜・花公園
徒歩30分
四季折々の花が咲くのどかな公園。特に4月上旬は、公園を覆う桜の木が桃色に染まり、花見を楽しむ観光客が集まる。
MAP P.70C2

展望台からは松島を一望

11:00 高山から360度の絶景を堪能
徒歩30分
標高166.9mの山頂に立つと、パノラマで広がる風景に圧倒される。天気がよければ海の向こうに阿蘇山まで眺められる。
MAP P.70C2

雄大な景色に癒やされる

12:00 外浦自然海岸の岩場を散策
徒歩50分
竹林を15分ほど歩くと、目の前には八代海が広がる。せんたく岩と呼ばれる砂が固まってできたでこぼこの海岸が続く。
MAP P.70C2

干潮時には岩の海岸を歩く

13:00 ゴールの千束天満宮に到着〜
小さな神社が見えてきたら維和島コースの終点。近くの維和郵便局ではおみやげによい絵はがき（70円）が買える。
MAP P.70C2

緑に囲まれた南国の雰囲気

voice オルレには「カンセ」と呼ばれる馬のオブジェや、青と赤のリボン、木製矢印などが設置されている。これを目印に歩けば迷わずに歩けるはず。詳しい地図や注意点は、天草四郎観光協会でもらえる九州オルレのパンフレットをチェックしよう。

時代を超えて史跡が歴史を語る

島原・天草一揆ゆかりの
史跡が心に残る

本渡歴史探訪
(ほんど)

天草の中心地、本渡は島原・天草一揆で両軍が激突した惨劇の舞台。
激戦の跡地から天草のキリシタン文化まで、史跡と史料から歴史をたどる。

激戦の町山口川から城山公園へ向かう散策路
(まちやまぐちがわ)

本渡の中心を流れる町山口川は、1637年にキリシタン軍と唐津藩の軍勢が激闘を繰り広げたという地。河原を埋め尽くしたといわれる殉教者を弔うように、石造りの祇園橋がたたずむ。45脚の角柱によって支え

川沿いは散策に最適

上／祇園橋を見守るように立つ祇園神社　左／城山公園の一角にはキリシタン墓地がたたずむ

られた多脚式の橋は全国的にも珍しく、国指定の重要文化財になっている。川を遡るように歩くと、本渡の町を一望する城山公園に到着。緩やかな坂を上っていくと、園内には島原・天草一揆の死者を祀る殉教戦千人塚やキリシタン墓地といった史跡が見えてくる。

頂上に立つ天草キリシタン館は、天草におけるキリスト教史を、約200点の史料展示とともにわかりやすく紹介している。さらに5分ほど行くと、明徳寺の立派な山門が見えてくる。この禅寺は島原・天草一揆後の人心平定とキリスト教からの改宗を目的に建てられたもの。石段の脇では西洋風の顔立ちをした異人地蔵が参拝者を迎えてくれる。

もっと知りたい！

海外からも注目される朝食前のヘルスウオーク

口コミで評判を集め、今やメディアでも紹介される天草プリンスホテルのヘルスツーリズム。先代女将が地域の人たちと一緒に、40以上の散策コースを作り上げた。ウオーキングでは、スタッフが天草の自然や歴史、文化などの話を織り交ぜながら案内してくれる。早朝のさわやかな散歩から戻ると、高浜焼の食器に盛られたヘルシーな朝食が！宿泊客は参加無料、ビジターゲストも朝食付き700円で参加できる。→P.90

西の久保公園や十万山を散策

MAP 折り込み② A1〜B2　**交** 天草宝島観光協会から歩いてすぐ
問 天草宝島観光協会☎(0969)22-2243

祇園橋は海に近いため、潮の干満の影響を受けやすい。干潮になると橋桁の下まではっきりと見えることもある。一方で満潮時には水面に橋の姿が映り、水墨画のような情緒漂う美しさを見せる。

スケジュール

所要時間	歩行距離	体力レベル
約2時間	約2km	🚶🚶🚶

9:00 本渡のソウルフード、まるきんの丸い鯛焼き

自動鯛焼き機の音が響く

1948年創業の老舗菓子店まるきん。惜しまれつつ閉店したが、多くのファンのリクエストに応え2017年12月に復活した。名物のまるい鯛焼き150円は、あんことミックスの2種類。

たこ焼き420円やソフトクリーム250円などを味わえる

MAP 折り込み②B2 **交** 天草宝島観光協会から徒歩約2分 **住** 天草市中央新町11-10 **☎** (0969)22-2727 10:00～18:00 **休** 水曜 **駐車場** あり
URL marukintaiyaki.com

徒歩2分

徒歩10分

10:40 四季折々の花が彩る城山公園を散策

園内では穏やかな上り坂を歩く

天草キリシタン館がある城山園内には、島原・天草一揆の死者を祀った殉教戦千人塚やキリシタン墓地などが点在。サクラの名所としても知られる。

両軍の犠牲者を祀る殉教戦千人塚

MAP 折り込み②A2 **交** 天草宝島観光協会から徒歩約12分 **駐車場** あり

徒歩5分

GOAL
明徳寺

天草キリシタン館
城山公園(殉教公園)
町山口川
天草宝島観光協会
祇園橋
楽天街
START
まるきん製菓
本渡諏訪神社

N
〈イメージ図〉

9:45 地元で愛される本渡諏訪神社へお参り

鎌倉時代の2度にわたる元寇の際に、諏訪大名神のご加護により護神に守られたとして、信州の諏訪大社より分霊されたと伝わる。

MAP 折り込み②B2 **交** 天草宝島観光協会から徒歩約5分 **住** 天草市諏訪町8-3 **☎** (0969)22-3480 8:00～17:00(社務所) **駐車場** あり
URL hondo-suwa.com

11月1～7日は、本渡の市と呼ばれる例祭でにぎわう

徒歩2分

10:00 職人技! 石造りの祇園橋

1832年に建造された、石造桁橋としては国内最大級の石橋。約30cmの角柱が5列9行45脚も連なり橋を支えている。現在、橋を渡ることはできない。

国の重要文化財に指定された重厚な石橋

島原・天草一揆の殉教者をしのぶ石碑が

MAP 折り込み②B2 **交** 天草宝島観光協会から徒歩約2分 **駐車場** なし

11:00 博物館で天草のキリシタン史をお勉強

高台から本渡を見渡す天草キリシタン館。島原・天草一揆に関するものを中心に、約200点の史料を展示し天草のキリシタン史を紹介している。

貴重な実物史料も豊富な天草キリシタン館

MAP 折り込み②A1 ※詳しくは→P.59

徒歩5分

11:40 明徳寺の階段で秘密の十字架を探せ!

石段の十字を踏絵のように踏ませた

1645年に代官の鈴木重成によって建てられた曹洞宗の禅寺。キリスト教からの改宗が目的とされ、山門へ続く石段には十字が刻まれている。

山門の額には「仏陀の正法を広め耶蘇の邪宗を破る」という意味の言葉が書かれている

MAP 折り込み②A1 **交** 天草宝島観光協会から徒歩約15分 **住** 天草市本渡町本戸馬場1148 **駐車場** あり

---

voice 閉店したまるきんの復活に尽力したのは、本渡出身の放送作家、小山薫堂氏。鯛焼きのカスタードは関西の洋菓子店パティシエ・エス・コヤマが監修、あんこは松江の老舗和菓子店がアドバイスしている。また店のロゴはくまモンをデザインした水野学氏が担当!

漁村景観の中にたたずむ
ゴシック様式の天主堂

﨑津そぞろ歩き

禁教令を逃れた潜伏キリシタンが、信仰を守り暮らした﨑津集落。
信仰の継続を示す漁村集落はユネスコの世界遺産に登録されている。

漁村の風景よ！

庭のない家同士が密集する﨑津集落。軒と軒の間の小路はトウヤと呼ばれる

どこか懐かしい漁村の原風景に
ゴシック様式の教会が調和する

禁教令から島原・天草一揆を経て、キリスト教の弾圧が激しくなっていく天草。キリシタンは島のあちこちに身を隠すことになるが、複雑に入り組む羊角湾の一角にたたずむ﨑津集落も潜伏場所のひとつ。アワビやタイラギ貝など、海で取れたものを祈りの用具にするなどして、250年以上

も祖先の信仰を守り続けた。

禁教令が解けて1934年になると、現在の﨑津教会が完成。江戸時代の雰囲気を残す漁村に、ゴシック様式の教会が溶け込む和洋折衷の風景は2011年に国の重要文化的景観に。2018年には「長崎と天草地方の潜伏キリシタン関連遺産」の構成要素として世界遺産に登録された。

集落の見どころは、トウヤという密集した家屋の間を走る小路や、カケと呼ばれる船の係留、網の手入れを行うための海上の足場など。昔ながらの干物店や素朴な食事処も点在しているので、どこか懐かしい海辺の村の雰囲気に包まれながら、のんびり散策を楽しもう。約230年前に琉球王の使節団から伝わったとされる、名物の杉ようかんは必食！

民家の瓦屋根越しに眺める尖塔の上の十字架。伝来以降、キリスト教は﨑津の人々の生活に深く根ざしていた

もっと知りたい！

岬から船を見守る
海上マリア像

﨑津教会の西にある岬から、海に向かって立つマリア像。1974年に行き来する船人の道しるべや心の明かりになるようにとの願いを込めて建てられた。サンセットスポットとしても人気で、マリア像の向こうに夕日が沈む光景は「天草夕陽八景」のひとつに数えられる。

航海安全や大漁祈願を込めて、海上の船から手を合わせる漁師が多い

MAP 折り込み③ B2〜C2　　天草宝島観光協会から車で約45分

voice 﨑津の「マリア像の夕陽」と「拝瀬・鳴瀬の夕陽」をはじめ、鬼海ヶ浦周辺の「下田の夕陽」、高浜の「十三仏公園の夕陽」、西平椿公園周辺の「大ヶ瀬の夕陽」、魚貫の「魚貫・黒石の夕陽」、牛深の「小森海岸の夕陽」と「遠見山公園の夕陽」が、天草夕陽八景とされている。

スケジュール

所要時間	走行距離	体力レベル
約3時間	約1km	

9:00 情報収集は 﨑津集落ガイダンスセンターへ

まずはここから！

世界遺産に登録された「天草の﨑津集落」の観光マナーおよび﨑津教会での拝観マナーをガイドするための施設。周辺の観光案内や歴史紹介の資料も展示する。自転車のレンタル（1日200円）を行っている。

集落を歩く前に﨑津集落の散策マップをもらおう

MAP 折り込み③C1 ⊠ 天草宝島観光協会から車で約42分 住 天草市河浦町﨑津1117-10 ☎ (0969)78-6000 時 9:00～17:30 休 なし 駐車場 あり
URL sakituguidance.amakusa-web.jp

徒歩2分

10:00 﨑津集落の歴史を学ぶ、﨑津資料館みなと屋

1936（昭和11）年に建てられた旅館を改修した資料館。2階建ての館内では、﨑津の歴史やキリシタン史を紹介している。布教から潜伏期に使われていた信心具も展示される。

海産物や木材、木炭の交易で栄えた昭和初期の面影を残す

MAP 折り込み③C2 ⊠ 﨑津集落ガイダンスセンターから徒歩約10分 住 天草市河浦町﨑津463 ☎ (0969)75-9911 時 9:00～17:00（最終入館16:30) 休 なし 料 100円 駐車場 なし

徒歩30秒

﨑津集落ガイダンスセンター P
←大江・下田温泉
START
牛深・本渡→
富津郵便局
旧網元岩下家よらんかな
﨑津教会
﨑津観光案内所
﨑津資料館みなと屋
﨑津諏訪神社
旧教会跡
ハルブ神父の墓
南風屋 GOAL
山頂展望所
P
大江
P
﨑津マリア像
N
＜イメージ図＞

9:20 伝統的家屋、旧網元岩下家よらんかな

「﨑津・今富の文化的景観」の重要な構成要素、漁師の網元家を復元。当時使われていた家具や漁具を展示している。海側のデッキからは、海に張り出した漁師の作業場カケが見られる。

漁村の伝統的な家屋を復元。休憩所として利用されている

MAP 折り込み③B2 ⊠ 﨑津集落ガイダンスセンターから徒歩約5分 時 9:00～17:00 休 なし 駐車場 なし

徒歩2分

9:40 﨑津諏訪神社で潜伏キリシタンに思いをはせる

漁村に溶け込む西洋建築

1805年の天草崩れで、集落の7割が潜伏キリシタンということが発覚。﨑津諏訪神社は取り調べの舞台となり、ここに信仰遺物を捨てる箱が設置された。

1647年、﨑津集落の豊漁・海上安全祈願のために創建された

MAP 折り込み③B2 ⊠ 﨑津集落ガイダンスセンターから徒歩約10分 住 天草市河浦町﨑津505 駐車場 なし

10:20 木造の集落の中に鎮座する重厚な﨑津教会

現在の﨑津教会はハルブ神父の時代である1934年に完成したもの。内部は珍しく畳敷きになっている。現在でも集落の信者たちによりていねいに手入れされ、ミサや儀礼が行われている。教会の見学は事前連絡が必要。

左右対称の凛々しい教会。海の天主堂とも呼ばれる

MAP 折り込み③C2 ⊠ 﨑津集落ガイダンスセンターから徒歩約10分 住 天草市河浦町﨑津539 時 9:00～17:00 休 不定休 駐車場 なし 予約 見学は前日15:00までに必要 ㈱ カッセジャパン九州産交コールセンター☎(096)300-5535 時 10:00～17:00 休 土・日曜、祝日
URL www.kyusanko.co.jp/ryoko/pickup/sakitsu-church

徒歩2分

11:50 﨑津名物、南風屋（はいや）の杉ようかんは外せない！

杉ようかんは餅の上に杉の葉を乗せ風味を加えた、約230年の歴史をもつお菓子。毎日手作りされ、しっとりした食感を楽しめるのはその日だけ。幻のようかんとも呼ばれる逸品をご堪能あれ。

モッチリとした杉ようかんの食感に感激

看板商品の杉ようかん（200円）

いちじくジャム（650円）も絶品

MAP 折り込み③C2 ⊠ 﨑津集落ガイダンスセンターから徒歩約12分 住 天草市河浦町﨑津454 ☎ (0969)79-0858 時 8:00～16:00 休 なし 駐車場 なし

voice
﨑津教会の外観を撮影するなら、教会の北にある港周辺がベスト。漁船越しの集落と教会という雰囲気のよい写真を狙える。
気温が下がる冬の早朝は、海面にけあらしと呼ばれる霧が漂う幻想的な光景が見られることもある。

ハイヤエー
ハイヤ♪

牛深ハイヤが生まれた
船乗りと女の町

牛深 港さんぽ

江戸時代に風待ちの港として華やいだ牛深。
活気に満ちた当時の面影が海辺のあちこちに。

ハイヤ節が鳴り響いたのどかな漁村を歩く

　天草の最南端から東シナ海へ突き出す牛深。入り組んだ海岸線は天然の良港となり、江戸時代から明治にかけては、全国を行き来する廻船の風待ちやシケ待ちの港として活気づいた。町は船乗りであふれ、昼夜なく開かれる宴会では、女性による唄や踊りが披露される……、そんな環境で誕生したのが民謡「牛深ハイヤ節」。盛り場だった遊郭の跡地には屋敷が残り、今にも三味線の音が聞こえてきそう。密集した家々の間には細い路地が網の目のように走り、せどわと呼ばれる漁村独特の町並みが続く。町全体が、時間が止まったようなノスタルジックな雰囲気に包まれている。

遊郭の跡地に立つ三浦屋跡。瓦屋根が立派な屋敷

日本の女医の先駆けは牛深出身!?

　1873年に牛深で生まれた宇良田タダは、29歳でドイツに留学し日本で初めてドクトル・メディツィーネの学位を得た女性眼科医。むつみ公園には顕彰碑が立つ。
MAP 折り込み⑥C1
公園の近くには生家も

全長883mと熊本県最長の牛深ハイヤ大橋。1997年に完成した町のシンボル→ P.94
MAP 折り込み⑥B2〜D1、P.92B4
交 天草宝島観光協会から車で約55分　駐車場 なし

スケジュール

所要時間 約1時間30分	歩行距離 約2.8km	レベル 🚶🚶

9:00 徒歩15分
情報収集やおみやげはここで!
道の駅 うしぶか海彩館は、漁業資料館やみやげ物店、食事処を備え、観光案内所も併設する牛深の観光起点。
MAP 折り込み⑥C1　住 天草市牛深町2286-116　電 (0969)73-3818
時 9:00〜18:00　休 第3火曜 (祝日の場合は翌日)　料 無料　駐車場 あり

牛深や天草の歴史を学べる漁業資料館

9:30 徒歩10分
名物主人のトークが絶妙♪
小骨が多いウツボをていねいにさばく三代目うつぼ屋八兵衛 中村商店。プリプリのウツボの加工品をおみやげに。
MAP 折り込み⑥D1　交 うしぶか海彩館から徒歩20分　住 天草市牛深町1538-150　電 (0969)72-4559
時 7:00〜19:00頃　休 不定休　駐車場 なし

湯引き500円、蒲焼き800円など

9:40 徒歩6分
遊郭跡は今も独特の雰囲気
江戸時代から明治にかけて遊郭だった古久玉地区。宴会が繰り広げられた紅裙亭跡のほか、近くには豪華な三浦屋跡もある。
MAP P.92B4　交 うしぶか海彩館から徒歩10分　駐車場 なし

電柱には今も遊郭の文字が残る

10:00 徒歩15分
足を踏み入れたくなる小路
中2階建ての家屋が密集する幅1mほどの小路が続く、せどわと呼ばれる漁村景観。町の人に声をかけてみよう。
MAP 折り込み⑥B2　交 うしぶか海彩館から徒歩約12分　駐車場 なし

平地の少ない港周辺ならではの風景

10:20
ハイヤ節発祥の地を示す石碑
「ハイヤハイヤは何処でもやるが、牛深ハイヤは元ハイヤ」と、牛深ハイヤ節から取った銘が刻まれている。
MAP 折り込み⑥C2　交 うしぶか海彩館から徒歩10分　駐車場 なし

牛深ハイヤ大橋を歩いてアクセスできる

voice 江戸時代に南方から伝わった踊りを基に、船乗りの酒盛りの席で誕生したとされる牛深ハイヤ。牛深から各地に向かう廻船とともに全国へ伝わり、新潟県の佐渡おけさや徳島県の阿波踊りなど、ハイヤ系民謡の源流となったといわれる (→ P.108)。

1泊したほうが楽しめるニャ

伝説の談合島へ

子猫も多いよ♪

入り組んだ路地に郷愁が漂う

猫の島 湯島散策

島原・天草一揆の談合島、また猫の島とも呼ばれる湯島。1周歩いても1時間ほどの小さな島は、のんびり過ごす島旅にぴったり。

かわいい猫に出会う、島半周のお散歩コース

有明海のほぼ中央に浮かぶ湯島は、周囲4kmの台形をした島。島原・天草一揆ではリーダーがこの島で一揆の作戦会議をしたことから「談合島」と呼ばれる。島の南側に集落があり人口はおよそ290人。人間よりも猫のほうが多い猫の島といわれ、飼い猫も野良猫も分け隔てなく大切にされている。散策は海沿いの島周回道路から標高104.2mの頂上へ向かう。一帯には名物、湯島大根の畑が広がり緑鮮やか。台地の頂からは集落に下りる道があり、丸石を積み上げた塀に投網が干された路地が島らしい。神出鬼没の猫にも癒やされる。

MAP P.70A1・2　交 江樋戸港（MAP 折り込み① A1）から船で約30分　※1日5便運航　料 船は片道600円、中学生未満300円

nya～　新鮮な海の幸を満喫

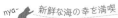

南風泊（はえどまり）
漁師の奥さんが作る魚介の定食1200円〜。
MAP P.70A2　交 湯島港から徒歩1分
住 上天草市大矢野町湯島572
電 090-6631-8799　営 10:30〜13:00
休 不定休　予 必要

海女ちゃん食堂乙姫屋
旬の食材を使う海女ちゃん定食1650円〜。
MAP P.70A2　交 湯島港から徒歩1分
住 上天草市大矢野町湯島509
電 080-5604-4292　営 10:30〜
応相談　休 火曜　予 必要

nya～　泊まっての〜んびり

旅館有明荘
新鮮海魚介を中心とした料理が自慢の宿。
MAP P.70A2　交 湯島港から徒歩3分
住 上天草市大矢野町湯島643
電 (0964)56-4101　素 4000円〜、朝 5500円〜、朝夕1万1000円〜　客室 7室

旅館日の出荘
季節の食を楽しめる島でいちばん大きい宿。
MAP P.70A2　交 湯島港から徒歩3分
住 上天草市大矢野町湯島913
電 (0964)56-4075　素 8000円〜、朝 9000円〜、朝夕1万3000円〜　客室 15室

スケジュール

所要時間	歩行距離	レベル
約1時間30分	約2km	👣👣👣

10:00 民家が集まる湯島港からスタート

徒歩12分

島でいちばんにぎわうのは、港がある島の南側。猫もこの周辺に多い。海沿いの道を歩くと、1時間ほどで島を1周できる。
MAP P.70A2

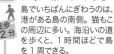
猫が集まる場所には看板が

10:12 義人、横田伝兵衛の碑を目印に

徒歩10分

年貢軽減の直訴を理由に島流しにあった横田伝兵衛。湯島で島民の生活向上のために活動し、人々に敬われた。
MAP P.70A1

現在は島神として祀られている

10:30 峰公園から周囲の絶景を堪能

徒歩10分

島の頂上には大矢野町長を務めた森慈秀さんが私財を投じて造った公園がある。1953年には談合島の碑も建てられた。
MAP P.70A1

周囲を一望する展望台へ

11:00 島民に愛される諏訪神社にお参り

徒歩5分

1817年に諏訪大社から分霊奉祀された神社。島原・天草一揆で武器鍛造に使われたといわれる鍛冶水盤が残る。
MAP P.70A2

現在の本殿は1857年に再建

11:20 港前にはハート形のアコウの木♪

冬は大根！

港の前の通りまで下りたら散策は終了。海沿いに立つ、ハートの形をしたキュートなアコウの木を背景に記念撮影♪
MAP P.70A2

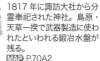

木の周辺には猫がいっぱい

voice “幻の大根”と呼ばれる湯島大根は、軟らかく甘味が強いのが特徴。水分を多く含んで煮崩れしにくいため煮物に適している。希少な大根を育むのは、溶岩台地という湯島独特の地形。玄武岩の上に栄養豊富な土が積もり、島の上部でおいしい大根が育つ。

群青の天草灘に突き出した
富岡半島を巡る

苓北 城下町散歩

富岡城に見守られた苓北町は、かつて天草の中心として栄えた地。
のどかな城下町には史跡が点在し、美しい海岸線は散策にぴったり。

階段にいくつもの鳥居が
連なる富岡稲荷神社

砂州で陸地とつながった
富岡半島にスポットが集中

　天草下島の北西に位置する苓北町は、江戸時代に代官所がおかれ天草の政治・経済・文化の中心として栄えた地。1602年頃には丘の上に富岡城が築かれ、島原・天草一揆で一揆勢の猛攻を受けた激戦の地でも知られている。

　町歩きは復元された富岡城からスタート。朱色の鳥居が連なる富岡稲荷神社から本丸跡に上ると、天草灘にすらりと延びる巴崎が。巴崎は土砂が堆積してできた砂嘴の曲がり崎で、現在も少しずつ成長している。本丸から一段下った長屋跡は苓北町歴史資料館になっており、富岡城の歴史や島原・天草一揆についての展示が見られる。海まで下ると海岸には真っ白な岩がいっぱい。白磁に使われる天草陶石を含んでいるためで、一帯は白岩崎と呼ばれる幻想的な景観をつくり出している。かつての城下町には民家が並び、のどかな雰囲気が島らしい。細い路地をのぞきながら、のんびり歩くのが楽しい。

上／敵の馬がスピードを出せないように、道は直角に曲がっている
下／港の近くにはタコ壺の山が！

ショーケースにケーキが並ぶ
ラーメン店らしからぬ雰囲気

苓北町から天草灘に突き出した富岡半島は、大きな島が砂州によって陸とつながった陸繋島。半島からは岩や砂が堆積してできた砂嘴の巴崎が延び、天然の良港になっている。この独特の地形のおかげで、富岡城は難攻不落の要塞になっていた。

スケジュール

所要時間	歩行距離	体力レベル
約3時間	約3.3km	👤👤👤

9:00 富岡湾を見渡す 富岡城に上る

子供も楽しめる♪

1670年に破城された富岡城だが、現在は当時の石組みの上に本丸や高麗門、白塀などが復元されている。本丸には天草下島の海をテーマにした富岡ビジターセンターがある。

本丸の櫓や石垣が再現されている

MAP 折り込み④B1 交 富岡港から徒歩約30分 住 天草郡苓北町富岡2245-15 電 (0969)35-0170 時 9:00～17:00（最終入館16:45） 休 水曜（祝日の場合は翌日） 料 無料 駐車場 あり

徒歩6分

11:05 真っ白な海岸が続く白岩崎の世界

海岸一帯が天草陶石を含む岩で埋め尽くされた白岩崎。晴れた日は、海の青と岩の白のコントラストが際立ち、ファンタジックな世界感に浸れる。

絶景の富岡海域公園展望所

海岸線は真っ白な岩で埋め尽くされている

MAP 折り込み④A2 交 富岡港から徒歩約12分

徒歩20分

START 苓北町歴史資料館
富岡城
富岡半島
袋池
富岡海域公園駐車場 P
鎮道寺
白岩崎
富岡海水浴場
林芙美子文学碑
富岡港
富岡湾
黒瀬製菓舗
GOAL
富岡吉利支丹供養碑（千人塚）
N
＜イメージ図＞

9:40 城内にある苓北町歴史資料館でお勉強タイム

城内に復元された長屋跡が歴史資料館になっており、富岡城址や島原・天草一揆の年表などが展示されている。

天草四郎を模した人形も展示されている

MAP 折り込み④B1 交 富岡港から徒歩約30分 住 天草郡苓北町富岡字本丸2245-11 電 (0969)35-0712 時 9:00～17:00（最終入館16:30） 休 木曜（祝日の場合は翌日） 料 100円 駐車場 あり

徒歩1分

徒歩2分

10:30 若き日の勝海舟が訪れたという鎮道寺へ

現在の住職で18代目という、長い歴史を誇る鎮道寺。本堂の柱には勝海舟の「頼まれぬ世をば、経れども契りあれば、再びここに月を見るかな」との落書きが残る。

勝海舟の直筆が！

勝海舟の落書きは今でも残されている

MAP 折り込み④B1 交 富岡港から徒歩約7分 住 天草郡苓北町富岡2452 電 (0969)35-0045 時 8:30～17:00 休 なし 予約 落書き見学の場合は必要 駐車場 あり

11:35 黒瀬製菓舗でうわさの逸品をゲットして

黒瀬製菓舗は、明治時代から100年以上続く老舗菓子店。干し柿の中に黄味餡を詰めた柿大将324円は全国菓子大博覧会の金賞を受賞している。

ふわふわ食感のカステラ1本1836円も好評

MAP 折り込み④B2 交 富岡港から徒歩約15分 住 天草郡苓北町富岡3243 電 (0969)35-0119 時 9:00～18:00 休 木曜 駐車場 あり

徒歩5分

12:00 緑に覆われた島原・天草一揆の供養碑

きれいに手入れされた一角に立つ富岡吉利支丹供養碑（千人塚）。島原・天草一揆で亡くなった一揆勢約1万人のうち、3333人の首が葬られ、その霊を慰めたと伝えられている。

MAP 折り込み④B2 交 富岡港から徒歩約18分

初代代官、鈴木重成により建立された

voice 苓北の町歩きは地元ボランティアガイドによる観光案内もおすすめ。1～3時間のコースがあり、富岡城や城下町、キリシタン関連の史跡を巡る。問 苓北町役場 商工観光課 ☎ (0969)35-3332 料 1000円（5人まで。それ以降は1人増すごとに100円）

55

温泉と夕日が
自慢です！

天草の奥座敷は
源泉かけ流しの温泉が自慢

下田温泉遊歩

約700年前に開湯したと伝わる天草西海岸の下田温泉。
立ち寄り湯や足湯を楽しみながら、温泉街をぶらり散策！

無色透明の良泉に、心も体もほっこり温まる

　天草下島の西岸にある下田温泉。1335（建武2）年に、シラサギが傷を癒やしている場所を掘ったところ、温泉が湧き出したとの伝承が残る。下津深江川を中心とした温泉街に十数軒の宿があり、そのすべてに源泉かけ流しの天然温泉が注ぐ。立ち寄り湯ができる下田温泉センター白鷺館は、﨑津や牛深方面の観光の帰りに利用するのに最適。温泉街から海へは歩いて5分ほどで、鬼海ヶ浦や十三仏公園、西平椿公園などのサンセットスポットが点在。下田温泉でゆっくり過ごしてから、東シナ海に沈む夕日を観賞するのもいい。

もっとテクロりたい！
明治の文豪が歩いた五足の靴文学遊歩道

　与謝野寛、北原白秋、太田正雄、吉井勇、平野万里の5人が、1907年に紀行文『五足の靴』の取材で訪れた際、大江教会まで歩いた道。教会まで全長3kmほどの遊歩道が整備され、2時間ほどで歩ける。
MAP 折り込み⑤A1～B2　**交** 天草宝島観光協会から車で約35分

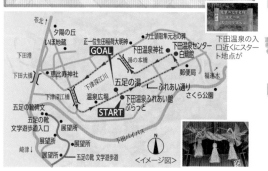

‹イメージ図›

スケジュール

所要時間	歩行距離	体力レベル
約2時間	約1km	🚶🚶🚶

9:00
下田温泉ふれあいぷらっとで情報収集
徒歩3分
下田温泉や天草西海岸の観光情報が手に入る。フレンドリーなスタッフとの会話も楽しみ。
MAP 折り込み⑤B2　**交** 天草宝島観光協会から車で約35分　**住** 天草市天草町下田北1310-3　**☎**（0969）27-3726　**時** 9:00～17:00　**休** 第4水曜（祝日の場合は翌日）

気軽に相談しよう

9:15
下田温泉センター白鷺館で立ち寄り湯
徒歩1分
露天風呂ほか7種の湯を楽しめる。食事処でちゃんぽんも。
MAP 折り込み⑤B1　**交** 下田温泉ふれあい館ぷらっとから徒歩約3分　**住** 天草市天草町下田北1290-1　**☎**（0969）42-3375　**時** 9:00～21:00　**休** 第2・4木曜　**料** 500円　**駐** あり　**URL** shirasagikan.net

広々とした駐車場を完備

10:30
手水が温泉！ 下田温泉神社
徒歩1分
下田に絶えず温泉が湧き出ることを感謝して建てられた神社。手水舎はシラサギの口から温泉が注いでいる。
MAP 折り込み⑤B1　**交** 下田温泉ふれあい館ぷらっとから徒歩約4分　**駐** なし

木造の素朴なたたずまい

10:45
温泉情緒満点の湯の本橋
徒歩5分
下津深江川に架かる小さな橋。赤い欄干と床に埋められた天草陶石が美しい。日没後は灯籠に明かりがともる。
MAP 折り込み⑤B1　**交** 下田温泉ふれあい館ぷらっとから徒歩約5分　**駐** なし

淡い光が美しい夕方の様子

11:00
五足の湯で足先がツルツルに♪
下田温泉ふれあい館ぷらっとの前に設置された足湯。誰でも自由に利用でき、足ツボを刺激する健康園路も備える。
MAP 折り込み⑤A2　**交** 下田温泉ふれあい館ぷらっとから徒歩約1分　**時** 10:00～21:00（11～3月は～20:00）　**休** なし　**駐** あり

池のような大きな足湯

voice 正月にしつらえたしめ飾りを、1年中飾る風習がある天草。これは、キリスト教が禁止された時代に「私はキリシタンではなく神道だ」と示すために行ったものが、定着したという説がある。旅館や古い民家の玄関先をチェックしてみよう。

素朴な神社も見どころ

レンタサイクルに乗って
海辺や森を駆け抜けよう

サイクリング

天草は、美景が自慢の道路や展望所が充実している。
ペダルを漕ぎながら、お気に入りの場所を見つけよう。

澄んだ空気を吸いながら気ままな自転車ツアーへ

大自然に抱かれた天草は、水平線を望むビーチラインや、木漏れ日が注ぐワインディングロードなど、景色を満喫しながら走れる道路がたくさん。ここで紹介しているのは、ミオカミーノ天草を起点とした、高舞登山・海岸線コース。海や森の絶景を眺めながらマイペースで楽しもう。水分や糖分を補給する飲み物や飴などを準備し、車の通りの多い道は注意して走行を。レンタサイルクルショップのリストはP.122 へ。

もっと先回りたい！
サイクリングコースをサイトでチェック！

天草のサイクリングコースは複数あり、県や市のサイトや電子パンフレットで確認できる。「AMAKUSAレンタサイクル サイクリングマップ」では、「高舞登山・海岸線」「野釜島」「東大維橋・鯨道」「﨑津集落」「富岡半島」「本渡」という6つのコースが紹介されている。

START/GOAL
ミオカミーノ天草
5号橋
※通行注意
栗島神社
龍の足湯
急勾配
※速度注意
高舞登山展望台
地蔵院
阿村神社
海沿いの
小さな広場
九州一の
鉄塔
N
＜イメージ図＞

スケジュール

所要時間	走行距離	体力レベル
約2時間	約20km	🚶🚶🚶

9:00 ミオカミーノ天草からスタート！

カーブの多い山道もスイスイと登れるスポーツタイプの電動アシスト自転車が人気。
MAP 折り込み①B3　天草四郎観光協会から車で約12分
住 上天草市松島町合津6215-17
電 (0969)33-9500
時 9:00～17:00　休 不定休　カード可　駐輪あり
URL www.kyusanko.co.jp/miocaminoamakusa

自転車で20分

水や飴を用意しておこう

9:20 天草五橋を見晴らす高舞登山展望台

高台から大矢野島や維和島を見渡す高舞登山展望台（→P.71）。駐車場から山道を少し歩くと展望台が。周囲の道は急勾配が続くので、スリップに注意。

自転車で20分

涼やかな風が気持ちいい

10:00 海沿いの小さな広場で折り返し

海を眺めながら、どこまでも走って行きたくなるような海岸線。コースは車道と区別されているので、安心して走行できる。広場の前後で折り返そう。

自転車で20分

休憩しながらゆっくりと

10:20 高さ195m！　九州一の鉄塔

海岸線を戻って岬の先端を目指すと、九州では1番、全国では3番目の高さを誇る鉄塔が。周辺はのどかな湾で休憩にぴったり。
MAP P.70C2

自転車で20分

真下から見上げられる

15:15 龍の足湯でじんわり♪

帰りがけの港近くには龍のオブジェが目を引く足湯が。泉質はナトリウム塩化物温泉で、無料で利用できる。足の疲れを癒やそう。
MAP 折り込み① B3

龍の口から注ぐ温泉

---

voice
ミオカミーノ天草を起点とするサイクリングでは、所要約1時間10分の千巌山コースもおすすめ。コースの詳細はサイトでチェック。
自転車の1日レンタルは電動1500円、普通1000円。URL www.kyusanko.co.jp/miocaminoamakusa/rental

像の背中に
キリスト像が

密かに守り継がれた
信仰のともしび

天草キリシタン文化に触れる

南蛮文化とともに伝わったキリスト教の影響を強く受けた天草。
歴史の波に翻弄されたキリシタンにまつわる史跡と資料館を巡る。

信仰を懸命に守り続けた
キリシタンたちの足跡

天草にキリスト教が伝わったのは1566年のこと。下天草の北部を統治していた志岐麟泉が宣教師のルイス・デ・アルメイダを招いたことでキリシタン文化が広まった。最盛期には30余りの教会ができ、島民の7割がキリスト教を信仰していたという。ところが1587年に伴天連追放令、1613年には禁教令が発布され、華

やかな時代は終わりを告げる。キリスト教信者は厳しい弾圧にさらされ、1637年には苛烈な年貢の取り立てもあいまって島原・天草一揆が起こる。天草では天草四郎を総大将とした一揆勢が富岡城を攻めるが落とすことはできず、島原半島の原城に籠城。13万人の幕府軍と戦い3万7000人全員が討死した。

天領（幕府の直轄地）となった天草では、キリスト教信者は改宗する

殉教するかを迫られ、一部の信者は仏教徒を装いながらキリスト教の信仰を捨てない「潜伏キリシタン」の道を選んだ。信仰は親から子へと伝えられ、明治に入り1873年に禁教が解かれるまで続けられた。天草には南蛮文化全盛期からキリスト教徒弾圧の時代まで、紆余曲折を経たキリシタン文化にまつわる史跡や史料が残り、ひたむきに先祖の信仰を守り続けた人々の証を目の当たりにできる。

もっと知りたい！

天草にはキリシタン関連の史跡＆資料館がいっぱい

天草四郎ミュージアム

ジオラマなどで一揆の様子を再現している。
MAP 折り込み① B1　交 天草四郎観光協会から徒歩約3分　住 上天草市大矢野町中977-1　電 (0964)56-5311　時 9:00〜17:00（最終入館16:20）　休 1・6月の第2水曜　料 600円、中学生以下300円　駐車場 あり

正覚寺（南蛮寺跡）

江戸時代の教会跡地に建てられた寺院。十字が刻まれた墓石や樹齢400年以上の南蛮樹が立つ。
MAP P.70A3　交 天草宝島観光協会から車で約25分　住 天草市有明町上津浦3550　電 (0969)53-0509　時 9:00〜16:00　休 なし　駐車場 あり

アダム荒川殉教公園

禁教令のなか志岐教会を守り抜き、迫害にも屈せず殉教したアダム荒川の顕彰碑が立っている。
MAP 折り込み④ B1　交 天草宝島観光協会から車で約40分　住 天草郡苓北町富岡字中ノ浦834　駐車場 あり

キリシタン墓地

島原・天草一揆前後に亡くなった名もなきキリスト教信者の墓を城山公園の一角に集めている。
MAP 折り込み② A1　交 天草宝島観光協会から徒歩15分　住 城山公園内→P.49　駐車場 あり

voice 天草キリシタン館に所蔵・展示されている国指定重要文化財の「綸子地著色聖体秘蹟図指物（通称、天草四郎陣中旗）」はレプリカ。ただし年に4回、3・5・8・11月の1〜7日にだけ本物が展示される。

スケジュール

所要時間	走行距離	体力レベル
約4時間	約45km	🚶🚶🚶

9:30 祇園橋周辺は 島原・天草一揆の激戦区

祇園橋は祇園神社の前にある国指定重要文化財の石橋。この橋が架けられた町山口川は、1637（寛永14）年の島原・天草一揆で、キリシタン軍と唐津軍との激戦の舞台になったことで知られる。詳細は→P.49

両軍の死闘により、周辺の河原は死体で埋め尽くされたという

車で5分

11:50 静かな漁村にたたずむ ゴシック様式の崎津教会

教会建築の第一人者、鉄川与助により設計されたゴシック様式の教会。教会内部が畳敷きという、珍しい和洋折衷のデザイン。教会を含む崎津集落は世界遺産に登録されている。
※詳細は→P.51

教会だけでなく、集落の文化的景観が評価されている

10:00 天草キリシタン館で キリシタン史を学ぶ

島原・天草一揆を中心に、天草のキリシタン史と南蛮文化について、4つのゾーンに分けて展示・紹介している。隠れキリシタンの思いが詰まったマリア観音像や、一揆軍の象徴となった天草四郎陣中旗など貴重な史料が豊富。

南蛮絵師の山田右衛門作が描いたとされる天草四郎陣中旗
※天草キリシタン館所蔵

約200点の史料がわかりやすく展示されている

MAP 折り込み② A1　交 天草宝島観光協会から徒歩約15分　住 天草市船之尾町 19-52　電 (0969)22-3845　時 8:30～17:00（最終入館 16:30）　休 火曜（祝日の場合は翌日）　料 300円、高校生 200円、小・中学生 150円　駐車場 あり
URL www.city.amakusa.kumamoto.jp/kirishitan

車で40分

11:10 南蛮文化の 展示に詳しい天草コレジヨ館

天草コレジヨ館が立つのは、1591年から1597年まで宣教師を養成する大神学校（コレジヨ）があった河浦町。かつて西洋文化が栄えた地で、グーテンベルク印刷機（複製）や西洋古楽器（複製）など、16世紀以降に伝えられた南蛮文化の史料を展示する。

日本初の活版印刷機

細かい部分まで再現された南蛮船の模型

MAP P.92B3　交 天草宝島観光協会から車で約35分　住 天草市河浦町白木河内 175-13　電 (0969)76-0388　時 8:30～17:00（最終入館 16:30）　休 木曜（祝日の場合は翌日）　料 300円、高校生 200円、小・中学生 150円　駐車場 あり　URL hp.amakusa-web.jp/a1050/MyHp/Pub

車で11分

車で10分

12:30 天草キリシタンに関わる 史料を集めた天草ロザリオ館

信仰とともに生きた天草キリシタンの生活を垣間見られる遺品を展示。祈り声（オラショ）を流すなど工夫された展示が評判。全国のおもちゃを展示した天草玩具資料館を併設している。

ひたむきな信仰心が胸を打つ

15分間の3D立体映像で天草キリシタンの歴史を学べる

MAP P.92A3　交 天草宝島観光協会から車で約48分　住 天草市天草町大江 1749　電 (0969)42-5259　時 8:30～17:00（最終入館 16:30）　休 水曜（祝日の場合は翌日）　料 300円、高校生 200円、小・中学生 150円　駐車場 あり　URL hp.amakusa-web.jp/a0784/myHp/pub

車で7分

13:10 丘の上にそびえる大江教会

潜伏キリシタンの里、大江の丘の上に立つ教会。禁教令が解けた後、大江に旧天主堂が建てられキリシタン復活の中心地となった。現在の白亜の天主堂は1933年に建てられたもの。

白い天主堂が空に映える

MAP P.92A3　交 天草宝島観光協会から車で約50分　住 天草市天草町大江 1782　時 9:00～17:00（臨時休業あり）　駐車場 あり

教会建築の父といわれる鉄川与助によって建てられた

富岡吉利支丹供養碑
島原・天草一揆で亡くなったうち 約3333人の首が葬られている。
→ P.55

ベーか墓
14基の墓碑が残るキリシタンの墓所。墓石の表面には十字が。
→ P.83

明徳寺
島原・天草一揆後、島民の心を安定させるために建てられた。
→ P.49

湯島
島原・天草一揆の首謀者が集まり相談した談合島と呼ばれる。
→ P.53

天下無双の陶石が生み出す魅惑の白磁

天草陶磁器の窯元を訪ねて

古くから上質な陶石が取れた天草は、島内に20軒以上窯元が集まる陶磁器の島。
どの窯元も昔ながらの製法を守りつつ、モダンデザインを取り入れた作品を生み出している。
窯元を巡ると、作家の表情が見えてきそうな個性際立つ作品に出合える。

雲舟窯に併設された落ち着いた展示スペース

平賀源内が絶賛！
上質な天草陶石

　天草は磁器作りの原料となる陶石の産地。現在の苓北町と天草町に鉱脈が走り、発見は17世紀中頃といわれている。品質のよさで知られ、江戸時代を代表する才人、平賀源内も「天下無双の上品」と絶賛したそう。有田焼や清水焼などの主原料に使われており、年間の出荷量は約3万トン。日本の陶石生産量の約8割を占めている。またスペースシャトルの耐熱材に使われたことでも話題になった。

天草町の皿山にある鉱脈から採掘される天草陶石。色によって等級が分かれている

江戸時代からあった
メイドイン天草の磁器

　日本の磁器の始まりは、1616年に朝鮮半島出身の陶工、李参平が有田で開いた窯といわれている。天草はそれに続く2番目に古い歴史をもち、発掘調査によって1650年頃には内田皿山焼で磁器が焼かれていたことがわかっている。その後、1762年には高浜焼、1765年には水の平焼が創業。高浜焼は海外にも輸出されていた。また瀬戸磁器の始祖といわれる加藤民吉も天草での修業を基に瀬戸に窯を創業した。

内田皿山焼の窯周辺からは、1650年頃に磁器を生産していた痕跡が見つかっている

天草で窯を開く
若手作家も増加中

　天草は天領（幕府の直轄領）だったので藩窯のようなものはなく、陶磁器は村民の生活のために焼かれていた。そのため天草陶磁器が表舞台に出ることはなく、2003年になってようやく日本の伝統工芸品に認定。国内はもちろん海外も視野に入れたブランド化を進めている。島内の窯元では多様な作品が生み出され、展示会やイベントも盛ん。天草で修業をした若手作家が開いた新しい窯も増えている。

陶芸家の道を志し天草で修業する若者の姿も。若い人でも新しい窯を開きやすい

voice 磁器は陶石を砕き、その粉に水を加え練って高温で焼いたもの。とても硬く、軽くたたくと金属音がする。焼き上がりは濁りのない白で、その透明感のある美しさに魅了される人は多い。

傾斜を利用した高浜焼登り窯跡。明治後期まで使われた

左／高浜焼 寿芳窯では、江戸時代中期に描かれていた海松紋（みるもん）という海藻模様を復刻　右上／かわいい看板が出迎える内田皿山焼の展示室　右下／ビビッドな色づかいが新鮮な洋々窯の陶器

窯元に行ってみよう！

窯元のギャラリーでお気に入りの作品を探して。展示会などで臨時休業していることもあるので、電話で確認してから訪れたい。

※ 体験 に記載した⒜〜ⓒは、左下の体験プログラムの⒜〜ⓒを意味しています。

体験プログラムに挑戦

ろくろ体験 Ⓐ
ろくろを回して、柔らかな曲線の器を作る。失敗すると大きく変形してしまうので、少しずつ力加減を調整しながら形を作る。

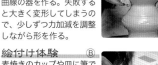

絵付け体験 Ⓑ
素焼きのカップや皿に筆で絵を描き、世界にひとつしかないオリジナルの器を作る。アイデアしだいで作風は大きく変わる。

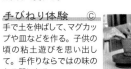

手びねり体験 Ⓒ
手で土を伸ばして、マグカップや皿などを作る。子供の頃の粘土遊びを思い出して。手作りならではの味のある器になる。

※体験プログラムは要予約。完成した作品は送ってもらえる（送料別）
※ろくろ体験、手びねり体験は天草文化交流館でも行っている→ P.65

洋々窯 ようようがま **大矢野**
緑や黄、青など華やかな色彩が印象的。1000〜5000円の日常に使える食器がメイン。

MAP P.70C1
交 天草四郎観光協会から車で約5分　住 上天草市大矢野町登立 14158-10
電 080-5251-4601　時 10:00〜17:00　休 不定休　駐車場 あり

蔵々窯 ぞうぞうがま **大矢野**
風合いある器のほか、動植物をモチーフにした作品が並ぶ。手作りパスタやコーヒーも好評。

MAP P.70C2　交 天草四郎観光協会から車で約20分　住 上天草市大矢野町維和上 1005
電 (0964)58-0990　時 10:00〜18:00　休 不定休　駐車場 あり　URL www.tot3.com/zozogama　体験 ⒜ⓒ 3500円〜（1kg）

水の平焼 みずのだいらやき **本渡**
8代目が中心となり活躍する250年以上続く古窯。島の赤土を使った陶器がメイン。

MAP P.81B3
交 天草宝島観光協会から車で約7分　住 天草市本渡町本戸馬場 2004
電 (0969)22-2440　時 10:00〜17:00　休 なし　カード 可　駐車場 あり

工房 樹機 こうぼう きき **本渡**
天草陶石を使った作品が約7割。古民家に、ひとつずつ手で作ったぬくもりの器が並ぶ。

MAP P.81B3
交 天草宝島協会から車で10分　住 天草市枦宇土町 1672
時 10:00〜17:30　休 不定休　カード 可　駐車場 あり

陶丘工房 とうきゅうこうぼう **五和**
釉薬に陶石を混ぜたマットな器や、柔らかな粉引きのカップなど作品は個性的。

MAP P.81B2　交 天草宝島観光協会から車で約20分　住 天草市五和町御領 7005-1　電 (0969)32-2502　時 10:00〜17:00　休 不定休　カード 可　駐車場 あり　体験 ⒞ 3000円（1kg）※2人以上

内田皿山焼 うちださらやまやき **苓北**
1650年頃に磁器を焼いていた跡が残る、天草有数の古窯。種類豊富な器が揃う。

MAP P92B1　交 天草宝島観光協会から車で約40分　住 天草郡苓北町内田 554-1　電 (0969)35-0222　時 8:00〜17:00（土・日曜、祝日 9:30〜）　URL www.uchidasarayamayaki.co.jp　体験 Ⓑ 650円〜

濱平窯 はまんじゃらがま **本渡**
天草のカッパ伝説や油すましどんなどをテーマにしたユニークな作品を展示する。

MAP P.81C3
交 天草宝島観光協会から車で約10分　住 天草市志柿町 5494-1　電 (0969)23-3915　時 9:00〜17:00　休 不定休　駐車場 あり

丸尾焼 まるおやき **本渡**
天井が高い広々とした展示室に、伝統的なオブジェからモダンな器までが並ぶ。

MAP 折り込み② B1
交 天草宝島観光協会から車で約5分　住 天草市北原町 3-10　電 (0969)23-9522
時 10:00〜17:00　休 なし　カード 可　URL www.maruoyaki.com

市山くじらや いちやまくじらや **五和**
使っていないときでも目につくところに置いておきたくなる器は、島内にもファンが多い。

MAP P.81A2　交 天草宝島協会から車で15分　住 天草市五和町手野 1-2909　電 (0969)34-1156
時 10:00〜18:00　休 不定休　駐車場 あり　URL kujira2010.exblog.jp

雲舟窯 うんしゅうがま **苓北**
さりげなく描かれた花や葉などの絵がかわいい。落ち着いた展示室の雰囲気も◎。

MAP 折り込み④ B2　交 天草宝島観光協会から車で約36分　住 天草郡苓北町富岡 2829　電 (0969)35-0945　時 10:30〜16:30　休 不定休　駐車場 あり　体験 Ⓐ 1800円〜、Ⓑ800円〜、Ⓒ 1500円〜

高浜焼 寿芳窯 たかはまやき じゅほうがま **天草**
1754年に砥石として陶石を掘り始める。窯元としても島内有数の古い歴史をもつ。

MAP P.92A2　交 天草宝島観光協会から車で約45分　住 天草市天草町高浜南 598
電 (0969)42-1115　時 8:00〜17:00（土・日曜、祝日8:30〜）　URL www.takahamayaki.jp　体験 Ⓑ 800円〜

ギガノトサウルスの鉄像が！

1億年前の化石に出合える恐竜の島へ

御所浦島で化石採集！

御所浦（ごしょうら）

白亜紀時代の地層から多彩な化石が発掘される御所浦島。
化石採集場の石を割ると、中から二枚貝や巻貝の化石が！

ハンマーを握って古代の貴重な化石をゲット！

御所浦島は、古くから漁業が盛んな島。化石の島としても知られ、白亜紀時代の地層を中心に、貝類や肉食恐竜の歯の化石などが見つかっている。港の近くには化石採集場が整備され、無料で発掘体験ができる。より本格的に化石を探したい人には、有料のガイド付きツアーがおすすめ。夏期を中心に、採石場跡地へのクルージングツアーも開催されている。島を散策するだけでも、民家の石垣に貝の化石が埋まっていたり、海岸にアンモナイトの化石が入った石が転がっていたりと、1億年前から贈られてきた生命の記憶に触れられる。

牧島
アンモナイト館
舟隠し
中瀬戸橋
START
御所浦物産館しおさい館
御所浦港
御所浦地区
GOAL
御所浦
御所浦島
トリゴニア砂岩
化石採集場
御所浦白亜紀
資料館
烏峠

N
＜イメージ図＞

MAP P.77A3〜C3
交 フェリーで棚底港から約30分(400円)、本渡港から約45分(600円)、大道港から約45分(400円)
料 ガイドツアーは1時間1000円〜（化石発見！わくわくコース。4人まで。以降は1人増えるごとに200円プラス）
問 御所浦ジオツーリズムガイドの会
☎ (0969)67-1080
URL www.goshoura.net

スケジュール

所要時間 約5時間	走行距離 約9km	体力レベル

7:50 烏峠の展望所から海を一望

御所浦島最高峰の442m。不知火海の島々を一望できる。タクシーなら往復と待ち時間込みで5000円程度。
MAP P.77B3
交 御所浦港から車で約20分

車で20分

徒歩なら片道2時間前後

9:10 御所浦白亜紀資料館で化石鑑賞

化石採集の予習をしよう

御所浦や天草エリアで発見された化石を展示している。
MAP P.77C3 交 御所浦港から徒歩約1分 住 天草市御所浦町御所浦4399-6 ☎ (0969)67-2325 時 8:30〜17:00(最終入館16:30) 休 なし 料 無料 URL gcmuseum.ec-net.jp

徒歩5分

10:00 トリゴニア砂岩化石採集場で化石探し

資料館で化石の同定も

採石場跡地から運ばれた岩石が並ぶ。御所浦白亜紀資料館でハンマーを借りられる。
MAP P.77C3 交 御所浦港から徒歩約5分 料 無料 貸 御所浦白亜紀資料館(→P.62) 予 必要

自転車で15分

10:03 舟隠しで伝馬舟櫓漕ぎに挑戦

約1時間の船頭気分を満喫

1960年代まで使われていた小型の和船の櫓漕ぎ体験。舟隠しと呼ばれる入江は穏やか。
MAP P.77B3 交 御所浦港から車で約10分 料 1000円(1時間) 問 御所浦アイランドツーリズム推進協議会 ☎ (0969)67-1080 予 必要

自転車で5分

10:08 牧島のアンモナイト館を見学

化石の名はユーパキディスカス

約8500年前の地層に埋まったままの、直径約60cmの九州最大を誇るアンモナイト。
MAP P.77A3 交 御所浦港から車で約8分 住 天草市御所浦町牧島1229-2 料 無料

voice ガイド付きの「化石の島ぐるっとクルージングコース（1万5500円）」では、大型肉食恐竜の歯の化石が発掘された白亜紀の壁を船上から眺めたあと、近くの採石場跡地で化石採集ができる。夏期に特別ツアーが開催されることも。問 御所浦ジオツーリズムガイドの会（→ P.62）

遊び方

芋・麦・米に
リキュールも！

天草諸島に残された唯一の酒造所
天草・新和町の焼酎で乾杯

本渡市街から南へ車で約30分、八代海を望む風光明媚な場所に立つ天草酒造。
天草が誇るオンリーワンの蔵元で、バリエーション豊かな焼酎が製造されている。

麹から手仕込みする情熱の1杯
天草酒造

精魂込めた
自慢の焼酎です♪

海に山に豊かな自然が広がる天草下島で、1899年から焼酎造りを行う天草酒造。「のっぺらぼうな焼酎は造りたくない」との信念のもとに、麹の仕込みから常圧蒸留まで、可能な限りの工程を人の手で行うこだわりよう。機械に頼らずに仕上げた焼酎は、良質な油分が適度に残り、ふくよかな味わいが口に広がる。生産量が少ないため、島の飲食店や酒店で見つけたら要チェック！

MAP P.81B5（KANPAI AMAKUSA SHOP）
交 天草宝島観光協会から車で約30分 **住** 天草市新和町小宮地
11808 **電** (0969)46-2013 **時** 11:00 ～ 17:00 **休** なし
カード 可 **駐車場** あり **URL** ikenotsuyu.com

四代目蔵元 平下 豊さん

手造り
本格芋焼酎 池の露

1800mℓ
2930円
25度

甑で米を蒸し、木箱で麹を造り、和甕で仕込んだ手作りの芋焼酎。1980年に生産が一時ストップしたものの、2006年に再開。原料となるサツマイモの風味が際立つ、これぞ天草の焼酎という味を堪能できる。

本格麦焼酎 特酎天草

1800mℓ
2240円
25度

熊本産と佐賀産の二条大麦を合わせた麦焼酎。もろみ造りと濾過をていねいに行うことで、麦の風味が最大限に引き出されている。食中酒としてどんな料理にもマッチ。

純米焼酎 特酎天草

1800mℓ
2570円
25度

厳選した国産米を使用する骨太な米焼酎。適度に貯蔵して寝かせることで、カドの取れたまろやかな味になっている。ロックに水割り、お湯割りなど飲み方を選ばない。

本格芋焼酎 神秘の島

1800mℓ
2930円
25度

天草で古くから栽培されていた七福芋（アメリカ芋）を使用した芋焼酎。甕仕込みで仕上げた奥深い風味が特徴。スタイリッシュなボトルはおみやげに最適。

天草晩柑リキュール

1800mℓ
3300円
8度

天草晩柑の果汁を60%使用した贅沢なリキュール。米焼酎の香りがふんわりと広がり、さわやかな味わい。食前酒やスイーツのおともにぴったり。

---

voice 天草酒造で焼酎を直接購入したい人は、直営カフェKANPAI AMAKUSA（→P.25）に併設された、KANPAI AMAKUSA SHOPへ。仕込みの繁忙期を除いた1月中旬～7月下旬頃は、スタッフに余裕があれば蔵の中を見せてくれることも。事前に問い合わせを。

海を感じる自分だけの一品物

シーグラスアクセサリー作り

天草の波で削られてできたシーグラスを加工して、オリジナルのアクセサリー作り。紫外線ライトで固まる特殊な接着液を使いながら、ビーズや染料を重ねていこう。カップルやファミリーの思い出作りに最適。

天草の海をイメージ

ヤスリで形を整えてアクセサリーのできあがり

キャンドル作りやアロマボトル作りなどの体験も行っている

天草パールセンター
MAP 折り込み① B3　所要 1時間〜　交 天草四郎観光協会から車で約12分　住 上天草市松島町合津6225-8
電 (0969)56-1155　時 9:00〜、11:00〜、13:00〜、15:00〜　休 なし　料 1100円〜（追加アイテム別途）
予約 必要　カード 可　駐車場 あり　URL amakusapearl.com

完成したら風に乗せて揚げてみよう

ミニバラモン凧製作

節句の縁起物として飾られるバラモン凧。片手サイズのミニチュアに竹ひごで骨を組み、凧糸を通して実際に空に揚げるところまで体験できる。くまモン柄など絵柄は20種類以上。

裏に竹ひごで骨を組み、凧糸を付ければ完成。天気がよければ外で凧揚げを楽しめる

どれにしようかな？

上／色鮮やかなバラモン凧。朝日と鶴が描かれたものが伝統的な図柄。本物のサイズは縦1mほどある　右／プリントされた中から好みのデザインを選び、はさみを入れる

天草文化交流館
MAP 折り込み② B2　所要 2時間〜　交 天草宝島観光協会から車で約10分　住 天草市船之尾町8-25　電 (0969)27-5665　時 9:00〜17:00　休 月曜（祝日の場合は翌日）
料 1500円〜（最少催行5人）　予約 1週間前までに必要
駐車場 あり　URL hp.amakusa-web.jp/a0436

標高470mの龍ヶ岳から空を観賞

ミューイ天文台で天体観察

龍ヶ岳の山頂に立つ天文台は、天の川や暗い星まで見ることができ、天体観察にぴったり。天井のドームを開いて口径50cmの大型望遠鏡をのぞくと、神秘的な宇宙に引き込まれる。リニューアルしたプラネタリウムでは、その日の夜空の生解説を聞くことができる。

望遠鏡で星を観察☆

肉眼でも夜空を飾る星がはっきりと見える

左／口径50cmの反射望遠鏡で空を眺める。天体観察は天候に左右されるので、行く前に電話で状況を確認しておこう
上／幻想的な館内。ミューイとは天草弁で「見よう」という意味

MAP P.77B2　所要 約30分〜　交 天草四郎観光協会から車で約1時間　住 上天草市龍ヶ岳町大道3360-47　電 (0969)63-0466　時 13:00〜21:30（最終入館20:30）※プラネタリウムと天体観察の開始時間は要問い合わせ　休 月曜（祝日の場合は翌日）　料 400円（入館料・プラネタリウムまたは望遠鏡）、600円（入館料・プラネタリウム・望遠鏡）　駐車場 あり　URL ryugatake-mountaintop.com/category2

voice＜ ミューイ天文台の先には龍ヶ岳山頂展望所（→P.78）があり、そこから眺める星空も美しい。徒歩1〜2分だが、真っ暗ななか階段を上るので懐中電灯などを持っていこう。また夏でも冷えることがあるので注意。

手びねり陶芸体験

粘土がひんやり気持ちいい！

子供の頃に遊んだ粘土細工のように、土を丸めたりこねたりしながら成形し、カップやおわんを作る。指の跡が残ったでこぼこ感も味わいに。いつしか無心になって頭と心がリラックス♪

コップらしくなったかな？

筒状にした粘土を積み上げ、器の形を作る

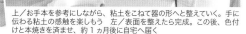

上／お手本を参考にしながら、粘土をこねて器の形へと整えていく。手に伝わる粘土の感触を楽しもう　左／表面を整えたら完成。この後、色付けと本焼きを済ませ、約1ヵ月後に自宅へ届く

天草文化交流館　※詳しいデータはP.64を参照
[所要] 1時間30分〜　[料] 2050円、高校生以下1620円（送料別途）　[問] 天草宝島観光協会☎(0969)22-2243　[予約] 4日前までに必要

ろくろ作陶体験

両手で土を包んで精神集中！

ろくろを回転させて形を整える本格的な陶芸体験。微妙な力のバランスで粘土が崩れてしまうamong、思いどおりにいかないのがおもしろい。指先まで神経を集中させて自分だけの陶器を作ろう。

できたと思ったら、最後の最後に形が崩れて失敗。何度でもやり直せる

あれれ？

上／先生のアドバイスを聞きながら、ろくろと向き合う。形ができたら焼き上げて、約1ヵ月後に手元へ届く　右／両手の指先を使って、器に角度をつけていく

天草文化交流館　※詳しいデータはP.64を参照
[所要] 1時間30分〜　[料] 2200円（送料別途）　[問] 天草文化交流館☎(0969)27-5665　[予約] 4日前までに必要

土人形絵付け体験

筆先に思いを込めて命を吹き込む

（どろにんぎょう）

江戸時代に始まった伝統工芸。潜伏キリシタンがマリア観音として拝んだとされる山姥（やまんば）の人形に色を入れる。絵の具は10色ほどあるので、着物や帯の配色でオリジナリティを出してみよう。

好きな色に塗ってみよう

上／細かい部分は筆先を使って慎重に。塗り直しもできる　右／天草土人形保存会の講師がていねいに指導。土人形の由来や歴史についても聞いてみよう

目を入れたら完成。乾きしだい持ち帰ることができる

天草文化交流館　※詳しいデータはP.64を参照
[所要] 2時間30分〜　[料] 2400円〜（最少催行2人）　[問] 天草宝島観光協会☎(0969)22-2243　[予約] 2週間前までに必要　※講師のスケジュールなどにより、申込日を過ぎても体験できる場合もある

---

voice 江戸時代には、200種類の形があったとされる天草土人形。現在は、山姥、舞女、鈴木三公像、恵比寿、福助、武内宿禰、弘法大師など10種類が製作され、島内の民芸品店やみやげ物店で販売されている。

天草
島人インタビュー
3
Islanders' Interview

地域の文化財ですから、
伝統を守り、こだわって作っています

左／食紅ではなくド
ラゴンフルーツで赤
い色を付ける

はいや
南風屋　さいかわ ひさゆき
宰川 壽之さん、**マキエ**さん

上／とにかく明るい
宰川ご夫妻
中／100 回以上つ
いた米を 2 回蒸して
しっとりとした独特の
食感に　下／防腐剤
代わりの杉の葉から
さわやかな香りが

毎日、手作りする
﨑津名物の杉ようかん

　﨑津集落の路地に「南風屋」と
看板を掲げた小さな和菓子店があ
る。店頭には「杉ようかん」の文字。
中をのぞくと代表の宰川壽之さん
が出てきてくれた。
　「杉ようかんは、230 年ほど前に
沖縄から伝わったといわれていま
す」と教えてくれた壽之さん。
1790（寛政 2）年、琉球から江
戸へ向かう使節船が﨑津に漂着し
たことが縁となって杉ようかんの作
り方を教わったと伝わっている。
　杉ようかんは小豆餡をうるち米の
生地で包み蒸すので、ようかんとい

南風屋から﨑津教会を望む。店頭には名物
の杉ようかんと、いちじくジャムが並ぶ

うより餅の食感。しっかりこねるこ
とで、ベタつかず弾力のある生地
ができる。天草産の小豆を使った、
甘さ控えめの餡となじむ。話をして
いる間にも、店頭の杉ようかんは
飛ぶように売れていく。

素材にこだわり
天草謹製に認定！

　実は杉ようかんは、作り手がいな
くなって一度、途絶えている。それ
を富津地区の振興会長だった壽之
さんが中心となって、町づくりの一
環として復活させた。
　「最初は仲間と一緒に作っていたん
ですが、いつの間にか私だけになっ
てしまいました（笑）。でも地域の
大切な文化財ですから、守らない
かんけん」と強い意志を感じさせる
目で語る壽之さん。
　「昔は杵と臼でついていましたが、
数年前に自動餅つき機を導入しま
した。体は楽になりましたし、歯応え
も十分ですよ」と笑う。合成着色
料を使わずドラゴンフルーツで色を

付けるなど安全性にもこだわり、天
草が誇る逸品「天草謹製」に認定
されている。
　「ドラゴンフルーツを買ってきたの
は私よね」と笑うのはマキエさん。
　「赤色を出すため、赤ジソや山モモ
などさまざまな食材を試したんです
がうまくいかなくて。そんなとき、
私がたまたまスーパーでドラゴンフ
ルーツを見かけ、珍しいので買って
きたんです」
　ドラゴンフルーツを切ると中は
真っ赤。さっそく杉ようかんに使っ
たところ、見事な赤に染まった。
　「お母さんは新しい物が好きで、い
つも、またそんなものを買ってと小
言を言っていたんですが、そのとき
だけは褒めました（笑）」
　大笑いしながら昔の話をするおふ
たりに、杉ようかんの人気の秘訣を
見たような気がした。

島全域に魅力がいっぱい詰まってます♪

天草の歩き方
Area Guide

天草の玄関口となる北エリア、雄大な自然が広がる東エリア、にぎわう中央エリアや夕日が美しい西エリアと見どころがぎっしり。どこに泊まって何をするか、とっておき情報をお届けします。

人々の暮らしのすぐそばにある豊かな自然

天草を彩る絶景スポット10

豊饒の海に包まれ、緑鮮やかな山々に守られた天草。
人々の生活はいつの時代も雄大な自然とともにあった。
人間の営みと自然が共存する天草の風景は理屈抜きに美しい。

❶ 﨑津集落（さきつしゅうらく）

MAP 折り込み③ B2 `河浦`

﨑津は禁教令下も信仰を守り続けた潜伏キリシタンが暮らした地。漁村のなかにゴシック様式の教会がたたずむ集落の景観は、荘厳な雰囲気に包まれている。
→ P.50

❷ 100万本の菜の花園

MAP P.70C2 `松島`

12月から2月中旬にかけ、天草上島の北部に広がる2万m²の畑が早咲きの菜の花でいっぱいに。黄金色の菜の花畑は国道324号線沿いなので、ドライブルートとしても人気が高い。→ P.104

❸ 龍ヶ岳山頂展望所

MAP P.77B2 `龍ヶ岳`

標高470mの龍ヶ岳の山頂から、不知火海に浮かぶ島々を一望。海の深い青と島の鮮やかな緑の組み合わせは、天草の自然そのもの。夕日や星空観賞の好スポットとしても知られる。→ P.78

❹ 松島展望台

MAP 折り込み① B3 `松島`

穏やかな内海に小さな島々が浮かぶ天草松島と、そこに架かった4号橋を眺められるビュースポット。橋の上を車が行き交い橋の下を船が通る天草らしい景観が。→ P.124

⑥高舞登山展望台
たかぶとやま

MAP 折り込み① C3 松島

標高117mの山頂展望所から天草松島と天草五橋、さらに天気がよいと雲仙までもはっきりと見渡せる。日本の夕陽百選に選定された鮮烈なサンセットは見逃せない！ → P.71

⑦通詞島沖
つうじしま

MAP P.81A1 五和

通詞島沖には約200頭のミナミハンドウイルカが生息しており、ウオッチングツアーが大人気。船の舳先について一緒に泳いだりジャンプをしたりするイルカたちはとってもキュート♪ → P.38

⑤十三仏公園
じゅうさんぶつ

MAP P.92A2 天草

北に妙見浦、南に白鶴浜海水浴場を望む眺望自慢の公園。特に晴れた日の妙見浦は、陽光を受けエメラルドのように輝く。夕日も美しく日本の夕陽百選になるほど。→ P.93

⑧牛深ハイヤ大橋
うしぶか

MAP 折り込み⑥ C2 牛深

1997年に完成した全長883mという県内最長の橋。自然景観と調和した繊細なデザインは、関西国際空港旅客ターミナルビルの設計を手がけたイタリア人建築家レンゾ・ピアノ氏によるもの。→ P.94

⑨富岡城

MAP 折り込み④ B1 苓北

富岡湾には緩やかな曲線を描く砂嘴が延びる。砂嘴とは砂や小石が鳥のクチバシのように婉曲して堆積した地形のこと。富岡の砂嘴は曲崎と呼ばれ町民に親しまれている。→ P.55

⑩西平椿公園
にしびらつばき

MAP P.92A2 天草

日本の夕陽百選に選ばれた天草を代表するサンセットスポット。東シナ海に沈むダイナミックな夕日を堪能できる。2〜3月には山の斜面に植えられた約2万本のツバキが満開になる。→ P.93

美しい島々をつなぐ五橋を渡って天草上島へ

MAP P.15 上

北エリア
（大矢野・松島・有明）

宇土半島から進むと天草五橋が出迎える、天草の陸路の玄関口。天草上島までは大小の島々が連なる美景ルート。道沿いに観光スポットや宿泊施設が点在している。

📷 観る・遊ぶ

**天草きっての
展望スポットが集中**

標高586mの老岳をはじめ、高舞登山や千巌山の山頂から眺める海や天草松島が絶景。展望台まで車で行けるので、ドライブがてら夕日や星空観賞にも最適。

🍴 食べる・飲む

**食事に迷ったら
天草パールライン沿いへ**

天草パールライン沿いには、海鮮処や軽食店が並び、こだわりのレストランや、深夜営業の居酒屋も多い。有明ではタコ飯やタコの姿焼きを堪能したい。

🛍 買う

**天草の名産品が並ぶ
大型ショップが充実**

熊本方面から日帰りで訪れる観光客が多いので、大型のみやげ物店が充実。有明には名物のタコを中心に、上質な海産物を扱う小売店が集まっている。

🏨 泊まる

**海を眺めながら
天然温泉でほっこり**

温泉が湧く松島と大矢野。海を眺める浴場が自慢の旅館や、露天風呂付きの高級客室が人気のホテルなど、宿泊施設が充実。部屋から釣りが楽しめる宿も。

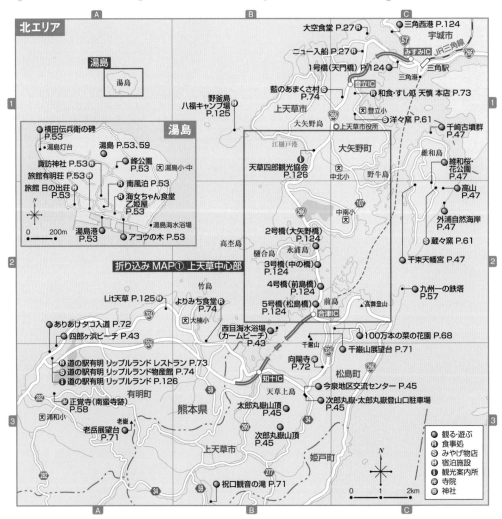

凡例

- ● 観る・遊ぶ
- Ⓡ 食事処
- Ⓢ みやげ物店
- Ⓗ 宿泊施設
- ⓘ 観光案内所
- 卍 寺院
- 🗾 神社

70 VOICE 上天草市は2004年に大矢野町、松島町、姫戸町、龍ヶ岳町が合併して誕生。市の花は春に千巌山で見事に咲く桜、市の木は天草松島の海岸線に並ぶ松、市の鳥は山間でかわいらしい鳴き声を発するメジロ。

景勝地　[エリア] 松島　[MAP] 折り込み① C3

高舞登山展望台
たかぶとやまてんぼうだい

島々に架かる天草五橋がミニチュアのよう

　眼下に天草松島が広がる、標高117mの高舞登山に立つ展望台。北に有明海と雲仙普賢岳、東に八代海と阿蘇の噴煙を眺められる。日本の夕陽百選のひとつであり、観海アルプスの北の始点としても知られる。

上／上天草を代表する夕日スポットでもある
左下／展望台には景色の解説が
右下／青い海に小さな島々が浮かぶ天草松島

🚗 天草四郎観光協会から車で約18分　🏠 上天草市松島町阿村
🅿 あり

景勝地　[エリア] 松島　[MAP] P.70B2

千巌山展望台
せんがんざんてんぼうだい

島原方面の海や次郎丸嶽方面の山々を見渡す

　標高162mの山頂付近から天草北西部の大自然を一望。島原・天草一揆の際に、天草四郎がこの山頂で出陣の祝酒を酌み交わしたと伝わり、手杵子山と呼ばれていた。春はヤマザクラが咲き乱れ、たくさんの花見客でにぎわう。

上／天草パールライン越しに島原半島を望む
左下／雲仙普賢岳の稜線　右下／南西には次郎丸・太郎丸嶽が

🚗 天草四郎観光協会から車で約15分　🏠 上天草市松島町合津
🅿 あり

景勝地　[エリア] 有明　[MAP] P.70A3

老岳展望台
おいだけてんぼうだい

標高586mから見渡す360度の大パノラマ

　天草で3番目に高い老岳山頂にある展望台。最上部からは周囲360度の絶景を堪能でき、よく晴れた日には天草松島や雲仙普賢岳、阿蘇の山々がくっきりと現れる。

🚗 天草四郎観光協会から車で約58分　🏠 天草市有明町上津浦
🅿 あり

景勝地　[エリア] 大矢野　[MAP] 折り込み① B1

上天草カントリーパーク花海好展望台
かみあまくさかんとりーぱーくはなみずきてんぼうだい

展望デッキから鮮烈な夕日を眺める

　階段で展望台まで上ると、周辺の景観を一望できる。スパ・タラソ天草の横からも上れる。有明海に沈む夕日が美しく、晴れた日の夕方は観光客だけでなく地元の人の姿も多い。

🚗 天草四郎観光協会から徒歩約10分　🏠 上天草市大矢野町上
🅿 あり

公園　[エリア] 大矢野　[MAP] 折り込み① B1

天草四郎公園
あまくさしろうこうえん

4月は満開の桜に癒やされるフラワーパーク

　天草四郎ミュージアムが立つ公園。季節の花に彩られた公園内には天草四郎の像があり、周辺にはキリシタン墓碑も。眺望のよい高台には愛情や友情が深まるという愛の鐘がある。

🚗 天草四郎観光協会から徒歩約5分　🏠 上天草市大矢野町中宮津
🅿 あり

滝　[エリア] 松島　[MAP] P.70B3

祝口観音の滝
いわいぐちかんのんのたき

ウオータースライダーのように流れる滝

　山肌を滑るように約280mにわたって続く、なだらかな滝。滝の脇には湧水も。途中には岩石が削った大小の滝つぼがある。中腹には安産や無病息災にご利益のある小さな観音像が立つ。

🚗 天草四郎観光協会から車で約33分　🏠 上天草市松島町教良木
🅿 あり

voice✎ 日本の夕陽百選とは、NPO法人日本列島夕陽と朝日の郷づくり協会が、全国およそ200の夕日の名所から選定したもの。天草からは松島の高舞登山と天草五橋、大江の西平椿公園、下田の鬼海ヶ浦展望所、牛深の黒石海岸と小森海岸が登録されている。

71

寺院 エリア 松島　MAP P.70B3

向陽寺
こうようじ

ギター和尚のお元気説法が話題

　住職であり現役バンドマンでもある渡辺紀生氏による、笑いありギター演奏ありの説法が好評。ぼけ封じの松島慈光観音を祀る。

🚗 天草四郎観光協会から車で約15分　🏠 上天草市松島町合津2856　📞 (0969) 56-0200　💰 無料　予約 説法の聴講は必要　🅿️ あり　URL www.koyoji-guitar.com

モニュメント エリア 有明　MAP P.70A3

ありあけタコ入道
ありあけたこにゅうどう

リアルなタコの腕の中で記念撮影！

　有明町の名物、タコにちなんで造られたオブジェ。タコ壺からはい出すリアルなタコは、記念撮影スポットになっている。目の前の国道324号線は「天草ありあけタコ街道」と呼ばれる。

🚗 天草四郎観光協会から車で約23分　🏠 天草市有明町上津浦リップルランドモニュメント広場内　🅿️ あり

資料館 エリア 松島　MAP 折り込み① B2

天草ビジターセンター
あまくさびじたーせんたー

シオマネキのことならおまかせ！

　天草の自然や歴史、文化について、パネルや模型で解説。展望スペースを併設する。車で4分ほどの永浦島の南岸はハクセンシオマネキの生息地。

🚗 天草四郎観光協会から車で約10分　🏠 上天草市松島町合津6311-1　📞 (0969) 56-3665　🕐 9:00～17:00　休 火曜（祝日の場合は翌日）　💰 無料　🅿️ あり

温泉 エリア 大矢野　MAP 折り込み① B1

スパ・タラソ天草
すぱ・たらそあまくさ

海水の温水プールでタラソテラピー

　温めた天草の海水で満たされた元気海プールは、適度な流れやジェット噴射が。

🚗 天草四郎観光協会から車で約5分　🏠 上天草市大矢野町上732-14　📞 (0964) 56-1126　🕐 10:00～21:30（最終入館温泉21:00、プール20:30）　休 第2・4火曜（祝日の場合は営業）　💰 温泉500円、プール1000円　🅿️ あり　URL www.spa-thalasso.jp

地中海料理 エリア 松島　MAP 折り込み① B3

プレート カフェ リゾラ
ぷれーと かふぇ りぞら

天草松島を眺めながらくつろぐ話題のスポット

　前島港にある商業施設リゾラテラス天草内のオーシャンビューレストラン。熊本、特に天草の素材にこだわったボリューム満点のプレートランチが人気。海沿いのテラスがさわやか！

上／エビやタコ、アサリなど、素材のうま味が染み出した魚介のペスカトーレ1480円　左下／厳選したホップを使ったオリジナルビール880円　右下／すべての席から海が見える明るい店内

🚗 天草四郎観光協会から車で約12分　🏠 上天草市松島町合津北前島6215-16　📞 (0969)56-3450　🕐 11:00～21:00 (L.O.20:00)※土・日曜、祝日は10:00～　休 なし　カード 可　🅿️ あり　URL www.lisolaterrace.com

海鮮 エリア 松島　MAP 折り込み① B3

どんぶり亭 天のや
どんぶりてい あまのや

天草松島を眺めながら豪華な海鮮ランチを

　天草パールセンターに併設した、海を一望する海鮮レストラン。天草産のイセエビを使った伊勢海老丼7800円のほか、海鮮天丼1800円などの定番メニューも揃う。

上／伊勢海老丼は1日3食の数量限定　左下／食後は海に面した広場でくつろごう　右下／営業はランチタイムのみ

🚗 天草四郎観光協会から車で約12分　🏠 上天草市松島町合津6225-8　📞 (0969)56-1155　🕐 11:00～15:30 (L.O.15:00)　休 なし　カード 可　🅿️ あり　URL amakusapearl.com

VOICE ハクセンシオマネキとは、甲羅の幅が2cmほどのカニの仲間で、成長するにつれてオスの片方のハサミが大きくなるのが特徴。永浦島の南岸に30万匹以上が生息する干潟があり、6月下旬～8月中旬の繁殖期には、メスを招くようにハサミを振る求愛ダンスを観察できる。

海鮮　エリア 大矢野　MAP 折り込み① B1
マルケイ鮮魚
まるけいせんぎょ

神経締めの近海魚が食べられる海鮮食堂

　店内に並んだ水槽を、大きなタイやシマアジなどが泳ぐ鮮魚店。併設の食堂では神経締めした魚を海鮮丼や刺身定食で味わえる。ていねいに処理した魚は、うま味が違う！

上／10種類のネタが盛られた海鮮丼1850円。5種盛り1300円もある　左下／生けすや水槽を近海魚が泳ぐ　右下／気持ちのよいテラス席

🚶 天草四郎観光協会から徒歩3分
🏠 上天草市大矢野町中887-37　☎ (0964) 56-5578
🕐 11:00～15:00　休 不定休　🅿 あり

海鮮　エリア 松島　MAP 折り込み① B3
海鮮家 福伸
かいせんや ふくしん

窓の外に有明海と不知火海が広がる絶景レストラン

　料亭のような店内に入ると、まず目に入るのはイセエビやイカ、カワハギなどが泳ぐ生けす。落ち着いた雰囲気のなか、新鮮な魚介に独創的なアレンジを加えた島の味を堪能できる。

左／新鮮魚介盛りだくさんの特上海鮮丼3520円が人気　右上／しゃりとの間に薬味を挟んだ棒寿司1980円　右下／仕切りのある半個室タイプの席

🚗 天草四郎観光協会から車で約10分　🏠 上天草市松島町合津6003-1　☎ (0969) 56-0172　🕐 11:00～15:00 (L.O.)、17:00～20:30 (L.O.)　休 不定休　カード 可　🅿 あり
URL www.fukushin.com

和食　エリア 大矢野　MAP P.70C1
和食・すし処　天慎 本店
わしょく・すしどころ てんしん ほんてん

素材のよさを引き出す繊細な仕込みが光る

　こだわりの素材をていねいに仕込み、美しい盛りつけで出してくれる割烹料理店。地元の漁師から仕入れる魚介のおいしさは抜群。郷土料理のだご汁580円～は3種の味から選べる。

左／タイ・エビ・コハダのばってら「天慎の三姉妹」1300円と、コハダのばってら「天慎の三代巻」750円　右上／プライベート感のあるカウンター　右下／モダンな店構え

🚗 天草四郎観光協会から車で約10分　🏠 上天草市大矢野町登立1216-6　☎ (0964) 56-0656　🕐 11:30～14:30 (L.O.14:00)、17:00～20:00 (L.O.)　休 木曜　カード 可※5000円以上　🅿 あり　URL www.amakusa-tenshin.com

和食　エリア 有明　MAP P.70A3
道の駅有明 リップルランド レストラン
みちのえきありあけ りっぷるらんど れすとらん

気軽に立ち寄れる物産館併設の食事処

　天草ちゃんぽんや海鮮丼など名物料理が揃う食事処。特に有明産のタコを使った料理が充実しており、甘辛いたれで食べるタコ天丼1000円がおいしいと評判。

🚗 天草宝島観光協会から車で約23分　🏠 天草市有明町上津浦1955　☎ (0969) 53-1565　🕐 10:00～17:00 (L.O.16:00)　休 なし　カード 可　🅿 あり

海鮮　エリア 松島　MAP 折り込み① B3
潮まねき
しおまねき

鮮魚店直営ならではの新鮮食材が自慢

　海を眺めるテラスが開放的。タコ飯にタコの刺身やから揚げが付いたたこたこセット2280円が名物。

🚗 天草四郎観光協会から車で約10分　🏠 上天草市松島町合津6100-7　☎ (0969) 56-2769　🕐 11:00～15:00、17:00～21:00 (L.O.20:30)　休 不定休　カード 可　🅿 あり　URL shiomaneki.com

 道の駅有明 リップルランドの「さざ波の湯」は、雄大な海を見ながらゆったり温泉につかれる施設。泉質はアルカリ性単純温泉で筋肉痛や疲労回復に効果あり。🕐 13:00～21:00（最終入館 20:30）🈷入館料 500円　休 水曜（祝日の場合は翌日）

🍚 和食　｜エリア｜大矢野　｜MAP｜折り込み① B2

浜崎鮮魚 浜んくら
はまざきせんぎょ はまんくら

素材のよさに定評がある鮮魚店の直営店

　鮮魚店が経営する店だけあって、海鮮丼1800円などボリューミーな魚介料理が評判。夜はあら煮850円など単品メニューも充実。

🚍 天草四郎観光協会から車で約5分　🏠 上天草市大矢野町中4416-13　☎ (0964) 59-0777　🕐 11:00〜22:00 (L.O.21:00)　休 不定休　🅿 あり　URL www.hamankura.com

---

🍚 食堂　｜エリア｜有明　｜MAP｜P.70B2

よりみち食堂
よりみちしょくどう

夏は有明産のタコをアツアツで♪

　地元客が集まる素朴な食堂。たこ天丼750円は、タコ漁がある6〜9月頃の季節限定メニュー。ちゃんぽん700円や皿うどん700円ほか、定食メニューが。

🚍 天草四郎観光協会から車で約20分　🏠 天草市有明町楠甫4940-24　☎ (0969) 54-0346　🕐 11:00〜14:30、17:00〜20:00　休 水曜　🅿 あり

🍚 バーベキュー　｜エリア｜松島　｜MAP｜折り込み① B3

ミオカミーノ天草BBQ
みおかみーのあまくさ ばーべきゅー

海を眺めながら天草の食材をバーベキュー

　取れたて魚介はもちろん、天草梅肉ポークに天草大王と肉メニューも充実。目の前は海で開放感も満点！

🚍 天草四郎観光協会から車で約12分　🏠 上天草市松島町合津6215-17　☎ (0969) 33-9500　🕐 10:00〜16:00 (L.O.)　休 不定休　席料500円 (1卓6人まで)　カード 可　🅿 あり　URL www.kyusanko.co.jp/miocaminoamakusa

---

🎁 特産品　｜エリア｜大矢野　｜MAP｜折り込み① B1

道の駅 上天草さんぱーる
みちのえき かみあまくささんぱーる

生産者の顔が見える産地直送の食材を探しに

　その日に収穫された野菜や果物、水揚げされた魚介など天草の新鮮な食材が集まる直売所。海産物や加工品などの特産品も充実しておりおみやげ探しに最適。

🚍 天草四郎観光協会から徒歩すぐ　🏠 上天草市大矢野町中11582-24　☎ (0964) 58-5600　🕐 8:00〜17:00　休 不定休　🅿 あり　URL www.sunpearl.jp

---

🍚 海鮮　｜エリア｜松島　｜MAP｜折り込み① B3

いけす料理 ふくずみ
いけすりょうり ふくずみ

秘伝のたれをかけて味わう海鮮丼

　旬の海鮮をふんだんに使った定食や寿司、丼を楽しめる。店内には生けすがあり、好きな魚を選んで刺身や焼き魚にしてもらえる。

🚍 天草四郎観光協会から車で約10分　🏠 上天草市松島町合津4638　☎ (0969) 56-0299　🕐 11:00〜15:00、17:00〜21:00　休 水曜 (祝日の場合は翌日)　🅿 あり　URL www.fukuzumi.org

---

🎁 特産品　｜エリア｜有明　｜MAP｜P.70A3

道の駅有明 リップルランド物産館
みちのえきありあけ りっぷるらんどぶっさんかん

町の特産タコのアイテムが充実

　昔ながらの素朴な和菓子から塩やドレッシングまで、定番みやげが並ぶ。タコすてーき1000円〜やたこめしの素840円など、有明町名物タコの加工品を！

🚍 天草宝島観光協会から車で約23分　🏠 天草市有明町上津浦1955　☎ (0969) 53-1565　🕐 9:00〜18:00　休 なし　カード 可　🅿 あり

🍚 和食　｜エリア｜松島　｜MAP｜折り込み① B3

レストラン 満海
れすとらん まんかい

天草の味覚を気取らず楽しむ定食店

　定食や丼が充実しており食事処として重宝するレストラン。刺身盛り合わせ1800円〜をはじめ単品料理もあるので、飲みながらの軽い食事にもぴったり。

🚍 天草四郎観光協会から車で約5分　🏠 上天草市松島町合津4572-2　☎ (0969) 56-2846　🕐 11:00〜15:00、17:00〜21:00 (L.O.20:30)　休 木曜　🅿 あり

🎁 特産品　｜エリア｜大矢野　｜MAP｜P.70C1

藍のあまくさ村
あいのあまくさむら

高さ15mの日本一の天草四郎像は必見

　天草のマダイを使ったちくわや、イリコと国産あられをせんべい状にした天草大漁焼き915円〜を販売。

🚍 天草四郎観光協会から車で約7分　🏠 上天草市大矢野町登立910　☎ (0964) 56-5151　🕐 9:00〜18:00 (8月は8:30〜19:00)　休 なし　カード 可　🅿 あり　URL www.amakusamura.jp

---

 ホテルから歩いて行ける「浜崎鮮魚 浜んくら」へ行ったところ大当たり！　私の大海老天丼、友人の海鮮丼ともにボリュームたっぷり。とってもおいしくて、地元のお客さんでにぎわっているのも納得でした。(神奈川県　ゆみこんちゃん)

🎁 特産品　エリア 松島　MAP 折り込み① B3

リゾラ マーケット
りぞら まーけっと

焼きたての天草塩パンを GET！

オリジナルの菓子や天草の海産物、加工品などが揃うほかベーカリーも併設。三角港への船乗り場が目の前なので出発前の買い物に。

🚗 天草四郎観光協会から車で約12分　🏠 上天草市松島町会津北6215-16　📞 (0969) 56-3450　🕐 9:00〜17:00 (土・日曜、祝日〜17:30)　休 なし　カード 可　駐車場 あり

🎁 特産品　エリア 松島　MAP 折り込み① B3

ミオカミーノ天草 Store
みおかみーののあまくさ すとあ

天草のとっておきが見つかるセレクトショップ

天草陶磁器や島の作家の手作り雑貨など、一点物のアイテムが並ぶ。カフェ (→ P.25) やアクティビティ (→ P.57) も楽しめる。

🚗 天草四郎観光協会から車で約12分　🏠 上天草市松島町合津6215-17　📞 (0969) 33-9500　🕐 9:00〜17:30　休 不定休　カード 可　駐車場 あり　URL www.kyusanko.co.jp/miocaminoamakusa

🎁 スイーツ　エリア 大矢野　MAP 折り込み① A1

麻こころ茶屋
まこころちゃや

24 時間購入できるオリジナルドーナツ

ドーナツ 280 円〜やモスタルダ 1000 円〜ほか、手作りのスイーツが魅力。店の前に自動販売機があり、営業時間外でも購入可能。

🚗 天草四郎観光協会から車で約3分　🏠 上天草市大矢野町上6586-3　🕐 11:00〜15:00 (土・日曜、祝日は〜16:00)　休 不定休　駐車場 あり　URL www.macocorochaya.life

🏨 旅館　エリア 大矢野　MAP 折り込み① C2

小松屋渚館
こまつやなぎさかん

130 年以上続くおもてなしの宿

天草松島を眺める海沿いの老舗旅館。海を一望する温泉をはじめ、地産地消をモットーとした料理にもファンが多い。

🚗 天草四郎観光協会から車で約10分　🏠 上天草市大矢野町中柳1044-3　📞 (0969) 59-0111　料 素7700円〜、朝8800円〜、朝夕1万5400円〜　客室数 44室　カード 可　駐車場 あり　URL komatuya-nagisakan.jp

🏨 ホテル　エリア 松島　MAP 折り込み① B3

天草 天空の船
あまくさ てんくうのふね

天空に浮かぶ豪華客船をイメージした極上の空間

全客室がテラスと露天風呂を備えたオーシャンビュー。部屋から海を見下ろせば、天草松島の上空をクルージングしているような感覚になる。広大な敷地に立つヴィラが人気。

上／岬先端のパノラマビューヴィラ 左下／空に浮かぶ船をイメージした母屋 右下／食事は本格イタリアン

🚗 天草四郎観光教会から車で約13分　🏠 上天草市松島町合津5984-2　📞 (0969) 25-2000　料 朝夕2万5300円〜　客室数 15室　カード 可　駐車場 あり　URL www.tenku-f.jp

🏨 ホテル　エリア 松島　MAP 折り込み① B3

海のやすらぎ ホテル竜宮
うみのやすらぎ ほてるりゅうぐう

旅に合わせて選べる多彩な客室と温泉

半露天風呂付きの客室や 6 つの貸し切り風呂、足湯付きバーなど充実の施設が魅力。併設のラグジュアリーホテル「天使の梯子」は上質なサービスで大人の時間を演出する。

上／本館のスーペリア和洋室 左下／すぐ目の前に美しい海が広がる 右下／温泉につかって眺める夕日

🚗 天草四郎観光教会から車で約10分　🏠 上天草市松島町合津6136　📞 (0969)56-3333　料 朝夕1万8700円〜　客室数 41室　カード 可　駐車場 あり　URL www.ryugu.net

voice　美人の湯と呼ばれる松島温泉。1979 年からボーリング工事を始め、1998 年に 1330m まで掘り進めて現在の湧出量と源泉温度 44℃のお湯を獲得した。ナトリウム塩化物泉で、リウマチや運動器障害、婦人病などに効能がある。

75

🏨 ホテル　エリア 大矢野　MAP 折り込み① B2

大江戸温泉物語 天草ホテル亀屋
おおえどおんせんものがたり あまくさほてるかめや

眺望自慢の温泉と種類豊富なバイキングが好評

　日本全国に展開する大江戸温泉物語グループのホテル。オーシャンビューの大浴場や露天風呂でゆったりくつろげる。天草の郷土料理を含め和洋中の種類豊富な食事も楽しみ。

上／大浴場からは沖に浮かぶ天草富士を一望できる　左下／バイキングには天草の郷土料理が並ぶ　右下／和室から洋室までさまざまな客室から選べる

🚗 天草四郎観光協会から車で6分
🏠 上天草市大矢野町中4463-2　☎ 0570-034268
💴 朝夕1万2075円～　客室数 76室　カード 可　駐車場 あり
URL amakusa-kameya.ooedoonsen.jp

ホテル松竜園 海星
ほてるしょうりゅうえん かいせい

窓から天草の海と星空をひとり占め

　大矢野島に立つ全室オーシャンビューのホテル。天然温泉の露天風呂や天草の海鮮会席料理を満喫。

🚗 天草四郎観光協会から車で約3分　🏠 上天草市大矢野町上6494　☎ (0964)56-0348　💴 素3980円～、朝8250円～、朝夕1万8700円～　客室数 34室　カード 可　駐車場 あり　URL www.kaisei.tv

🏨 旅館　エリア 大矢野　MAP 折り込み① C1

旅亭 藍の岬
りょてい あいのみさき

ミネラル豊富な潮湯で体がぽかぽかに

　発祥が割烹店ということもあり、海鮮や野菜を使った会席料理が評判。敷地内にはプライベート感たっぷりのビーチが延びる。

🚗 天草四郎観光協会から車で約7分　🏠 上天草市大矢野町中字野牛島5700-1　☎ (0964)59-0010　💴 朝夕1万5400円～
客室数 14室　駐車場 あり　URL ainomisaki.jp

🏨 ホテル　エリア 松島　MAP 折り込み① B3

ホテル松泉閣 ろまん館
ほてるしょうせんかく ろまんかん

体をほぐし心を癒やす美人の湯

　前島橋のたもとに立つ和室中心のホテル。美人の湯とも称される松島温泉が湧き、海を眺める貸し切り風呂も。社長自らが包丁を握る海鮮料理は地元の人をもうならせる。

上／前島橋を眺めるラウンジ　左下／海女小屋をイメージした貸し切り風呂　右下／食事は旬の海鮮が中心

🚗 天草四郎観光教会から車で約9分
🏠 上天草市松島町合津6215-21　☎ (0969)56-3000
💴 朝夕1万6500円～　客室数 18室　カード 可　駐車場 あり
URL www.romankan-s.com

松島観光ホテル岬亭
まつしまかんこうほてるみさきてい

夕焼けを眺めながら憩いのひとときを

　和室と洋室を備え、家族連れに人気の海辺のリゾートホテル。四季の海鮮料理は予算に合わせて選べる。

🚗 天草四郎観光協会から車で約12分　🏠 上天草市松島町合津4710　☎ (0969)56-1188　💴 素6600円～、朝7700円～、朝夕1万3200円～　客室数 59室
カード 可　駐車場 あり　URL www.misakitei.co.jp

🏨 ホテル　エリア 松島　MAP 折り込み① C3

天草渚亭
あまくさなぎさてい

離れの部屋からは釣りができる！

　小さな岬の先端に立ち海はすぐそこ。部屋も浴場もすべてオーシャンビューのロケーションが魅力だ。海を染める夕日が美しい。

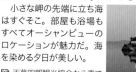

🚗 天草四郎観光協会から車で約14分　🏠 上天草市松島町阿村5650-2　☎ (0969)56-3232　💴 朝夕1万7600円～
客室数 15室　カード 可　駐車場 あり　URL amakusanagisatei.jp

 大矢野地区の5ヵ所から湧き出す温泉の総称が大矢野温泉。源泉温度は29～47℃程度で、泉質も単純泉やナトリウム塩化物泉などそれぞれに異なる。神経痛や筋肉痛、リウマチ、冷え性、皮膚炎、婦人病などに効能がある。

東エリア
(姫戸・龍ヶ岳・倉岳・栖本・御所浦)

東エリアは天草上島の南東部を中心に、上天草市と天草市の両市にまたがる。海にも山にも瑞々しい自然が広がり、他のエリアに比べて静かで落ち着いた雰囲気が漂っている。

エリアガイド ▼ 北エリア/泊まる ▼ 東エリア

観る・遊ぶ
星空や化石など大自然を舞台に遊ぶ

大きな町がないため、龍ヶ岳のミューイ展望台周辺や樋島からは、満天の星を観賞できる。御所浦島では手軽に楽しめる化石の採集体験が大人気。

食べる・飲む
町の名産品や恐竜グッズに注目

みやげ物店は少ない。栖本の河童ロマン館に併設されたおみやげコーナーで特産品を購入しよう。御所浦島のしおさい館では恐竜グッズをチェック。

買う
エリアごとに飲食店は数軒ほど

飲食店も他のエリアに比べると少なめだが、姫戸のワタリガニ、御所浦の天然マダイなど、名物食材が楽しみ。春には樋島や御所浦島で珍味のヒトデに挑戦。

泊まる
静かな海を眺めくつろぎの時間を

天草の中でも特に静かな樋島が隠れ家的な宿泊地として人気。宿の多くは海沿いにあり、気さくな主人や女将に囲まれ、のんびりとした休日を過ごせる。

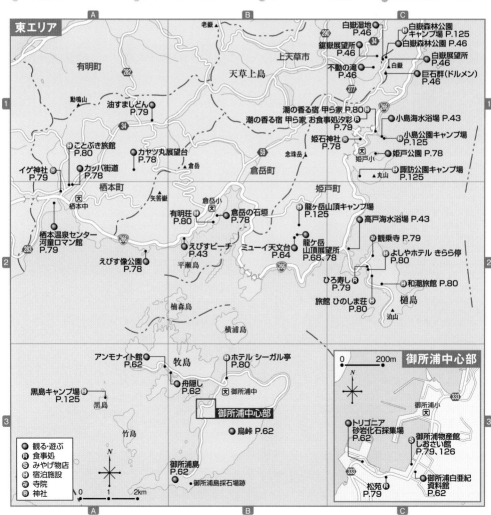

東エリア

📷 景勝地　　エリア 龍ヶ岳　　MAP P.77B2

龍ヶ岳山頂展望所
りゅうがたけさんちょうてんぼうしょ

標高470mから八代海に浮かぶ島々を見渡す

　天草上島南東部にそそり立つ龍ヶ岳。頂上付近には自然公園があり、展望所からは樋島や御所浦島など周辺の島々を見下ろすことができる。園内には展望台やキャンプ場があり、夜空を埋め尽くすきらびやかな星々を観賞できる。

上／樋島から続く樋島。奥は九州本土
左下／山頂の展望所
右下／御所浦島と周辺の牧島や横浦島

🚗 天草四郎観光協会から車で約1時間
🏠 上天草市龍ヶ岳町大道　🅿 あり

📷 景勝地　　エリア 栖本　　MAP P.77A1

カヤツ丸展望台
かやつまるてんぼうだい

眼下に広がる天草上島の山々が美しい

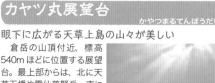

　倉岳の山頂付近、標高540mほどに位置する展望台。最上部からは、北に天草五橋や雲仙普賢岳、南に御所浦島を確認することができる。途中の山道はカーブが多いので注意して運転を。

🚗 天草宝島観光協会から車で約1時間38分
🏠 天草市栖本町湯船原平木場　🅿 あり

📷 公園　　エリア 姫戸　　MAP P.77C1

姫戸公園
ひめどこうえん

毎年4月に桜花のトンネルが現れる

　姫戸湾に突き出す小さな岬の先端にある公園。樹齢50年になるソメイヨシノが800本余り並び立ち、春は海面を花びらで染める桜吹雪が美しい。歩いて海岸まで下りることもできる。

🚗 天草四郎観光協会から車で約40分
🏠 上天草市姫戸町姫浦　🅿 あり

📷 モニュメント　　エリア 栖本　　MAP P.77A2

カッパ街道
かっぱかいどう

道路の両脇に並ぶカッパの像がお出迎え

　カッパ伝説が伝わる栖本。県道34号沿いに30体余りのカッパ像が並び、歓迎河童、だんらん河童、子育て河童など、それぞれにユニークな名がついている。周囲にはのどかな田園風景が。

🚗 天草宝島観光協会から車で約20分
🏠 天草市栖本町馬場～河内　🅿 なし

📷 歴史的景観　　エリア 倉岳　　MAP P.77B2

倉岳の石垣
くらたけのいしがき

隙間なく積まれた石が眼前に迫る

　棚底地区に民家を覆う石垣群が点在。これは冬場に倉岳から吹き下ろす強烈な北風を防ぐために、地元の石を利用して築いたもの。他に類を見ない独特な景観をつくり出している。

🚗 天草宝島観光協会から車で約32分
🏠 天草市倉岳町棚底　🅿 天草市倉岳支所を利用

📷 公園　　エリア 倉岳　　MAP P.77A2

えびす像公園
えびすぞうこうえん

台座を含め約10m！　日本一のえびす様

　航海安全を祈願して建造された座高日本一のえびす像。台座には交通安全の宝船や商売繁盛の打ち出の小槌、豊漁豊作のタイと稲穂が刻まれ、手を当てて祈願すると開運を招くとされる。

🚗 天草宝島観光協会から車で約32分
🏠 天草市倉岳町宮田1284-6　🅿 あり

📷 神社　　エリア 姫戸　　MAP P.77C1

姫石神社
ひめいしじんじゃ

姫戸の中心部にひっそりと立つ神社

　小さな境内に、姫石と呼ばれる高さ1mを超える石が鎮座。景行天皇が巡幸した際に、ある姫が海に身を投げて暴風雨を鎮め、石となって海岸に流れ着いたとの伝承が残っている。

🚗 天草四郎観光協会から車で約30分
🏠 上天草市姫戸町姫浦　🅿 なし

VOICE むかしむかし、栖本の渕にはカッパがすみつき悪さをしていた。ある日、村いちばんの力持ちとカッパの親玉が相撲で勝負することに。カッパが仕切りで頭を下げた際に、皿から水がこぼれて力がなくなり村人が勝利。以来、悪さをしなくなったそう。

📷 寺院　エリア 龍ヶ岳　MAP P.77C2

観乗寺
かんじょうじ

天草上島に広く門徒をもつ 400 年続く寺

　1604 年に建立された浄土真宗の寺。80 畳を超える広大な本堂には、釈迦の一生を現す欄間が。境内に茂る巨大なソテツは、本堂に向かって左がオスの木、右がメスの木とされる。

🚗 天草四郎観光協会から車で約45分　🏠 上天草市龍ヶ岳町樋島3
📞 (0969) 62-0517　🅿️ なし

🍽 海鮮　エリア 姫戸　MAP P.77C1

潮の香る宿 甲ら家 お食事処汐彩
しおのかおるやど こうらや おしょくじどころしおさい

海を眺めながらカニやエビを堪能！

　ワタリガニを中心に、エビやタイなど天草の豪華海鮮を提供する。人気はエビ・カニよくばりコース。

🚗 天草四郎観光協会から車で約30分　🏠 潮の香る宿 甲ら家内→P.80　📞 (0969) 58-3111
🕐 11:30〜15:00、17:30〜21:30　🚫 月曜（祝日の場合は翌日）　カード 可
🅿️ あり　URL www.kouraya.com　※季節や水揚げにより内容が変わる

📷 神社　エリア 栖本　MAP P.77A2

イゲ神社
いげじんじゃ

田んぼが続く道にぽつんとお堂が

　イゲとは針状のものを指す方言。魚の骨がのどに刺さったときにお参りをすると無事に取れるという。もともとは栖本の海を干拓する際に犠牲となった人柱の霊を祀っていたとされる。

🚗 天草宝島観光協会から車で約20分　🏠 天草市栖本町馬場
🅿️ あり

🍽 寿司　エリア 龍ヶ岳　MAP P.77C2

ひろ寿し
ひろずし

天草のアナゴは肉厚でムチムチ！

　地元の漁師から買い付けた新鮮なアナゴに、秘伝の甘辛だれをたっぷりかけた穴子丼 1620 円は、ふっくらしながらも歯応えがしっかり。人気のうどんと寿司セットは1000 円（ランチ）。

🚗 天草四郎観光協会から車で約40分　🏠 上天草市龍ヶ岳町樋島441-22　📞 (0969) 62-0853　🕐 11:30〜21:00　🚫 木曜　🅿️ あり

📷 史跡　エリア 栖本　MAP P.77A1

油すましどん
あぶらすましどん

妖怪油すましの発祥の地？

　油すましどんとは、燃料や食用とする油を搾る妖怪のこと。この場所を通った老婆が孫に「昔はここに油すましが出た」という話をすると「今も〜出る〜ぞ〜」と言って現れたと伝わる。

🚗 天草宝島観光協会から車で約30分　🏠 天草市栖本町河内
🅿️ あり

🍽 和食　エリア 御所浦　MAP P.77C3

松 苑
しょうえん

御所浦の新鮮魚介を存分に味わおう

　御所浦で 40 年以上続く老舗。漁師から直接仕入れた魚介類が自慢で、タイやカンパチを具材にしたあら煮定食 1100 円が人気。ちゃんぽんやカツ丼などさまざまなメニューが揃う。

🚗 御所浦港から徒歩約3分　🏠 天草市御所浦町古屋敷4375-2
📞 (0969) 67-2433　🕐 11:30〜21:00　🚫 不定休　🅿️ あり

♨ 温泉　エリア 栖本　MAP P.77A2

栖本温泉センター 河童ロマン館
すもとおんせんせんたー かっぱろまんかん

田園風景の中に硫黄の香りがふんわり

　大浴場と露天風呂、家族風呂の 3 つの温泉。湯は無色透明で肌がツルツルになる。軽食や売店コーナーを併設。宿泊は1泊朝 4800 円〜。

🚗 天草宝島観光協会から車で約22分　🏠 天草市栖本町馬場3725-1　📞 (0969) 54-5526　🕐 10:00〜20:00　🚫 第2・4火曜（祝日の場合は翌日）　💰 500円、中学生300円、小学生200円　🅿️ あり

🎁 特産品　エリア 御所浦　MAP P.77C3

御所浦物産館 しおさい館
ごしょうらぶっさんかん しおさいかん

港に立つ御所浦観光の拠点

　チリメンジャコ 486 円〜などの海産物を中心に、加工品や雑貨を販売する店。観光案内所やフェリーの切符売り場にもなっていて、観光客は必ず立ち寄ることになる。

🚗 御所浦港からすぐ　🏠 天草市御所浦町御所浦4310-8
📞 (0969) 67-1234　🕐 8:30〜17:50　🚫 なし　🅿️ あり

Voice 天草の各所で楽しめるワタリガニ。天然物が水揚げされるのは初夏から秋にかけてで、オスは 9 〜 11 月、メスは 10 〜 11 月が旬。地元ではガネと呼ばれ、ボイルして何もつけずに食べる。調理するなら、肝とトマトを合えたソースでスパゲティがおすすめ。

🏨 旅館　　エリア 姫戸　MAP P.77C1

潮の香る宿 甲ら家
しおのかおるやど こうらや

和室から八代海を望む味の宿

　全室和室で家族連れに評判。高台の部屋からは八代海を見下ろせ、貸し切り露天風呂では水平線から上がる朝日を拝むことができる。夕食はワタリガニのフルコースを！

上／ワタリガニの焼き、蒸し、グラタンなどこれで1人前
左下／ヒノキや天草陶石を使用した風呂
右下／広々和室

🚌 天草四郎観光協会から車で約30分　🏠 上天草市姫戸町姫浦3043-12　📞 (0969) 58-3111　💰 素5200円〜、朝6500円〜、朝夕8500円〜　客室数 9室　カード 可　駐車場 あり　URL www.kouraya.com

---

🏨 旅館　　エリア 龍ヶ岳　MAP P.77C2

和潮旅館
かつしおりょかん

ご主人が自ら釣るこだわりの活魚

　高台から見下ろす港がのどか。ご主人が漁師なので魚介類の新鮮さはお墨付き。釣ったばかりの新鮮な魚が食卓に並ぶ。

🚌 天草四郎観光協会から車で約52分　🏠 上天草市龍ヶ岳町樋島2414　📞 (0969) 62-1258　💰 素4400円〜、朝5500円〜、朝夕1万1000円〜　客室数 8室　駐車場 あり　URL katusio.com

---

🏨 旅館　　エリア 倉岳　MAP P.77B2

有明荘
ありあけそう

港を行き来する船をのんびり眺める

　棚底港まですぐなので、えびすビーチでの海水浴や、御所浦島への観光拠点に便利。全室から海が見え、豪快なクエ料理が自慢。

🚌 天草宝島観光協会から車で約30分　🏠 天草市倉岳町棚底1991-2　📞 (0969) 64-3329　💰 素4400円〜、朝4950円〜、朝夕8800円〜　客室数 5室　駐車場 あり

🏨 ホテル　　エリア 龍ヶ岳　MAP P.77C2

よしやホテル きらら停
よしやほてる きららてい

静かな樋島できらら光る海と星空を

　目の前に海が広がり、釣りや星空観察を楽しむには最適。家族経営のアットホームな雰囲気がうれしい。

🚌 天草四郎観光協会から車で約40分　🏠 上天草市龍ヶ岳町樋島565-25　📞 (0969) 62-1108　💰 素6600円〜、朝7150円〜、朝夕1万3200円〜　客室数 14室　カード 可　駐車場 あり　URL kirara-tei.com

---

🏨 旅館　　エリア 龍ヶ岳　MAP P.77C2

旅館 ひのしま荘
りょかん ひのしまそう

樋島名物のヒトデ料理に挑戦！

　樋島の海辺に立つ素朴な宿。3〜6月は島で昔からおやつとされていたヒトデの塩ゆでをリクエストできる。

🚌 天草四郎観光協会から車で約43分　🏠 上天草市龍ヶ岳町樋島711　📞 (0969) 62-0568　💰 素5500円〜、朝6600円〜、朝夕1万1000円〜　客室数 13室　カード 可　駐車場 あり　URL www.hinosimasou.jp

---

🏨 ホテル　　エリア 御所浦　MAP P.77B3

ホテル シーガル亭
ほてる しーがるてい

部屋から眺める美しい夕日は格別

　高台に立つ全室オーシャンビューの宿。海の幸をふんだんに使った料理が評判で、3〜6月は珍味マヒトデが食べられることも。

🚌 御所浦港から徒歩15分　🏠 天草市御所浦町3130-2　📞 (0969) 67-2929　💰 素4950円〜、朝5500円〜、朝夕7700円〜　客室数 7室　駐車場 あり

🏨 旅館　　エリア 栖本　MAP P.77A2

ことぶき旅館
ことぶきりょかん

口コミ客の多い穴場中の穴場

　カッパ街道まですぐの栖本町の中心部。四季折々の新鮮な魚料理に定評があり、素朴な宿ながら足しげく通うリピーターが多い。

🚌 天草宝島観光協会から車で約22分　🏠 天草市栖本町馬場137　📞 (0969) 66-2235　💰 素4400円〜、朝5500円〜、朝夕9350円〜　客室数 6室　駐車場 あり

　恐竜に興味をもち始めた息子のために御所浦島へ行ってきました。化石採集場は貝の化石だらけでびっくり。アンモナイトを探したのですが見つからず……でも御所浦の名前がついた2枚貝をおみやげに持って帰りました。（東京都　海女ザウルスさん）

中央エリア
（本渡・五和・新和）

天草随一の繁華街としてにぎわう本渡から、イルカウオッチングが盛んな五和、緑豊かな新和まで、さまざまな表情を楽しめる天草の中心地。本渡バスセンターからは各地へバスが運行している。

観る・遊ぶ

五和への海岸線はドライブにも最適

通詞島でのイルカウオッチングは天草きっての人気アクティビティ。海沿いの道は車で走るだけでも爽快なドライブルートだ。キリシタンの歴史や島原・天草一揆については天草キリシタン館の展示が詳しい。

食べる・飲む

クルマエビに天草大王天草和牛の専門店も！

天草の中心街だけあって食が充実。島外にもファンが多い寿司屋や和食店で旬の魚介を味わえる。クルマエビのおどりや天草大王の刺身、黒毛和牛のステーキなどブランド食材の名物料理もお試しあれ。

買う

市場や直売所で島ならではの食品を

本渡の天草とれたて市場や、五和の直売所わかみや、新和のしんわタやけ市場など、地元の人も利用する特産品の直売所が充実。市街地にはアクセサリーショップや雑貨店など若者に人気の個性的な店もある。

泊まる

ひとり旅大歓迎の気軽なホテルも

天草の観光起点となるエリアなので宿泊施設は充実している。特に本渡には家族連れが多い大型ホテルから、昔ながらの旅館や民宿、シングルユースのビジネスホテルまで揃っており、選択肢は豊富。

VOICE 天草上島の約半分と、天草下島の苓北町を除いた大部分、さらに御所浦島などの島々で構成される天草市。2006年の3月27日に本渡市、牛深市、有明町、御所浦町、倉岳町、栖本町、新和町、五和町、天草町、河浦町の2市8町が合併して誕生した。

📷 景勝地　エリア 本渡　MAP P.81B3

十万山展望台
じゅうまんやまてんぼうだい

標高およそ220mの山頂から本渡市街を見下ろす

天草瀬戸大橋を中心とした本渡の街並みを一望。よく晴れた日には、北に雲仙普賢岳、南には八代海に浮かぶ島々を眺めることができる。展望台の近くに駐車場があり、ドライブがてら夜景を楽しむにも最適なスポット。

上／本渡港から島原湾方面への眺め。右手に天草瀬戸大橋　左下／八代海に浮かぶ島々　右下／展望台の屋上に登れる

🚗 天草宝島観光協会から車で約23分
🏠 天草市本渡町本渡1414-1　🅿️ あり

📷 景勝地　エリア 新和　MAP P.81B5

竜洞山展望所
りゅうどうざんてんぼうしょ

濃紺の八代海に浮かぶ緑豊かな島々

新和町の南部にそびえる竜洞山の展望所。竜伝説が残る穴の上に展望塔が造られ、雲仙天草国立公園に指定された海と島々を一望できる。日没時には眼前に海を染める夕焼けが広がる。

🚗 天草宝島観光協会から車で約40分
🏠 天草市新和町小宮地　🅿️ あり

📷 公園　エリア 五和　MAP P.81B2

鬼の城公園
おにのしろこうえん

優しい鬼たちのテーマパーク!?

鬼と僧侶が力を合わせ、村人を困らせていた大蛇を退治したという昔話が残る五和。鬼瓦を配した回廊や展望塔が点在し、独特の雰囲気。近くにはキリシタン墓碑公園や石仏群が。

🚗 天草宝島観光協会から車で約12分
🏠 天草市五和町御領　🅿️ あり

📷 橋　エリア 本渡　MAP P.81B3

本渡瀬戸歩道橋
ほんどせとほどうきょう

船が通るたびに橋桁が昇降！

1978年に完成した歩道橋。天草下島と天草上島の間のおよそ100mをつなぎ、船が近づくと橋桁ごと持ち上がる。徒歩のほか自転車はそのまま、バイクはエンジンを切って押せば通行可能。

🚗 天草宝島観光協会から車で約8分

📷 公園　エリア 本渡　MAP P.81B3

西の久保公園
にしのくぼこうえん

色とりどりの花が咲く市民の憩いの場

季節の花に彩られた自然豊かな公園。春は12種の桜、初夏になると19種のハナショウブとアヤメ、また6000株のアジサイなどが咲く。5月末〜6月初旬に開催される「花しょうぶ祭り」が名物。

🚗 天草宝島観光協会から車で約5分　🅿️ あり

📷 橋　エリア 本渡　MAP 折り込み② D3

天草瀬戸大橋
あまくさせとおおはし

天草上島と天草下島をつなぐループ橋

天草上島と下島を隔てる本渡瀬戸に架かる橋。全長約700mで、両端がループになったユニークな形状。同橋の朝夕の混雑緩和のため、2023年に瀬戸の北側に天草未来大橋が開通した。

🚗 天草宝島観光協会から車で約8分

📷 ダム　エリア 本渡　MAP P.81A3

亀川ダム
かめがわだむ

春は湖面に映る桜の花が見事

天草市民の水がめとして整備されたダム。周囲には公園やハイキングコースがあり、憩いの場に。3〜4月には約200本の桜が咲き誇る。天草宝島観光協会でダムカードを配布している。

🚗 天草宝島観光協会から車で約13分
🏠 天草市枦宇土町　🅿️ あり

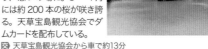
voice 天草の東側、九州本土との間に広がる湾が八代海（やつしろかい）。古くから旧暦の8月1日頃（新暦では8月下旬）に、漁船の光がたくさん浮かんでいるように見える蜃気楼現象、不知火（しらぬい）が見られることから不知火海とも呼ばれる。

📷 石像　エリア 五和　MAP P.81B2
岩谷観音
いわやかんのん

石版に刻まれたたおやかな観音像

　左手に酒水、右手に柳の小枝を持つ楊柳観音。開眼は1730年で、安産や乳授けのご利益があるとされる。毎年京上りをすると伝わり、その際は衣の裾がほこりで汚れているとか。

🚗 天草宝島観光協会から車で約18分　🏠 天草市五和町御領　🅿 なし

📷 寺院　エリア 本渡　MAP P.81B3
東向寺
とうこうじ

1648年創建、天草四ヶ本寺の筆頭寺

　島原・天草一揆後、民心安定のため初代代官、鈴木重成によって建立された天草四ヶ本寺のひとつ。本堂には、植物や鳥をモチーフにした190枚の色鮮やかな格天井絵が残っている。

🚗 天草宝島観光協会から車で約10分　🏠 天草市本町新休27-1　📞 (0969) 22-3384　🅿 あり

📷 神社　エリア 本渡　MAP P.81A3
鈴木神社
すずきじんじゃ

乱後の天草を立て直した三公を祀る

　島原・天草一揆後の復興に力を注いだ、初代代官の鈴木重成、兄の鈴木正三和尚、その息子で2代目代官の鈴木重辰を祀る。3人は鈴木三公と呼ばれ、天草の守り神のような存在。

🚗 天草宝島観光協会から車で約17分　🏠天草市本町本681　📞 (0969) 23-3249　🅿 あり

📷 寺院　エリア 五和　MAP P.81B2
芳證寺
ほうしょうじ

中世の平城跡に開かれた寺

　1645年に鈴木重成の両親の菩提寺として建立された。境内には細川忠興とガラシャの子、興秋の墓があり、キリシタンとの縁も深い。江戸後期に建造された衆寮堂は市の文化財。

🚗 天草宝島観光協会から車で約17分　🏠 天草市五和町御領字石馬場6610　📞 (0969) 32-0359　🅿 あり

📷 史跡　エリア 五和　MAP P.81B2
ペーが墓
ぺーがはか

十字が刻まれた墓碑など12基が並ぶ

　16世紀中頃から17世紀中頃にかけて造られたキリシタン墓碑群。「ペー」は神父を意味する「ペーター」が語源との説がある。かつてはこの周辺に近づくことはタブーとされていた。

🚗 天草宝島観光協会から車で約15分　🏠 天草市五和町御領字釜ノ迫1849-1　🅿 あり

📷 資料館　エリア 本渡　MAP 折り込み② D1
本渡歴史民俗資料館
ほんどれきしみんぞくしりょうかん

まずは足を運びたい天草のビジターセンター

　妻の鼻墳墓群からの出土品、江戸時代の古文書、民具、民芸品などが展示され、時代を追うように天草の歴史と風俗が学べる。

🚗 天草宝島観光協会から車で約5分　🏠 天草市今釜新町3706　📞 (0969) 23-5353　🈚 月曜（祝日の場合は翌日）　🕐 8:30〜17:00（最終入館16:30）　💴 無料　🅿 あり

📷 資料館　エリア 五和　MAP P.81A1
五和歴史民俗資料館
いつわれきしみんぞくしりょうかん

目の前の海にイルカが現れることも！

　通詞島にある資料館。沖ノ原遺跡から出土した製塩土器や漁具、貝で作られた装飾品などを展示。イルカの資料が並ぶ展示室も。

🚗 天草宝島観光協会から車で約35分　🏠 天草市五和町二江384　📞 (0969) 33-1645　🕐 8:30〜17:00（最終入館16:30）　🈚 月曜（祝日の場合は翌日）　💴 無料　🅿 あり

📷 温泉　エリア 五和　MAP P.81A1
総合交流ターミナル施設 ユメール
そうごうこうりゅうたーみなるしせつ ゆめーる

イルカが泳ぐ海を眺めながらのんびり

　北海道の温泉を人工温泉装置で再現。休憩室やレストランを併設し、屋上からイルカが見えることも。

🚗 天草宝島観光協会から車で約35分　🏠 天草市五和町二江547　📞 (0969) 26-4011　🕐 11:00〜21:00（最終入館20:30）　🈚 火曜（祝日の場合は翌日）　💴 入浴料500円、中学生300円、3歳〜小学生200円　🅿 あり

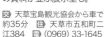
VOICE イルカウオッチングが行われる通詞島の周辺は、天草下島と島原半島の海峡となる早崎瀬戸と呼ばれる場所。有明海へ対馬海流の分流が注ぎ込む好漁場だが、大規模漁法に頼らず、イルカと共存するために昔ながらの素潜り漁や一本釣り漁が行われている。

🍶 和食　　エリア 本渡　MAP 折り込み② D3

福伸はなれ利久
ふくしんはなれりきゅう

素材と手作りにこだわった思い出に残る味

　ライトアップされたエントランスが誘う、スタイリッシュな大人の隠れ家。プライベート感たっぷりの個室が多く、旬の食材を贅沢に使った名物料理をゆっくり堪能できる。

左／活やりいかの造り3000円〜は夏季の人気メニュー。仕入れの有無を確認して
右上／天草大王のタタキ1430円とこのしろ小袖寿司880円
右下／モダンデザインの一軒家でくつろぎのひととき

🚗 天草宝島観光協会から車で約5分　🏠 天草市東町45　📞 (0969) 22-7277　🕐 11:00〜14:30 (L.O.)、17:30〜21:30 (L.O.21:00)　📅 不定休　💳 カード 可　🅿️ 駐車場 あり　🌐 URL www.fukushin.com

🍣 寿司　　エリア 本渡　MAP 折り込み② B2

蛇の目寿し
じゃのめずし

天草の四季を味覚で感じる極上の握り

　近海のネタを中心に天然魚にこだわった寿司が食べられる。天然のエビに味噌を挟んだり、地ダコに梅肉を合わせたり、職人技が光る寿司から天草の春夏秋冬を感じられる。

左／おまかせにぎり5500円〜は、その日いちばんおいしいネタを12貫。すべて天草の魚介
右上／居心地のよいカウンターのほか、個室やテーブルも利用できる
右下／天然鯛の骨蒸し2200円も島の名物料理

🚶 天草宝島観光協会から徒歩約10分　🏠 天草市大浜町6-3　📞 (0969) 23-2238　🕐 11:30〜14:00、17:30〜21:00　📅 水曜　💳 カード 可　🅿️ 駐車場 あり　🌐 URL www.jyanomesusi.com

🍣 寿司　　エリア 本渡　MAP 折り込み② D3

奴寿司
やっこずし

大将のアイデアが光る新感覚の"楽しい"寿司

　1貫ずつていねいな仕事を施した、完成度の高い寿司が評判。タイのコブ締めに刻みワサビを添えたり、イカにウニ塩を合わせたり、斬新な寿司を楽しみながら味わえる。

左／ランチのおまかせ寿司6600円〜。夜は1万2000円〜のコースのみ。旬の素材を使った季節の寿司を味わえる
右上／畳敷きにテーブルが並ぶ居心地のよい和モダンの店内
右下／人気の店なので予約しておきたい

🚗 天草宝島観光協会から車で約5分　🏠 天草市東町76-2　📞 (0969)23-4055　🕐 12:00〜14:00 (L.O.)、18:00〜21:00 (L.O.)　📅 月・木曜 (祝日の場合は翌日)　💳 カード 可　🅿️ 駐車場 あり

🦐 海鮮　　エリア 本渡　MAP 折り込み② D3

海老の宮川 亀川店
えびのみやがわ かめがわてん

甘〜いクルマエビのおどりは必食

　栄養豊富な天草の海で自家養殖したクルマエビを、新鮮なまま調理。300g（12尾前後）3300円〜など、活クルマエビや冷凍クルマエビの全国発送も行っており評判は上々。

左／ぷりぷりの海老おどり1650円、香ばしい海老かき揚げ1380円、殻ごと食べられる海老塩焼き1260円
右上／天草市志柿町には姉妹店がある
右下／広々とした店内。ランチはおどり、天ぷら、塩焼きなどフルコースが楽しめるえび会席2580円が人気

🚗 天草宝島観光協会から車で約5分　🏠 天草市亀場町亀川1886-24　📞 (0969) 23-0699　🕐 11:00〜14:30 (L.O.)、17:00〜20:00 (L.O.)　📅 不定休　🅿️ 駐車場 あり

voice　マダイは天草でよく食べられる魚のひとつ。養殖も盛んだが、重宝されるのはやはり天然物。干満差が大きく潮流が激しい天草では、引き締まったマダイが取れる。天然マダイがよく水揚げされる2〜4月と10〜11月が狙い目！

海鮮　エリア 本渡　MAP 折り込み② C2
天草地魚料理 いけすやままと
あまくさじざかなりょうり いけすやままと

生けすから揚げたピチピチ海鮮を堪能

店内中央に巨大な生けすがあり、注文に合わせて網ですくって調理。天草産クロマグロの中トロや赤身を豪快に盛った超ぜいたく海鮮丼 3300 円ほか、定食などが揃う。

上／クルマエビや旬の魚を彩り豊かに　左下／広々とした店舗　右下／20 種類前後の魚介類が入った生けすは見ているだけで楽しめる

🚗 天草宝島観光協会から車で5分　🏠 天草市南新町10-11　☎ (0969)23-2103　🕐 11:30〜14:30 (L.O.),17:30〜21:00 (L.O.) ※土・日曜の昼11:00〜、土・日曜の夜17:00〜、日曜の夜〜20:00 (L.O.)　休 水曜　🅿 あり

居酒屋　エリア 本渡　MAP 折り込み② C2
鳥料理 鳥蔵
とりりょうり とりぐら

日本最大級の鶏、天草大王を食べ尽くす

天草の地鶏、天草大王を使ったメニューが豊富。朝引きの新鮮な大王刺身盛り合わせは、大人気なので予約がおすすめ。弾力があってジューシーな炭火焼きも評判。

上／予約時にオーダーしておきたい大王刺身盛り合わせ 1300 円(左上)　左下／天草大王のさまざまな部位を楽しむ　右下／山小屋のようなぬくもりのある店内

🚗 天草宝島観光協会から車で約5分　🏠 天草市港町5-15　☎ (0969)22-7088　🕐 17:00〜23:00　休 月曜　🅿 あり　URL www.tori-amakusa.com

海鮮　エリア 五和　MAP P.81B1
天草海鮮蔵
あまくさかいせんくら

ちゃきちゃきの女将がおもてなし

マダコやアワビを贅沢に使った海鮮バーベキューや、丼からはみ出すほど刺身がのった海鮮丼など、豪快なメニューが魅力。イルカウオッチングと食事のセットも好評。

上／はまんこら焼セットあわび付き 3300 円(写真は 2 人前)、てんこ盛り海鮮丼 1815 円　左下／みやげ物店を併設　右下／漁師の番屋風の食事処

🚗 天草宝島観光協会から車で約23分　🏠 天草市五和町鬼池4733-1　☎ (0969) 52-7707　🕐 11:00〜16:00　休 不定休　💳 可　🅿 あり　URL kaisenkura.com

海鮮　エリア 五和　MAP P.81A1
天草生うに本舗 丸健水産
あまくさなまうにほんぽ まるけんすいさん

天草の生ウニにこだわり 30 年

1 年を通してさまざまなウニが取れる天草で、甘味がピークとなる最高の種類を提供。なかでも夏に漁が解禁となるアカウニは宝多ウニとも呼ばれ、濃厚な味わいが絶品。

左／手前から天草産のうにと海の幸どんぶり 2750 円、ぜっぴんうに丼 3300 円　右上／イルカウオッチングも開催。食事付きのコースを用意　右下／海産物のおみやげを販売

🚗 天草宝島観光協会から車で約25分　🏠 天草市五和町二江4662-5　☎ (0969) 33-1131　🕐 11:00〜15:00　休 不定休　💳 可　🅿 あり　URL maruken.net

Voice 天草ではいろいろな種類のウニが水揚げされる。おおまかに 3 〜 5 月がムラサキウニ、6 〜 9 月がアカウニ、10 〜 2 月がガンガゼのシーズン。五和周辺では漁師が昔ながらの素潜り漁を行っている。

🍶 居酒屋　エリア 本渡　MAP 折り込み② C2

天草大王専門店 ヤキトリマン
あまくさだいおうせんもんてん やきとりまん

備長炭で焼き上げた農場直送の天草大王！

自家農場で育てたこだわりの天草大王を味わえる店。いちばん人気は、備長炭でうま味を閉じ込めた天草大王もも焼き1408円(中)。天草大王焼鳥220円～のほか変わり串も豊富。

上／新鮮な胸肉を使う天草地鶏のたたき858円はポン酢で　左下／阿蘇溶岩のプレートで出されるスモーキーな天草大王もも焼き　右下／全席個室

🚃 天草宝島観光協会から徒歩約7分　🏠 天草市南町1-1
📞 (0969) 22-6640　🕐 17:00～23:00　休 不定休
🅿 あり　URL yakitoriman.jp

🍶 肉料理　エリア 五和　MAP P.81B2

たなか畜産
たなかちくさん

惜しみなく盛られる最高級の黒毛和牛

地元で「肉ならここ」と絶賛される焼肉店。直営牧場で育てた黒毛和牛が自慢。赤身ランチ2530円や、希少部位三種盛セット4180円など、さまざまな部位を味わえる。

上／希少部位三種盛セット。とろける特選肉が味わえる　左下／古民家風の店内には個室も　右下／半屋外のテーブルで肉三昧

🚃 天草宝島観光協会から車で約15分　🏠 天草市五和町城河原2-101-1　📞 (0969) 34-0288　🕐 11:30～16:00 (L.O.15:00)
休 不定休　🅿 あり　URL tanakachikusan.com

🍶 和食店　エリア 本渡　MAP 折り込み② C3

串焼よみや
くしやきよみや

地元の常連客でにぎわう老舗の和食店

40年以上にわたって地元客に愛される和食店。天草の食材を使った料理が多く、素材に合わせたひと手間が光る。自家製のポン酢やドレッシングを使うなど手作りの味が評判。

左／串焼き150円～のほか、仕入れによって変わる本日の料理が充実している　右上／L字型のカウンターと座敷を用意　右下／小さな入口から居心地のよい空間へ

🚃 天草宝島観光協会から徒歩約10分　🏠 天草市浄南町1-4
📞 (0969) 23-7778　🕐 18:00～23:00　休 日曜（連休は営業することもある）　🅿 あり

🍶 フランス料理　エリア 本渡　MAP 折り込み② C2

シャルキュティエ Picasso
しゃるきゅてぃえ ぴかそ

天草の食材を華やかなフレンチの一皿に

天草大王のレバーペースト680円やロザリオポークのパテドカンパーニュ600円など、天草が誇る食材をフレンチで楽しめるレストラン。迷ったらオードブル盛り合わせ1000円を。

左／海と山の幸を存分に味わえるオードブル盛り合わせ　右上／和風ガーリックソースでいただくロザリオポークのステーキ1300円　右下／カジュアルな店内

🚃 天草宝島観光協会から徒歩約8分　🏠 天草市南新町3-8
📞 (0969) 66-9595　🕐 18:30～24:00 (L.O.23:30)
休 木曜　カード 可　🅿 あり　URL picasso2014.com

voice テレビや雑誌にたびたび登場し、著名人にもファンが多い「たなか畜産」。土・日曜には黒毛和牛の生肉を販売している。全国に発送してくれるのでおみやげにもよい。

🍚 居酒屋　エリア 本渡　MAP 折り込み② C3

おさかな食堂 将吾
おさかなしょくどう しょうご

天草育ちのイケメン大将が腕を振るう

　2021年リニューアルオープンのおしゃれな空間。天草産の魚介を使った刺身の盛り合わせ1320円〜は、1人前でこのボリューム。ガラカブ（カサゴ）の唐揚げは880円。

上／タイやハモほか季節の魚がたっぷり
左下／一軒家タイプの居酒屋
右下／若いスタッフが元気いっぱい

🚃 天草宝島観光協会から徒歩約10分　🏠 天草市浄南長1-12-2
☎ (0969) 66-9156　🕐 18:00〜23:00　休 日曜
カード 可　駐車場 あり

🍣 寿司　エリア 五和　MAP P.81A1

幸寿司
さいわいずし

漁師の町ならではの豪快な盛りつけが圧巻

　五和で随一の人気を誇る寿司店。器から刺身がはみ出す海鮮丼と活きアワビのおどり焼きがセットになった幸丼は2980円。五和産の地タコ刺し800円はモチモチの食感。

上／小鉢と汁物も付いた数量限定の幸丼
左下／五和の海岸道路沿いにある　右下／テーブル席と座敷席が

🚃 天草宝島観光協会から徒歩約22分　🏠 天草市五和町4806-1
☎ (0969) 33-1644　🕐 12:00〜20:00 ※ネタ切れ終了
休 火曜　駐車場 あり　URL saiwai.link

🍚 居酒屋　エリア 本渡　MAP 折り込み② B2

藤家
ふじや

じっくり煮込んだスペアリブが大人気

　天草出身のマスターがおもてなし。ホロホロの肉にうま味が凝縮された自家製スペアリブ1本350円は、常連客が必ずオーダーする鉄板メニュー。熊本名産の馬刺しは950円。

上／ハガツオやカンパチなど旬の素材を集めた刺身盛り1人前1200円〜
左下／招き猫が目印　右下／座敷席も

🚃 天草宝島観光協会から徒歩約2分　🏠 天草市中央新町2-16
☎ (0969) 24-2500　🕐 17:00〜23:00　休 日曜
カード 可　駐車場 あり

🍚 居酒屋　エリア 本渡　MAP 折り込み② B2

居酒屋 語らいの里 あまくさ村
いざかや かたらいのさと あまくさむら

豊富なメニューとリーズナブルな価格が評判

　天草宝牧豚の生姜焼き700円、天草大王の手羽先1本500円、刺身盛り1人前1200円など、天草名物を手頃な価格で食べられる。つまみも多く、のんびりお酒を飲みたい人に最適。

上／天草宝牧豚は脂に甘味がたっぷり
左下／しっとりとしたたたずまい
右下／グループ向けのテーブル席も完備

🚃 天草宝島観光協会から徒歩約3分　🏠 天草市栄町10-36
☎ (0969) 24-1600　🕐 12:00〜14:00 (L.O.)、17:00〜22:00 (L.O.)
※土曜は12:00〜24:00 (L.O.)、日曜、祝日は12:00〜21:00 (L.O.)
休 不定休　駐車場 あり

voice　ガラカブとは、熊本の方言でカサゴのこと。淡泊ながら上品な味わいで、刺身や煮付け、から揚げなどで味わえる。また、キダコとはウツボのこと。弾力のある身が特徴で、刺身や湯引きをはじめ、しゃぶしゃぶを提供する飲食店も。

🍽 肉料理　エリア 本渡　MAP 折り込み② D3

ビーフヤヒロ
びーふやひろ

上質な肉をお好みの調理法で満喫

　九州産の肉にこだわる肉料理専門店。佐賀産和牛を中心としたサーロインやヒレが絶品。天草大王ステーキやあまくさ宝牧豚の焼肉など、天草産のメニューも充実している。

上／焼肉のコースは2800円～
左下／カジュアルな店舗
右下／肉と一緒にサラダバー400円を

🚗 天草宝島観光協会から車で7分　🏠 天草市東町25-2
☎ (0969) 23-5840　🕐 11:30～15:00、17:30～21:00 ※土・日曜、祝日は昼休みなし　🈚 火曜　🅿 あり
🔗 yahiro.sakura.ne.jp/yahiro/yakiniku

🍽 海鮮　エリア 本渡　MAP P.81B3

いけす料理 とらや
いけすりょうり とらや

本渡瀬戸を眺める窓際の席で食事を

　生けすで泳ぐ旬の食材を新鮮なままテーブルへ。人気はクルマエビやウニ、アワビ、ヒラメなど高級なネタが並ぶ上にぎり 2750円。

🚗 天草宝島観光協会から車で約10分　🏠 天草市志柿町6327-8　☎ (0969)22-3855　🕐 11:00～21:00 (L.O.20:00)
🈚 不定休　💳 可　🅿 あり　🔗 toraya.tv

🍽 郷土料理　エリア 本渡　MAP 折り込み② C2

茶寮 やまと家
さりょう やまとや

古民家レストランで天草の郷土料理を

　ジャガイモを団子にしたせんだご汁 750円など、天草や熊本の料理を味わえる。1935年築の旅館を改装した店舗は、重厚感があり木のあたたかみを感じられる。

🚗 天草宝島観光協会から徒歩約5分　🏠 天草市栄町5-18　☎ (0969) 23-5431　🕐 11:30～15:00、17:00～22:00 (L.O.21:30)　🈚 なし　💳 可　🅿 あり

🍽 居酒屋　エリア 本渡　MAP 折り込み② C2

伊勢元
いせげん

天草の家庭の味、押包丁が名物に

　小麦粉の生地を包丁で押すように切る、うどんに似た麺料理、押包丁 510円～が食べられる。女将の母親がよく作ってくれたという家庭の味を再現した。

🚶 天草宝島観光協会から徒歩約8分　🏠 天草市南町2-6　☎ (0969)23-5374　🕐 11:30～14:00、17:00～21:00 (L.O.20:30)　🈚 不定休　🅿 あり

🍽 居酒屋　エリア 本渡　MAP 折り込み② B2

入 福
いりふく

天然地魚と日本酒のマリアージュ

　創業70年以上の老舗居酒屋。天然地魚を中心とした刺身盛り合わせ 1000円～ほか、魚介料理が充実している。全国の日本酒が揃うのも魅力的。

🚶 天草宝島観光協会から徒歩約2分　🏠 天草市中央新町3-22　☎ (0969)22-2827　🕐 18:00～22:00 (L.O.21:30)　🈚 日曜　💳 可　🅿 なし

🍽 カフェ　エリア 五和　MAP P.81B2

楽園珈琲
らくえんこーひー

心のぬくもりを感じるスペシャルティコーヒー

　コーヒーの香りが漂う店内は、靴を脱いでくつろぐ居心地のよい空間。安心できる豆を選び、ていねいに入れた一杯に心が和む。

🚗 天草宝島観光協会から車で約15分　🏠 天草市五和町城河原1-99-1　☎ 090-2483-2105　🕐 12:00～17:00　🈚 火・水曜　💳 可　🅿 あり　🔗 www.rakuencoffee.com

🍽 カフェ　エリア 本渡　MAP P.81B2

町家カフェ
まちやかふぇ

築100年の町家でほっこりカフェタイム

　天草更紗 染元 野のやに併設された古民家カフェ。天草産のフルーツたっぷりパンケーキ 1300円～など、スイーツメニューが充実している。

🚗 天草宝島観光協会から車で約12分　🏠 天草市佐伊津町2212-2　☎ (0969)24-8383　🕐 11:30～18:00 (ランチは～14:00)　🈚 木曜　🅿 あり
🔗 www.sarasa-nonoya.com　※2023年3月現在一時休業中

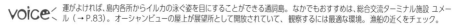

voice 運がよければ、島内各所からイルカの泳ぐ姿を目にすることができる通詞島。なかでもおすすめは、総合交流ターミナル施設 ユメマール（→P.83）。オーシャンビューの屋上が展望所として開放されていて、観察するには最適な環境。漁船の近くをチェック。

特産品　エリア 本渡　MAP P.81C3
天草とれたて市場
あまくさとれたていちば

産地直送の海の幸、山の幸がいっぱい

　天草で取れた野菜やフルーツ、生鮮食品などが集まるJA直売所。旬の味覚が詰まった加工品も充実しているので島らしいおみやげ探しにぴったり。

🚗 天草宝島観光協会から車で約10分　🏠 天草市瀬戸町2-1　☎ (0969) 32-6888　🕐 10:00〜18:00　休 なし　カード 可　駐車場 可

特産品　エリア 本渡　MAP 折り込み② B2
玉木商店
たまきしょうてん

空港にも支店を出す老舗商店

　1907年創業の歴史ある店。最高級といわれる富岡産ウニの特選甘塩うに3900円〜と、新芽のみを佃煮にした煮山椒1500円〜は、いつでも品薄の贈答品の定番になっている。

🚗 天草宝島観光協会から徒歩すぐ　🏠 天草市中央新町17-3　☎ (0969) 22-2032　🕐 9:00〜18:30　休 なし　駐車場 なし

特産品　エリア 新和　MAP P.81B4
しんわ夕やけ市場
しんわゆうやけいちば

生産者の顔が見える地元食材を買いに

　月〜土曜に開かれる地元の人でにぎやかな直売品市場。企画から運営、会計までを町民が行う。新和町を中心に約100人が会員となり、旬の食材を販売。

🚗 天草宝島観光協会から車で約18分　🏠 天草市新和町小宮地127-1　☎ (0969) 46-2039　🕐 9:00〜18:00　休 日曜　駐車場 あり

特産品　エリア 五和　MAP P.81B2
直売所わかみや
ちょくばいしょわかみや

地元のおばちゃんとの会話を楽しもう

　天草の農産物や海産物をはじめ、花や工芸品、菓子などが並ぶ。五和の池先しょうゆの甘露は、甘口で刺身や煮物に最適。店員は気さくなおばちゃんばかりなので、話しかけてみよう。

🚗 天草宝島観光協会から車で約20分　🏠 天草市五和町御領9490-1　☎ (0969) 32-1700　🕐 8:00〜18:00　休 なし　駐車場 あり

海産物　エリア 五和　MAP P.81B1
天草海鮮蔵 お土産物売場
あまくさかいせんくら おみやげものうりば

ウニやタコを使ったオリジナルの加工食品を！

　食事処やカフェを併設する海鮮加工品が充実したみやげ物店。特製ホワイトソースで包んだ生ウニコロッケ1個330円をおやつに。

🚗 天草宝島観光協会から車で約23分　🏠「天草海鮮蔵」内→P.85　☎ (0969) 52-7707　🕐 9:00〜17:00　休 不定休　カード 可　駐車場 あり　URL kaisenkura.com

雑貨　エリア 本渡　MAP 折り込み② B2
Green Note
ぐりーん のーと

見るだけでも楽しめる雑多な空間

　花や観葉植物に彩られたかわいい店に入ると、店内には食器や洋服、フレグランスなどが並ぶ。数席のカフェカウンターでひと休み。

🚗 天草宝島観光協会から徒歩約5分　🏠 天草市中央新町21-14　☎ (0969) 24-7744　🕐 11:00〜19:00　休 なし　カード 可　駐車場 あり　URL greennote2005.jp

菓子　エリア 本渡　MAP P.81B2
南蛮菓子工房えすぽると
なんばんかしこうぼうえすぽると

ポルトガルを意識した創作菓子を

　イチジクや天草晩柑など地元の農家から仕入れた果物を中心に、できる限り天草の食材を使ったお菓子を作る。芳醇な香りのチーズズコット1394円を。

🚗 天草宝島観光協会から車で約12分　🏠 天草市佐伊津町2140-8　☎ (0969) 23-6827　🕐 9:00〜17:30　休 日曜　駐車場 あり　URL amaame.com

特産品　エリア 本渡　MAP 折り込み② C2
しろう天草観光朝市
しろうあまくさかんこうあさいち

地元客に混じって新鮮食材をゲット

　毎週日曜に、生産者が自分で作った野菜や干物、総菜などを並べて販売する朝市。人気食材狙いの地元のお客さんも多い。

🚗 天草宝島観光協会から車で約5分　🏠 天草市栄町南川ブロムナード　☎ (0969) 23-4800 (植田食品)　🕐 日曜の6:30〜7:30ごろ　休 月〜土曜　駐車場 なし

VOICE　天正遣欧少年使節の引率者、メスキータ神父の手紙に「ポルトガルからイチジクの苗を持ってきた」との記載があり、天草はイチジク発祥の地といわれる。今でも天草ではイチジクを南蛮柿と呼び、夏のフルーツとして、またお菓子の材料として親しまれている。

🎁 特産品　エリア 五和　MAP P.81B2

天草オリーブ園 AVILO
あまくさおりーぶえん あうぃろ

天草産のオリーブを新たな名産として販売

　11種のオリーブを栽培し、手つみで24時間以内に搾油。オイルの購入やテイスティングのほか、オリーブ畑の散策ができる。

🚌 天草宝島観光協会から車で約15分　🏠 天草市五和町卸領曲田1580-1　☎ (0969)32-0366　🕐 9:00～17:00　休 不定休　駐車場 あり　URL www.avilo-olive.com

🎁 スーパー　エリア 本渡　MAP 折り込み② B1

グリーントップ本渡
ぐりーんとっぷほんど

産地直送の新鮮な農産物をゲット！

　天草名産の柑橘類や野菜をはじめ、地元農家が愛情を込めて育てた取れたて青果が並ぶ。たこめしや漬物など、素朴な総菜もチェックして。

🚌 天草宝島観光協会から徒歩約15分　🏠 天草市八幡町1-26　☎ (0969)24-1516　🕐 8:30～19:00　休 なし　カード 可　駐車場 あり　URL www.greentop-hondo.com

🏨 ホテル　エリア 本渡　MAP 折り込み② D3

天草プリンスホテル
あまくさぷりんすほてる

海外からも注目される早朝ウオーキング！

　スタッフの案内で早朝、名所を巡るヘルスツーリズム（→ P.48）が話題のホテル。多種多様な料理プランのなかにはうつぼ会席3000円～などユニークなものも。300円で釣竿を貸してくれ、釣った魚は調理して夕食に出してくれる。

上／眺望のよい大浴場は疲れを癒やすラジウム泉　左下／2・3階に8畳と10畳の和室を用意　右下／宿泊客は無料の早朝ウオーキングツアー

🚌 天草宝島観光協会から車で約8分　🏠 天草市東町92　☎ (0969)22-5136　料 朝6600円～、朝夕9900円～　客室数 28室　カード 可　駐車場 あり　URL amakusa-princehotel.jp

🏨 ホテル　エリア 本渡　MAP P.81C3

ホテルアレグリアガーデンズ天草
ほてるあれぐりあがーでんずあまくさ

刻々と表情を変える海を眺める上質な時間

　本渡海水浴場を見渡す丘の上のホテル。大きな窓から光が差し込むロビーは、目の前に水平線が延びる絶景ポイント。客室やレストラン、浴場からも爽快な眺めを堪能できる。離れの4部屋には、源泉かけ流しの露天風呂が備わる。

上／脚本家の小山薫堂氏プロデュースの客室、トップテラス501　左下／明るく居心地のよいロビー　右下／チャペルの前にはガーデンが

🚌 天草宝島観光協会から車で約7分　🏠 天草市本渡町広瀬996　☎ (0969)22-3161　料 朝1万円～、朝夕1万5400円～　客室数 55室　カード 可　駐車場 あり　URL hotel-alegria.jp

🏯 旅館　エリア 本渡　MAP 折り込み② C2

和み宿 新和荘 海心
なごみやど しんわそう かいしん

落ち着いて過ごせるアットホームな宿

　住宅地のなかにたたずむモダンな隠れ家。緑鮮やかな中庭を挟んでふたつの客室棟が立つ。少しずつデザインの異なる10室は、採光のよい窓や明るい白壁など居心地のよい空間だ。

上／10室のうち4室はバス・トイレ付き、6室はトイレのみ　左下／天井が高いフロントはカフェ利用も　右下／ヒバの桶を使った丸風呂

🚌 天草宝島観光協会から車で約5分　🏠 天草市港町11-19　☎ (0969)22-3653　料 素7900円～、朝8700円～、朝夕1万5300円～　客室数 10室　カード 可　駐車場 あり　URL www.shinwasou.com

VoiCe〈「ホテルアレグリアガーデンズ天草」の敷地内には、天然温泉施設「ペルラの湯舟」があり宿泊客は無料、ビジターゲストの日帰り入浴は700円（6:00～8:30、13:00～22:00）。レストランやマッサージも併設されていて快適。

🏨 ホテル ［エリア］本渡 ［MAP］P.81B3
アマクサ サンタカミングホテル
あまくさ さんたかみんぐほてる

1年中、クリスマス気分のハッピーホテル

450年以上にわたりクリスマスを祝い続けてきた天草を象徴するホテル。館内はクリスマス気分を盛り上げる装飾でいっぱい。北欧家具を配した客室はシンプルで居心地よいと評判。

上／最も広い特別ツインは家族に人気　左下／ロビーからクリスマスムードたっぷり　右下／レストランは本渡瀬戸海峡を望む海峡ビュー

🚌 天草四郎観光協会から車で7分　🏠 天草市亀場町亀川74-3　☎ (0969) 22-0100　📲 素8000円～、朝9500円～、朝夕1万1500円～　［客室数］31室　［カード］可　［駐車場］あり
URL red-happiness.com

🏨 ホテル ［エリア］本渡 ［MAP］P.81B3
エコホテル アシスト
えこほてる あしすと

シングルルームも充実の大型ホテル

和洋室にコインランドリーを完備し、長期滞在にもぴったり。新館はバリアフリー設計になっている。朝食は和食と洋食から選べるセットメニュー。

🚌 天草宝島観光協会から車で約7分　🏠 天草市亀場町亀川135-1　☎ (0969) 33-7700　📲 朝夕7800円～　［客室数］39室　［カード］可　［駐車場］あり　URL www.maassist.jp

🏨 ホテル ［エリア］本渡 ［MAP］P.81C3
ホテル 河丁
ほてる かわちょう

本渡港を一望する海辺の宿

シングルルームも設けた海沿いのホテル。海水を沸かした塩風呂が自慢。旬の地魚が揃う食事処、さしみ屋河丁を併設する。

🚌 天草宝島観光協会から車で約10分　🏠 天草市志柿町7102　☎ (0969) 23-7261　📲 素5600円～、朝夕7600円～　［客室数］39室　［カード］可　［駐車場］あり

🏨 旅館 ［エリア］本渡 ［MAP］折り込み② C3
プラザホテル ベルメゾン
ぷらざほてる べるめぞん

暮らすように過ごすコンドミニアム

洗濯機や電子レンジ、キッチンなどが備わるコンドミニアムタイプのホテル。プラザホテル アネックスの裏に立つ。全室セミダブルで1～2人の利用にぴったり。

🚌 天草宝島観光協会から徒歩約8分　🏠 天草市太田町17-3　☎ (0969) 23-3000　📲 素4400円～、朝5300円～、朝夕1万円～　［客室数］12室　［カード］可　［駐車場］あり

🏨 ホテル ［エリア］本渡 ［MAP］折り込み② C2
ホテルサンロード
ほてるさんろーど

本渡の中心部に立つビジネスホテル

飲食店の多い本渡の繁華街に位置し、ビジネスにも観光にも便利なホテル。朝食はセットメニュー。

🚌 天草宝島観光協会から徒歩約8分　🏠 天草市南新町1-5　☎ (0969) 24-1100　📲 素6000円～、朝6800円～　［客室数］58室　［カード］可　［駐車場］あり　URL www.amakusa-hotel-sunroad.co.jp

🏨 旅館 ［エリア］本渡 ［MAP］折り込み② B1
松屋旅館
まつやりょかん

大正時代から100年続く老舗

創業1918年という、全室和室の昔ながらの旅館。旬の魚介や野菜を使った料理は、天草産がこだわり。城山公園やキリシタン館に近く観光の拠点に最適。

🚌 天草宝島観光協会から徒歩約5分　🏠 天草市城下町4-10　☎ (0969) 22-2261　📲 素3500円～、朝4000円～、朝夕6000円～　［客室数］9室　［駐車場］あり

🏨 旅館 ［エリア］本渡 ［MAP］折り込み② B2
栄美屋旅館
えみやりょかん

1933年創業のやすらぎの宿

ご主人自ら漁船に乗って取った旬の魚を、創意工夫を凝らした料理にしてくれる。4.5～12畳の和室と和洋室を用意。

🚌 天草宝島観光協会から徒歩約2分　🏠 天草市古川町1-5　☎ (0969) 22-3207　📲 素5940円～、朝6710円～、朝夕9900円～　［客室数］12室　［カード］可　［駐車場］あり　URL emiya.kataranna.com

---

voice 天草市は面積683.32km²という熊本県最大の市。市の花は海岸付近に自生し7～8月に黄色の花を咲かせるハマボウ、市の木は昔から防風林にも利用されるアコウ、市の鳥は港などで見かけるカモメ、市の魚は近海で1年を通して水揚げされるタイ。

西エリア
（苓北・天草・河浦・牛深）

天草下島の西海岸を占めるエリア。下田温泉や崎津教会など天草を代表する観光地が点在する。牛深方面へ行く際は車での移動距離が長くなるので時間に余裕をもって！

観る・遊ぶ

目的の町に腰を据えてのんびり散策を

　港周辺に民家が密集する崎津や牛深の漁村景観、苓北町の富岡城、日帰り温泉も楽しめる下田温泉など、町歩きを堪能できるスポットが充実している。日本の夕陽百選や天草夕陽八景に選ばれた、西海岸からの夕日も楽しみ。

食べる・飲む

天草灘で揚がった海産物は新鮮そのもの

　対馬暖流がダイレクトに注ぐ天草灘は海水に養分が多く、沖ではマダイやヒラマサなどの大型魚、沿岸ではウニやアワビ、ワタリガニなどが水揚げされる。イセエビは漁が解禁される9〜4月が旬。港周辺の飲食店や海鮮旅館で味わえる。

買う

牛深の海産物や天草の野菜、果物に注目

　天草下島南部で最大規模のみやげ店は、道の駅 うしぶか海彩館。牛深名物のかまぼこをはじめ、海産物の加工品が豊富に揃う。そのほかの町では、温泉施設や道の駅など、公共施設が特産品の販売を行っている場合が多い。

泊まる

下田温泉は贅沢な源泉かけ流しの湯

　熊本県きっての名湯として知られる下田温泉。源泉を沸かしたり薄めたりせずにそのまま引いたかけ流しの湯は、無色透明でお肌がツルツルに。客室内の風呂や貸し切り風呂にゆっくりとつかりたい。苓北や牛深には海が見える宿が。

西エリア

折り込みMAP④ 苓北
あまくさ苓北観光協会 P.126
味千ラーメン苓北店 P.54
おっぱい岩 P.93
五和町
苓北町役場
苓北給食センター 鶴＆亀 P.26
お食事処いさりび P.26
天草空港
内田皿山焼 P.61,107
天草市
染岳
苓北町
天竺
柱岳
折り込みMAP⑤ 下田温泉
福連木子守唄直売所 産直まごころ市場 P.95
行人岳
鬼海ヶ浦展望所 P.93
天草西海岸ホリデーパーク風来望 P.125
石山離宮 五足のくつ P.96
天草町
道の駅 宮地岳かかしの里 P.95
小田床湾 P.40
鷲ヶ岳
角山
SUNSET CAFE キャンプ場 P.125
福連木子守唄公園 オートキャンプ場 P.125
楠原岳
愛宕山
十三仏公園 P.69,93
天草西高
十三野山
白鶴浜海水浴場 P.43
高浜焼 寿芳窯 P.61
河浦町
行人岳
新和町
西平椿公園 P.69,93
矢筈岳
大江教会 P.59
天草市交流施設 愛夢里 ロッジ P.125
天草ロザリオ館 P.59
辨 P.95
天草市総合交流施設 愛夢里 天然温泉 P.94
一町田小
天草コレジヨ館 P.59
折り込みMAP③ 崎津集落
EAT730 P.27
柱岳
梶木岳
天草市交流施設 愛夢里 海上コテージ P.125
五龍山
古江岳
産島キャンプ場 P.125
石神山
六郎次山
産島
天草レストハウス 結乃里 P.125
高取山
遠見岳
牛深町
牛深温泉センター やすらぎの湯 P.94
天草市宿泊施設 やすらぎ荘 P.97
権現山
魚貫湾
三浦屋跡 P.52
よかよかダイビング P.42
茂串海水浴場 P.43
牛深海彩
遠見山 遠見山公園 P.93
山水産 P.28,95
桑島
宿 やました P.97
鹿児島県
紅裙亭跡 P.52
折り込みMAP⑥ 牛深
大島

N
0 2.5 5km

法ヶ島
下須島
牛深海水浴場 P.93
梁ノ島
砂月海水浴場 P.43

● 観る・遊ぶ
● 食事処
S みやげ物店
H 宿泊施設
● 観光案内所
A アクティビティ会社
● 教会

天草下島の最高峰が、苓北町南の山間部にそびえる標高538mの天竺。頂上にいちばん近い駐車場から15分ほど歩くと山頂に達し、遠く阿蘇の噴煙を眺めるなど、360度のパノラマの風景を楽しめる。春には4500本のツツジに彩られる。

📷 公園 　エリア 天草 　MAP P.92A2
西平椿公園
にしびらつばきこうえん

あの有名アニメの世界観にひたれる巨木が!?

　およそ 2 万本のヤブツバキが群生し、初春には真っ赤な花で彩られる海沿いの公園。高さ約 20m のアコウの木が立ち、巨岩に根を張り大枝を伸ばす姿から「天草のラピュタ」と呼ばれて人気を集めている。美しい夕日も見もの。

上／展望台から海に沈む夕日を眺められる　左下／階段を下りると現れる、樹齢 100 年以上といわれるアコウの木　右下／ゲートの先に駐車場が

🚗 天草宝島観光協会から車で約50分
🏠 天草市天草町大江　🅿 あり

📷 景勝地 　エリア 河浦 　MAP 折り込み③ B3
教会の見えるチャペルの鐘展望公園
きょうかいのみえるちゃぺるのかねてんぼうこうえん

約 500 段の階段を上った人だけが見られる絶景

　標高約 80m の金比羅山の頂にある公園。﨑津諏訪神社の境内から続く長い階段を踏破すると、﨑津教会と集落を見下ろす展望スペースに到着。ふたつの大きな鐘があり、羊角湾や東シナ海を眺めながら鳴らすことができる。

上／澄んだ音が響く海辺の鐘　左下／﨑津教会がまるで海に浮かんでいるように見える　右下／展望スペース中央にも鐘が設置されている

🚗 天草宝島観光協会から車で約45分＋徒歩約20分
🏠 天草市河浦町﨑津　🅿 あり

📷 景勝地 　エリア 天草 　MAP P.92B2
鬼海ヶ浦展望所
きかいがうらてんぼうしょ

日本の夕陽百選に選定された名所

　下田温泉から海岸沿いの国道 389 号を南下してすぐ。荒々しい岸壁からせり出すウッドデッキに立つと、藍色に染まる東シナ海がどこまでも続いている。水平線に沈む夕日が美しい。

🚗 天草宝島観光協会から車で約35分　🏠 天草市天草町下田北
🅿 あり

📷 景勝地 　エリア 牛深 　MAP P.92B4
遠見山公園
とおみやまこうえん

山頂からの眺めを楽しむビュースポット

　標高 217m の遠見山山頂一帯に広がる、別名「すいせん公園」。12 月中旬から 2 月にかけて、斜面に植えられた約 50 万株のスイセンが見頃を迎える。夕日の名所としても知られる。

🚗 天草宝島観光協会から車で約55分　🏠 天草市牛深町
🅿 あり

📷 公園 　エリア 天草 　MAP P.92A2
十三仏公園
じゅうさんぶつこうえん

白鶴浜を真っ赤に染める夕日が美しい

　園内に立つ十三体の仏像を祀った堂が名前の由来。北に妙見浦、南に白鶴浜海水浴場を望み、ここからの風景を読んだ与謝野鉄寛、晶子夫妻の歌碑が。こちらも日本の夕陽百選のひとつ。

🚗 天草宝島観光協会から車で約45分　🏠 天草市天草町高浜北
🅿 あり

📷 景勝地 　エリア 苓北 　MAP P.92C1
おっぱい岩
おっぱいいわ

その名のとおりに超リアルな奇岩

　女性の乳房のような形の岩。太古の海底で形成されたものが、周囲の岩石より硬かったため残ったとされる。現れるのは干潮時。触れると乳房が大きくなり、乳の出がよくなるとか。

🚗 天草宝島観光協会から車で約30分　🏠 天草郡苓北町坂瀬川
🅿 あり

 天草下島西海岸から牛深にかけてはスクーバダイビングが盛ん。西平椿公園の沖は釣り場としても人気のビッグスポットで、テーブルサンゴが群生する。牛深海域公園ではさまざまなサンゴで彩られる中に、ソラスズメダイなどカラフルな魚が乱れ舞う。

📷 橋　　エリア 牛深　MAP 折り込み⑥ C2

牛深ハイヤ大橋
うしぶかはいやおおはし

両側に歩道があり歩いて渡れる！

1997年に完成した長さ883mの橋。牛深漁港をまたぎ、水産加工基地のある後浜地区と、漁港施設のある台場地区を結ぶ。風景と一体化したしなやかな姿が美しく、夜はライトアップされる。

🚗 天草宝島観光協会から車で約55分　🏠 天草市牛深町
🅿 なし

📷 温泉　　エリア 牛深　MAP P.92B3

牛深温泉センター やすらぎの湯
うしぶかおんせんせんたー やすらぎのゆ

弱アルカリ性の湯でお肌がツルツル

牛深では唯一の温泉施設。しっとりと肌に優しい湯は地元の人にも愛される。

🚗 天草宝島観光協会から車で約45分　🏠「天草市宿泊施設やすらぎ荘」内→P.97
📞 (0969) 72-6666
🕐 10:00〜20:00　🈹 第3火曜
🈹 500円、中学生300円、3歳〜小学生200円　🅿 あり

📷 温泉　　エリア 河浦　MAP P.92B3

天草市総合交流施設 愛夢里 天然温泉
あまくさそうごうこうりゅうしせつ あむり てんねんおんせん

宿泊も食事もできる天草最大の温泉施設

露天に家族風呂、ジェットバスと、天然温泉を引いた浴場がいっぱい。

🚗 天草宝島観光協会から車で約38分　🏠 天草市河浦町河浦4747-1　📞 (0969)76-1526
🕐 15:00〜21:00　🈹 月曜
（祝日の場合は翌日）　🈹 500円、中学生300円、3歳〜小学生200円
🅿 あり　🔗 www.amuri-onsen.jp

🍴 海鮮　　エリア 牛深　MAP 折り込み⑥ C1

道の駅 うしぶか海彩館 レストランあおさ
みちのえき うしぶかかいさいかん れすとらんあおさ

旬の海鮮をダイナミックに盛るのが牛深流

大きな窓から牛深港を一望。海鮮丼1585円や、たれに漬け込んだヅケにだし汁をかける漁師メシ1355円など質も量も大満足。

🚗 天草宝島観光協会から車で約55分　🏠「道の駅 うしぶか海彩館」内→P.95　📞 (0969) 73-3818　🕐 11:00〜20:00
🈹 第3火曜　🅿 あり　🔗 kaisaikan.com

🍴 寿司　　エリア 河浦　MAP 折り込み③ C2

海月
くらげ

海沿いの一軒家で食べる、見た目も美しい絶品寿司

天然にこだわる店主が「ここに来ないと食べられない」をモットーに握る寿司が評判を呼んでいる。漁師から直接仕入れることもあるネタは、1貫ごとに魚の個性を味わえる。

左／人気のおまかせ握りは5500円〜。写真は2人前。海鮮ちらし寿司3300円〜も華やか
右上／店舗は海に面した洋風の一軒家。店内にはカウンターとテーブル席が用意されている

🚗 天草宝島観光協会から車で約45分　🏠 天草市河浦町崎津545
📞 (0969) 79-0051　🕐 12:00〜14:00
🈹 不定休　🅿 なし

🍴 寿司　　エリア 牛深　MAP 折り込み⑥ A2

すし鮮
すしせん

牛深出身の大将が握る地元の鮮魚

牛深で水揚げされた魚を中心に、新鮮な魚介を楽しめる。握りをはじめ、刺身や天ぷらなどを鮮やかに盛りつけたコースは3300円〜。ほのかな甘味が漂うトンビ貝もおすすめ。

上／牛深の海の幸を存分に味わえるコースがおすすめ
左下／旬の魚をはじめ一品料理も充実している
右下／閑静な住宅地に立つ一軒家

🚗 天草宝島観光協会から車で約55分　🏠 天草市牛深町3473-5
📞 (0969) 74-0607　🕐 18:00〜21:00 (L.O.)　🈹 不定休
🅿 あり

Voice《 牛深ハイヤ大橋は、関西国際空港の旅客ターミナルビルを手がけたイタリアの建築家レンゾ・ピアノ氏による設計。橋脚を可能な限り少なくし、1本の線として海上に緩やかなカーブを描くデザインが、牛深の素朴な港町の風景に違和感なく溶け込んでいる。

和食　天草洋（あまくさなだ）
エリア 苓北　MAP 折り込み④ B2

季節限定の苓北名物、緋扇貝が食べられる和食店

　定食や丼など食事メニューが充実。10〜3月頃は苓北特産、緋扇貝の刺身 600 円〜が食べられる。肉厚の貝柱は甘くて上品な味。3〜5月は新鮮なウニ丼（時価）がおすすめ。

左／緋扇貝の刺身と殻焼きが付いた夕映え定食1850円は季節限定メニュー　右上／ドライブの途中に寄りたい食事処。鯛かぶと煮定食1150円など天草の味を楽しめる　右下／ランチタイムは地元客も多い

🚗 天草宝島観光協会から車で30分　🏠 天草郡苓北町富岡3564-2　📞 (0969) 35-0007　🕐 11:00〜14:00、17:00〜20:00　休 月曜　🅿 あり

和食　魚正（うおまさ）
エリア 牛深　MAP 折り込み⑥ C1

海を見下ろす店内で天草の旬の海鮮を

　鮮魚店が経営する和食処。甘味が強く身が締まった牛深産の魚介類を味わえる。季節の魚をさばいた刺身盛り定食 1400 円は、煮物や小鉢が付いてボリューム満点。

🚗 天草宝島観光協会から車で約55分　🏠 天草市牛深町2286-101　📞 (0969) 72-3144　🕐 11:30〜16:00　休 不定休　🅿 あり

和食　辨（べん）
エリア 天草　MAP P.92A3

コスパ抜群の定食がおすすめ

　金庫を喫煙室にするなど、銀行だった建物を改装したユニークな食事処。ボリューミーな日替わり定食 1200 円は刺身、焼き魚、フライが食べられ満足度が高い。

🚗 天草宝島観光協会から車で約50分　🏠 天草市天草町大江7327　📞 (0969) 42-5106　🕐 11:30〜14:00　休 日曜　カード 可　🅿 あり

特産品　山下水産（やましたすいさん）
エリア 牛深　MAP P.92B4

牛深産の魚のうま味を干物に凝縮

　牛深沖で水揚げされた新鮮な魚を昔ながらの製法で干物に。パック入りのアジの開き 600 円〜ほか、ウルメイワシやカマスをリーズナブルな価格で販売する。

🚗 天草宝島観光協会から車で約55分　🏠 天草市牛深町1545-10　📞 (0969) 72-2607　🕐 8:00〜17:00　休 日曜　URL www.tot3.com/yamasita/

特産品　道の駅 うしぶか海彩館 海彩市場（みちのえき うしぶかかいさいかん かいさいいちば）
エリア 牛深　MAP 折り込み⑥ C1

牛深の海産物なら何でもおまかせ

　みやげ物店に食事処、観光案内所、資料館が集合。牛深のかまぼこや、サツマイモを練り込んだこっぱ餅 594 円など天草名物を。

🚗 天草宝島観光協会から車で約55分　🏠 天草市牛深町2286-116　📞 (0969) 73-3818　🕐 9:00〜17:00　休 なし　🅿 あり　URL kaisaikan.com

特産品　道の駅 宮地岳かかしの里（みちのえき みやじだけかかしのさと）
エリア 宮地岳　MAP P.92C2

個性豊かなかかしが笑顔でお出迎え

　廃校の小学校を再利用した道の駅。物産販売や軽食コーナーがあり、南西部観光の休憩にぴったり。敷地内のあちこちにかかしが。

🚗 天草宝島観光協会から車で約20分　🏠 天草市宮地岳町5516-1　📞 (0969) 28-0384　🕐 9:00〜18:00（冬季〜17:00）　休 なし　🅿 あり　URL kakashinosato.jp

特産品　福連木子守唄直売所 産直まごころ市場（ふくれぎこもりうたちょくばいしょ さんちょくまごころいちば）
エリア 天草　MAP P.92B2

ミカンやレモンなど柑橘類をおみやげに

　福連木は子守奉公に出た子供たちの心情を歌にした子守唄が残る町。山間の直売所には、地元の野菜や果物、工芸品が並ぶ。樫を焼いた良質の樫炭も名産品。

🚗 天草宝島観光協会から車で約22分　🏠 天草市天草町福連木3372-1　📞 (0969) 45-0373　🕐 8:30〜17:00　休 なし　🅿 あり

 天草ブルーガーデンがある鬼海ヶ浦展望所では、男性用トイレを利用してみて。なんとガラス張りで、美しい海を眺めながら用を足すことができる。男性の小用なのであしからず……。

🏨 旅館　エリア 天草　MAP P.92B2

石山離宮 五足のくつ
いしやまりきゅう ごそくのくつ

全棟独立露天風呂付きのエキゾチックな旅館

　天草灘を見渡す山の斜面に、ラグジュアリーな調度品に飾られたヴィラが点在。瑞々しい緑に覆われたテラスには源泉かけ流しの風呂が。快適過ぎて外出をためらってしまいそう。

上／キリスト教が伝来した中世の天草を表現したVilla C　左下／木々が覆うテラスでスローな時間を　右下／食事はもちろん個室で

🚌 天草宝島観光協会から車で約35分　🏠 天草市天草町下田北7650　☎ (0969)45-3633　💴 朝夕3万8650円～　客室数 15棟
カード 可　駐車場 あり
URL www.rikyu5.jp

🏨 旅館　エリア 天草　MAP 折り込み⑤ B1

湯本の荘 夢ほたる
ゆもとのしょう ゆめほたる

鮮魚店直営だから豪華海鮮をリーズナブルに

　天草西海岸で水揚げされた魚介類が見た目も美しい懐石料理に。イセエビ、ウニ、アワビなどの高級食材を、鮮魚店直営だからできるボリュームと価格で提供してくれる。

上／イセエビの刺身やグラタンが盛られた会席などプランを選べる　左下／天草の生ウニは必食　右下／下田温泉の湯を引いた天然かけ流し

🚌 天草宝島観光協会から車で約32分　🏠 天草市天草町下田北1366-1　☎ (0969)42-3311　💴 朝夕1万5400円～　客室数 17室
カード 可　駐車場 あり
URL sanraizukankou.co.jp/yumehotaru

🏨 ホテル　エリア 天草　MAP 折り込み⑤ A1

望洋閣
ぼうようかく

西海岸の夕日に染まるサンセットホテル

　東シナ海を見渡す、南蛮文化をイメージした大型ホテル。和洋室揃った客室からは水平線に沈む太陽を望め、温泉や海鮮料理の質も折り紙付き。夏は屋外プールが開放される。

上／海側の客室から空と海を染める夕日を観賞　左下／窓一面に広がる東シナ海　右下／天然露天風呂やローマ風呂を堪能しよう

🚌 天草宝島観光協会から車で約35分　🏠 天草市天草町下田1201　☎ (0969)42-31111　💴 朝夕1万5400円～　客室数 62室　カード 可
駐車場 あり　URL www.boyokaku.jp

🏨 旅館　エリア 天草　MAP 折り込み⑤ B1

湯の郷 くれよん
ゆのさと くれよん

昭和20年代にタイムスリップする古民家風の宿

　平屋造りの古民家を改修して2012年開業。全室にかけ流し温泉が付き、天井からつるされた裸電球や焼き杉板の壁に昭和の面影が漂う。地魚や天草黒牛など季節の味も魅力。

上／木のぬくもりに包まれた部屋　左下／全室温泉付き。五右衛門風呂が備わる部屋も　右下／屋号はお客様の色に染めてほしいとの願いから

🚌 天草宝島観光協会から車で約35分　🏠 天草市天草町下田北1394-3　☎ (0969)36-9041　💴 朝夕2万1780円～　客室数 7室
カード 可　駐車場 あり　URL www.crayon-amakusa.com

Voice 下田温泉は、沸かさず、薄めず、循環させずの源泉かけ流し。源泉温度は51℃で、浴場まで流れたときに40～42℃と入浴にちょうどよい温度になる。無色透明、無味無臭のナトリウム炭酸水素塩・塩化物泉で肌に優しく、消化器病、肝臓病に効能がある。

旅館 伊賀屋
りょかん いがや

エリア 天草 **MAP** 折り込み⑤ B1

明治時代創業の下田温泉一の老舗

おいしい食事とやすらかな眠り、気持ちのいいお湯をモットーに、6代目女将が心を込めておもてなし。レトロモダンなたたずまい。

交 天草宝島観光協会から車で約33分 住 天草市天草町下田北1296-1 電 (0969) 42-3011 料 朝夕1万1150円〜 客室数 10室 カード 可 駐車場 あり URL www.igayaryokan.jp

---

SUNSET 牛深
さんせっと うしぶか

エリア 牛深 **MAP** 折り込み⑥ B2

天草下島最南端から見渡す海と空

ハイヤ大橋のたもとから下須島を見渡す洋風民宿。名称どおり夕日が美しい。食事には地元の海鮮が並ぶ。

交 天草宝島観光協会から車で約57分 住 天草市牛深町3391-4 電 (0969) 77-8011 料 素4400円〜 朝5300円〜 客室数 6室 カード 可 駐車場 あり URL sunset-ushibuka.jp

---

味の宿 海王亭
あじのやど かいおうてい

エリア 天草 **MAP** 折り込み⑤ B1

予算に合わせて選べる豪華な海鮮料理

魚料理に定評のある夢ほたるの姉妹店。近海で取れた地魚を中心にイセエビやアワビをお造りで楽しめる。貸し切り風呂も人気。

交 天草宝島観光協会から車で約33分 住 天草市天草町下田北1239-4 電 (0969) 42-3211 料 朝夕1万3200円〜 客室数 12室 駐車場 あり URL kaioutei.com

---

群芳閣 ガラシャ
ぐんぽうかく がらしゃ

エリア 天草 **MAP** 折り込み⑤ B1

ガラシャとは神の恩寵を表す洗礼名

明治時代の旅館を改築した館内はノスタルジックな雰囲気。ステンドグラスから柔らかい光が注ぐ。3種類の温泉でくつろげる。

交 天草宝島観光協会から車で約33分 住 天草市天草町下田北1296 電 (0969) 42-3316 料 朝夕1万800円〜 客室数 8室 駐車場 あり URL www.amakusa-garasha.com

---

天草市宿泊施設 やすらぎ荘
あまくさししゅくはくしせつ やすらぎそう

エリア 牛深 **MAP** P.92B3

田園風景が広がるのどかな温泉宿

良質な温泉や旬の海鮮を手頃な価格で楽しめる。初夏は川を舞うホタルの光が幻想的。立ち寄り湯も好評。

交 天草宝島観光協会から車で約45分 住 天草市久玉町2193 電 (0969) 72-6666 料 素4550円〜、朝夕1万50円〜 客室数 14室 カード 可 駐車場 あり URL ushibuka-yasuragi.com

---

宿 やました
やど やました

エリア 牛深 **MAP** P.92B4

のどかな漁村にたたずむくつろぎの宿

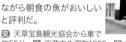

牛深港まで徒歩すぐの静かな場所に立つ。干物を扱う山下水産(→ P.95)の直営なので、リーズナブルながら朝食の魚がおいしいと評判だ。

交 天草宝島観光協会から車で約55分 住 天草市牛深町1550 電 (0969) 77-8033 料 素4500円〜、朝5200円〜 駐車場 あり

旅の宿 湯の華
たびのやど ゆのはな

エリア 天草 **MAP** 折り込み⑤ B1

主人が釣った魚を女将がさばく

天草灘から親子で釣り上げた魚を、女将がおふくろの味として調理。釣りや定置網漁体験も開催している。

交 天草宝島観光協会から車で約33分 住 天草市天草町下田北1307-1 電 (0969) 42-3180 料 素5000円〜、朝6000円〜、朝夕8000円〜 客室数 8室 駐車場 あり URL www.shimoda-yunohana.com

---

Easy Hostel
いーじー ほすてる

エリア 牛深 **MAP** 折り込み⑥ C1

海に守られた牛深の町を望む高台の宿

小鳥のさえずりが聞こえる緑豊かな丘の上に立つ宿。ベッドを備えたモダンな洋室で快適に過ごせる。朝食には山下水産の旬の魚を。

交 天草宝島観光協会から車で約53分 住 天草市牛深町1661-10 電 (0969) 73-2082 料 素5200円〜 客室数 7室 カード 可 駐車場 あり URL www.easy-hostel-ushibuka.net

---

Voice 作家の林芙美子は1950年に苓北の岡野屋旅館に1泊し、そのときの様子を「天草灘」という短編にした。岡野屋旅館は閉館したが、跡地に文学碑が建てられ、林芙美子の「旅に寝てのびのびと見る枕かな」という句が刻まれている。

天草
島人インタビュー
4
Islanders' Interview

冬がおいしい！

やっぱり畑一面がレタスの
鮮やかな緑に覆われたときは痛快ですよ。
どうだ！ってね

れいほくレタス農家　小野 伸也さん（おの　しんや）

上／10月、苗を植えた直後の状態。
これから鮮やかな緑になっていく
下／病気にならないよう手入れする

恵まれた環境が育む
れいほくレタス

　天草下島の北西部にある苓北町は、レタスの名産地として知られている。1959年、佐世保の米軍に出荷するために栽培されたものが、今では苓北町の主要農産物に。現在、町内の生産者は58戸、92ヘクタール以上のレタス畑が広がる。

　「苓北町は地形と風に恵まれていて、秋冬野菜の栽培に適しているんです」と話すのは小野伸也さん。9年前に脱サラしてレタス農家を継いだ3代目だ。

　「レタスは低温に弱いんですが、苓北町はハエの風という南風が当たる場所にあるので、冬でもあまり冷え

100種類以上の品種の中から、気候に合った
おいしいレタスを選ぶ

込まないんです」と小野さん。町全体がビニールハウスの中にいるように温暖なのだとか。

　「安定供給というのが、れいほくレタス最大の魅力です。全国的にレタスが取れないときでも、苓北町に頼めば問題ないと思ってもらえるとうれしいですね」

　れいほくレタスはコンスタントに出荷できるため外食産業からの需要が高く、契約栽培率が高いのも特徴になっている。「レタスは相場の上下が激しく、ギャンブル性の高い野菜といわれています。でも苓北町では特に若い農家のほとんどが契約農家の道を選んでいるため、安定した生活ができているんです」

土に触れながら
農家として暮らす

　農業どっぷりの小野さんだが、子供の頃はほとんどレタスを口にすることはなかったという。

　「毎日、レタスばっかり見てきましたからね。意識して食べたのは20歳のとき。甘くシャキシャキして、やっ

ぱり味が違うなと実感しました」という小野さんに、レタス農家を継いだ理由を聞いてみた。

　「土に触れるという好きなことをしながら、ちゃんと生活していけるのは幸せなことだよなと。あとはサラリーマンより稼げるかなというのもありました（笑）」

　もちろん苦労は絶えない。「好きなことではあるんですが、ほとんど畑にいるから休みがないですね。10月に苗を植えて、12月からが収穫のシーズンなので、4〜5ヵ月間は体調に注意しないと。趣味の釣りもお預けです」と小野さんは笑い、こう続けた。「でも、やっぱり畑一面がレタスの鮮やかな緑に覆われたときは痛快ですよ。どうだ！ってね」

　同年代の若い農家も多く、よい刺激があるそう。朴とつとした話し方の中に、レタス作りへの熱い思いがほとばしっていた。

文化を知ると、もっと天草が好きになる

天草の深め方
More about Amakusa

江戸時代にキリスト教とともに伝わった南蛮文化をはじめ、

異文化の影響を取り込み、独自のカルチャーとして育んできた天草。

島の歴史や風俗を知ると、旅がぐっと楽しくなってくる。

緑の島々が連なる九州の至宝

天草の地理と産業

▌3つの海に囲まれた 大小120余りの島々

　熊本県の南西部に位置する天草。西には大陸方面に開けた東シナ海、北には島原半島に抱かれた有明海、東には九州本土との内海となる八代海と3つの海に囲まれ、橋で結ばれた主要島をはじめ、大小およそ120の島々で構成されている。

　土地の大部分は、倉岳や白嶽に代表されるような急峻な山林で占められる。市街地や集落は河川や海岸沿いの平地に集中し、これらを結ぶように、湾岸部を中心に国道や県道が整備されている。

　気候は黒潮から分岐した対馬暖流の影響を受ける海洋性で、冬は暖かく夏は暑過ぎず、1年を通して温暖。年間降水量の3分の1は6～7月の梅雨時期に集中し、7～9月は台風接近による雨が多い。

▌天草上島と天草下島を 主島とする2市1町

　天草の陸の玄関口となるのは上天草市。熊本県の宇土半島から天草五橋と呼ばれる5本の橋を渡ってアクセスでき、天草上島の北西部をはじめ、大矢野島や維和島など天草松島と称される風光明媚な島々で構成される。東海岸沿いには白嶽や龍ヶ岳など険しい山々が連なり、市内各所から美しい稜線を見渡せる。

　天草の約8割を占める天草市は、天草上島の約半分と天草下島の大部分のほか、御所浦などの島々からなる。中心地の本渡、漁村的景観が続く﨑津や牛深、山間にたたずむ倉岳、名泉が湧き出す下田など、見どころ豊富な町が点在する。苓北町があるのは天草下島の北西。海を見渡す城下町に九州電力の発電所が立ち、熊本県の大半の電力供給を担っている。

▌美しい島々に露出する 約1億年前の地層

　海底の隆起や陸地の沈降が繰り返された多島海特有の性格から、島々の各所に、なだらかに傾斜する地層が露出した、ケスタ地形が見られる。なかでも古い地層は、恐竜が繁栄から絶滅を迎えた白亜紀のもので、約9800万年前の御所浦層群や約8500万年前の姫浦層群からは、アンモナイトやカメ類、肉食恐竜、草食恐竜の化石が発見されている。

　さらに、恐竜に代わってほ乳類が台頭する古第三紀の地層では、約5000万～4700万年前の弥勒層群から、国内最古の絶滅大型ほ乳類であるコリフォドンやトロゴサスをはじめ、バクの仲間、げっ歯類の化石が産出。約5500万～3800万年前の坂瀬川層群からは、多数の二枚貝や巻き貝の化石が見つかっている。

千巌山展望台からの景色。青い海に緑豊かな大小の島々が浮かんでいる

宇土半島の三角町と上天草市をつなぐ天門橋。天草五橋のうち1号橋と呼ばれる

御所浦島（→ P.62）には、採石によって御所浦群層が露出した白亜紀の壁が

天草を支える産業

農業
熊本県で最も早く米を出荷
　天草では、温暖な気候を利用した早期米の生産が盛ん。そのほか、レタスやサヤインゲン、スナップエンドウ、ミニトマト、イチゴなどが全国に出荷されている。

松島町教良木の水田に描かれた田んぼアート。お地蔵さまの姿を表現している

漁業
対馬暖流に育まれた海産物
　島全域で水揚げされるマダイやアジ、ヒラメのほか、姫戸のワタリガニ、有明のマダコが有名。クルマエビ養殖の発祥の地として、現在も国内有数の生産量を誇る。

有明海方面では、マダコを天日干しする風景が

畜産
国内最大級の地鶏
　体高が90cmにもなる天草大王は希少性と肉質のよさで幻の地鶏として全国から注目されるブランド鶏。天草梅肉ポークや天草ロザリオポーク、天草黒毛和牛も名物。

姫コッコ倶楽部の天草大王。島内のみやげ物店に加工品が並ぶ

果樹栽培
糖度の高い柑橘類がたくさん
　まろやかな温州みかん、ジューシーオレンジと称されるあまくさ晩柑、香りの高いポンカン、グレープフルーツに近いパール柑、甘味の強い天草デコポンなどが名産。

9月下旬～1月の長期にわたって出荷される温州みかん

voice　明治中期に品種改良によって誕生した天草大王。昭和初期に一度絶滅してしまうが、残された文献を元に、ランシャン、シャモ、コーチンを再び掛け合わせ、7世代にわたる選抜交配を行い2000年に復活した。

天草は熊本県の西部から橋で結ばれた緑豊かな島々。
対馬暖流の分流の影響で温暖な気候に恵まれた島は漁業や農業が盛ん。
自然や文化に触れられる観光資源が多く1年を通して多くの観光客が訪れる。

Geography of Amakusa

天草ならではの自然豊かな観光スポット

　天草の魅力は、大自然に触れられる観光スポットが充実していること。通詞島の沖合には200頭余りのミナミハンドウイルカが定着し、1年を通してイルカウオッチング（→P.38）を楽しめる。また牛深周辺には1970年に日本初の海中公園（今の海域公園）に指定された海域があり、グラスボート（→P.41）やスクーバダイビングで、テーブルサンゴの群生や大小さまざまな生物を観察できる。

　陸上では、高舞登山から龍ヶ岳までの連山を縦断する観海アルプスをはじめ、次郎丸嶽・太郎丸嶽（→P.44）や倉岳登山など、トレッキングコースが充実。白嶽森林公園の湿地（→P.46）には、日本一小さいハッチョウトンボやイモリ、メダカなど希少な生物が生息している。

栄養豊富で魚影の濃い通詞島の周辺では、古くから漁師とイルカが共存している

天草の大地を知る　5つのテーマ

　豊かな自然資源に恵まれた天草。その成り立ちや生態系、人間との関わりについて学ぶことで、天草をもっと身近に感じられる。1億年の記憶が刻まれた地質や地形をはじめ、歴史や文化、産業、生物の多様性を保全し、観光資源へと連携させていくためにできることは？　まずはロマンあふれる5つのテーマから天草を見てみよう。

❶ 1億年の大地の記録

　五和の黒崎海岸や松島の教良木周辺の黒色泥岩など、1億年をかけて形成された堆積岩やマグマが冷え固まってできた火成岩から、地球の息吹を間近に感じられる。

300万年前の噴火でできた松島町の高杢島

❷ 豊富で多種多様な化石

　御所浦のニガキ化石公園や、高戸の白亜紀化石、椚島のアンモナイト産地など、白亜紀と古第三紀の地層が露出し、多種多様な化石が産出される。

御所浦には直径60cmのアンモナイトが

❸ 風光明媚な島の景観

　松島の千巌山展望台や姫戸の白嶽山頂、天草の妙見浦など、地殻変動によってできた天草独特の地質や地形、青い海と大地とが織りなす景観が美しい。

松島の高舞登山展望台から見た島々

❹ 豊かな生態系

　通詞島のミナミハンドウイルカ、姫戸の白嶽湿地、五和の石灰藻球の打ち上げ浜、苓北の富岡海域公園、牛深海域公園など、豊かな自然の下に多様な生態系が育まれる。

永浦島にはハクセンシオマネキが生息する

❺ 地下資源と文化・産業

　本渡の祇園橋、苓北の天草陶石の露頭（あらわになった場所）、大矢野の天草陶石の産地、牛深炭鉱烏帽子坑口跡、五和の鬼の城公園など、地下資源がもたらす文化や産業が。

倉岳には安山岩質の土石を組んだ石垣が

伝統工芸
世界に誇る天草陶石

　天草下島で採掘され、日本の陶石生産量の約8割を占める天草陶石。有田焼や清水焼の主原料とされるほか、海外にも輸出される。島内には多くの窯元が（→P.60）。

強度が高く美しい白色に焼き上がるのが特徴

観光業
自然体験から歴史散歩まで

　イルカウオッチングやトレッキングのほか、御所浦の化石産地（→P.62）、﨑津周辺のキリシタン文化（→P.50）、牛深周辺の港町の歴史（→P.52）などが観光のポイントに。

禁教令時代に潜伏キリシタンが暮らした﨑津集落

天草下島に分布する天草炭田

　石炭を含む地層が広く分布する天草。無煙炭と呼ばれる良質な石炭が取れることから、明治時代には炭鉱業が主要産業となるまでに。天草下島の北部から西部にかけてを中心に、およそ20ヵ所の炭鉱が操業していた。これらは1975年までにすべて閉山してしまうが、石炭運搬用の鉄道が敷設された苓北の志岐炭鉱や、海岸の岩礁を掘り下げた牛深炭鉱など、各所でその遺構を探ることができる。

海面に口を開ける牛深炭鉱烏帽子坑口跡

　上天草の樋合島沖に浮かぶ高杢島（たかもくじま）は、その姿から天草富士と呼ばれる。干潮時には砂の道が現れ、歩いて渡ることもできる。島には神社があり神秘的な空気に包まれている。

南蛮文化の影響を受ける信仰の島
天草の歴史

時代	年	できごと
旧石器時代	紀元前1万年頃	石鏃など打製石器の使用。※牛深の内之原遺跡、倉岳の下塔尾遺跡の出土品から
縄文時代	紀元前1万年頃〜3000年頃	釣り針や土器の使用。※本渡の大矢遺跡の出土品から
弥生時代	紀元前300〜300年頃	曽畑式土器や轟式土器の使用。※五和の沖の原遺跡の出土品から
古墳時代	500年頃	弥生土器、須恵器、土師器の使用。※本渡の妻の鼻墳墓群の出土品から
奈良時代	744年	家族墓の構築と、副葬品に鏡や鉄剣。※五和の中尾遺跡の出土品から
奈良時代	778頃	天草式製塩土器による製塩。※五和の沖の原遺跡、苓北の出来町遺跡の出土品から
平安時代	885年	『続日本紀』に「肥後国八代郡芦北天草三郡に大洪水」と天草の文字が記される。
鎌倉時代	1205年	遣唐使船の大伴宿禰一行が天草仲島（長島）に漂着する。
鎌倉時代	1274年	『和名類聚抄』に「肥後国天草郡久佐郡に波太、天草、志記、恵家、高屋の五郷あり」の記述。
鎌倉時代	1313年	志岐光弘が志岐6ヶ所（佐伊津沢張、鬼池、大矢野、蒲牟田、大浦、志岐浦）の地頭となる。
室町時代	1337年	文永・弘安の役（蒙古襲来）に、大矢野、天草、志岐氏らが出陣する。
室町時代	1339年	志岐景弘に本砥島（本渡、河浦、産島、高浜）の地頭職が与えられる。
室町時代	1501年	南北朝の動乱で、山鹿（志岐）隆弘は北朝方、河内浦（天草）三郎は南朝方で争う。
室町時代	1505年	肥後守護代の菊池武朝より、志岐高達へ本砥が与えられる。
室町時代	1530年	志岐氏、上津氏、宮地氏、天草氏、長島氏、大矢野氏、栖本氏、久玉氏が天草一揆を結成。
室町時代	1555年	本砥（天草下島中南部）は志岐氏、島子（天草上島北部）は上津浦氏に与えられる。
安土桃山時代	1581年	志岐麟泉、天草久種、大矢野種基、栖本親高、上津浦種直による天草五人衆時代。
安土桃山時代	1589年	天草氏が志岐氏を破り、本戸城（本渡城）を築く。
江戸時代	1600年	志岐氏が竜造寺隆信との戦いに敗れ降伏する。
江戸時代	1601年	志岐氏と天草氏が小西行長と加藤清正に敗戦。志岐城と本戸城が陥落し五人衆解体（天草合戦）。
江戸時代	1637年	関ケ原の戦いで徳川家康が勝利。小西行長は処刑され、天草は加藤清正の領となる。
江戸時代	1641年	天草が唐津藩の寺沢広高の領地となり、石高は4万2千石とされる。
江戸時代	1659年	島原・天草一揆が起こる。
江戸時代	1712年	天草が天領となり、初代代官に鈴木重成が着任。
江戸時代	1771年	石高が2万1000石に半減される。
江戸時代	1792年	天草陶石を肥前の製陶業者に供給したとの記録が残る。
江戸時代		大規模な百姓一揆が起こる（出米騒動）。
江戸時代		雲仙普賢岳噴火。噴石や津波で死者343人ほか大被害を受ける（島原大変肥後迷惑）。

原始
古代から海とともに生きた人々
旧石器時代から古墳時代にかけての遺跡が島内各所で確認されている天草。なかでも五和の沖の原遺跡からは、釣り針をはじめ、アワビなどの貝を岩からはがすために先端を薄く尖らせた石器や、貝をくりぬいて腕輪のように加工した装飾品が出土し、海からさまざまな恵みを得ていたことがうかがえる。

天草式製塩土器。火にかけて海水を煮詰め塩を得る

中世
志岐氏と天草氏の対立から五人衆へ
1205年に志岐氏が天草郡六ヶ所の地頭になると、天草の中心となる本砥を巡り、天草氏との対立構造が生まれる。さまざまな武力抗争を経て、室町時代末頃には、天草下島北部の志岐氏、同南部の天草氏、天草上島北部の上津浦氏、同南部の栖本氏、大矢野島の大矢野氏と、天草五人衆がほぼ均衡する状態となる。

鎌倉時代初期に優勢だった天草氏が築いた本戸城跡。現城山公園

近世
島原・天草一揆から潜伏キリシタンの時代へ

天草キリシタン館そばのキリシタン墓地。アルメイダの記念碑が立つ

voice 海水を煮詰めて塩を得る製塩土器。天草式製塩土器はブランデーグラスのような形をしており、製塩後は脚を折り、塩で満たされた器部分だけが市場に出された。五和歴史民俗資料館（→P.83）に展示されている。

旧石器時代から人々の営みが続く天草。
室町時代にキリスト教が伝わると、同時に広がった南蛮文化が花開く。
古代から現代までの天草の歴史をダイジェストで紹介！

江戸時代	明治			大正	昭和					平成				令和
1810年	1871年	1903年	1907年	1920年	1955年	1960年	1966年	1970年	1974年	2000年	2006年	2011年	2018年	2023年

江戸時代 1810年
伊能忠敬が訪れ、土地の計測を行う。

明治 1871年
廃藩置県の前後で、富岡県→天草県→長崎府天草郡→八代県→白川県→熊本県となる。

明治 1903年
魚貫炭鉱を日本練炭株式会社が買収し組織的な採掘が始まる。

明治 1907年
与謝野鉄幹、北原白秋、太田正雄、吉井勇、平野万里が天草を訪れる（五足の靴）。

大正 1920年
ロシアで日本人の大虐殺。犠牲者約700人のうち約110人が天草出身（尼港事件）。

昭和 1955年
本渡港が完成する。

昭和 1960年
町制施行進む（大矢野、河浦、五和、苓北、天草、松島、有明、竜ヶ岳、倉岳）。

昭和 1966年
天草五橋が開通する。

昭和 1970年
牛深海中公園（今の牛深海域公園）が日本で初めての海中公園に選定される。

昭和 1974年
天草瀬戸大橋が開通する。

平成 2000年
天草空港が完成する。

平成 2004年
大矢野、牛深、有明、御所浦、倉岳、栖本、新和、五和、天草、河浦が合併し上天草市に。

平成 2006年
本渡、牛深、有明、御所浦、倉岳、栖本、新和、五和、天草、河浦が合併し天草市に。
本渡、牛深、松島、姫戸、龍ヶ岳が合併して上天草市に。

平成 2011年
崎津集落が「長崎と天草地方の潜伏キリシタン関連遺産」の構成資産として世界遺産に。

平成 2018年
崎津・今富の文化的景観が、国指定の重要文化的景観に選定される。

令和 2023年
天草未来大橋が開通する。天草瀬戸大橋に次ぐ、天草上島と下島を結ぶ第2のルートに。

近代～現代

豊かな自然と文化が観光資源に

通詞島周辺にはミナミハンドウイルカが定着し、1年中観察できる

天草五橋からの陸路、天草空港への空路、各港への航路と、アクセス網が充実した天草。海や山で大自然を楽しむアクティビティのほか、天草陶石に南蛮手まり、土人形など、天草ならではの文化を体験できるメニューが充実。崎津や牛深の漁村景観、下田の温泉街など、町の風景も多様。

ルイス・デ・アルメイダによる布教により、天草に広く伝わったキリスト教。禁教令発布後は島原の乱で大きく弾圧されるも、信心のあつい人々は潜伏キリシタンになった。仏像や貝などに十字を彫って聖遺物とするなどし、禁教令が解かれるまで250年もの間、代々信仰を守り続ける。崎津や大江にはその遺構が残される。

天草のキリシタン略史

1549年
フランシスコ・ザビエルが鹿児島に上陸。キリスト教を伝える。

1569年
ルイス・デ・アルメイダが志岐（苓北）や河内浦で布教。志岐麟泉が洗礼を受け教会堂を建立。天草に南蛮文化が伝わる。その後、麟泉は棄教するも、天草鎮尚・久種が受洗。アルメイダは1583年に河内浦で病没する。

1587年
豊臣秀吉がパテレン追放令を発令。

1591年
河内浦にイエズス会派の宣教師養成神学校であるコレジヨ（天草学林）が建てられる。ヨーロッパ最高水準の学問が教授され、併設した印刷所では『平家物語』や『伊曽保（イソップ）物語』などの書籍が印刷され、天草本と呼ばれる。

天草コレジヨ館に展示されているグーテンベルク印刷機（活版印刷機）の複製

1613年
幕府が全国に禁教令（キリスト教禁止令）を発令。各地でキリスト教の弾圧が始まる。

1637年
島原・天草一揆。過酷な年貢の取り立て、長引く飢饉、徹底的なキリスト教弾圧と、絶望的な状況に追い込まれた農民が自由と平等を求めて立ち上がる。旧暦10月24日に湯島にて農民代表の談合が行われ、16歳の益田四郎時貞（天草四郎）が総大将に。天草軍と島原軍が蜂起し、12月に島原の原城に3万7000人の全軍が籠城する。奮戦するもオランダ船による砲撃や兵糧攻めに遭い、2月27～28日の幕府軍の総攻撃で落城。南蛮絵師の山田右衛門作を除き全滅する。

原城での戦いは3ヵ月に及んだ

1654年
切支丹宗門禁制の高札が設置される。

1717年
唐津浪人の廣田和平が横ヶ保で泥人形（土人形）の製作を始める。母親が乳飲み子を抱く山姥の人形は、潜伏キリシタンの間でマリア観音として礼拝されていたという。

1720年
天草において宗門人別改帳の実施。

1805年
大江、崎津、今富、高浜で潜伏キリシタンが発覚。その人数は5000人を超えるも、心得違いとして穏便に済まされる（天草崩れ）。

1860年
天草で絵踏が廃止されるも、宗門改めは続行。

1873年
切支丹宗門禁制の高札が撤去され、キリスト禁教令が解かれる。大江でキリシタンが復活。

1933年
現在の大江教会が建立。

1934年
現在の崎津教会が建立。

現在の大江教会はフランス人宣教師ガニエル神父が中心となり建立

voice 1621年に大矢野島で生まれたとされる天草四郎。父はキリシタン大名である小西行長の遺臣、益田甚兵衛。南蛮寺の神父が預言した「25年後に16歳の天童が現れパライゾ（天国）が実現する」との人物に違いないと、一揆勢の総大将に担ぎ出される。

島の人たちと一緒にお祭り＆イベントで盛り上がろう

天草の祭り歳時記

| 1月 | 2月 | 3月 | 4月 | 5月 | 6月 |

北・東エリア（上天草市）

100万本の菜の花園
❖ 1月～2月中旬
❖ 松島総合センター「アロマ」
温暖な天草では12月頃から菜の花がほころび、1～2月に見頃を迎える。

約2万m²の田んぼに100万本が咲き乱れる

上天草トレッキングフェスティバル
❖ 1月下旬～2月下旬　❖ 上天草市
観光アルプスや九州オルレコースなどでイベントを開催。参加者には地元食材のふるまいも。

海だけではなく山も美しいのが上天草の魅力

天草パールラインマラソン大会
❖ 3月中旬　❖ 宮津海遊公園
大矢野から5号橋にかけてのエリアを中心に、ハーフと4.2kmのコースを準備。

天草観海アルプストレイルラン
❖ 3月中旬　❖ 松島総合センター「アロマ」
龍ヶ岳から松島までの急勾配が続く25kmを走る。名物の9000段の階段地獄を激走！

ゴールとなる龍ヶ岳からの眺め

ハーフでは2～5号橋もコース内に

キララ祭天草サンライズウォーク in 龍ヶ岳
❖ 4月29日
❖ 龍ヶ岳町大道港～龍ヶ岳山頂
大道港をスタートし、龍ヶ岳山頂をゴールとする7kmをトレッキング。参加者全員にサクラダイをプレゼント。

東・中央エリア（天草市）

倉岳えびす祭り
❖ 1月上旬　❖ えびす像公園
日本一大きなえびす像の前で行われる。船団による海上パレードをはじめ、ハイヤ節のお披露目や福引が。

天草マラソン大会
❖ 1月下旬　❖ 本渡運動公園ほか
有明海を眺めながら風光明媚なコースを満喫。

宮地岳かかしまつり
❖ 3月下旬～5月上旬
❖ 豆木場自治公民館周辺
宮地岳の広場に200体を超える手作りのかかしが並ぶ。かけっこをしたり盆踊りをしたり、仕事や表情がユニーク。郷土料理の露店も魅力。

天草宝島国際トライアスロン大会
❖ 5月下旬
❖ 天草市、苓北町
本渡海水浴場でのスイムや苓北町へのバイクなど、総距離51.5kmのスタンダードディスタンス。国内外から1000人ほどの選手が参加

中央＆西エリア
あまくさロマンティックファンタジー
❖ 12月上旬～1月下旬
❖ 御所浦しおさい館、西の久保公園、白鶴浜海水浴場、牛深ハイヤ大橋、下田温泉足湯、﨑津教会、大江教会
天草下島の各所で、クリスマスを祝うイルミネーションやキャンドル点灯、チャペルコンサートなどが行われる。夜の教会は幻想的。

ライトアップされた大江教会

西の久保公園天草花しょうぶ祭り
❖ 5月下旬～6月上旬
❖ 西の久保公園
里山の棚田に25万本の花菖蒲と6000本のアジサイが咲く。物産展やハイヤの競演も楽しめる。

菖蒲園は夜にはライトアップも

西エリア（天草市・苓北町）

朱塗りの神輿が海を渡る

上津深江八坂神社裸まつり
❖ 1月20日
❖ 上津深江八坂神社
山伏が海で悪病退散祈願をしたのが始まり。さらしを巻いた男衆がほら貝を吹きながら泳ぐ。

あったか天草椿まつり
❖ 3月上旬
❖ 西平椿公園
ヤブツバキをはじめ約2万本のツバキが咲く西平地区。椿油搾りの実演をはじめ、特産品販売などの催しで盛り上がる。

西平椿公園には天草のラピュタと呼ばれる巨大なアコウの木が

牛深ハイヤ祭り
❖ 4月下旬
❖ 牛深町商店街
ハイヤ系民謡の源流とされる牛深ハイヤ。5000人による総踊りや勇壮な漁船団海上パレードに、全国各地から参加者や見学者が集まる。

牛深ハイヤ節は女性中心の踊り

天竺ツツジ祭り
❖ 5月上旬
❖ 天竺山頂
天草下島最高峰の天竺山頂で、4500本のツツジが満開となる。周辺の新緑や眺望も美しい。

下田温泉祭
❖ 6月上旬
❖ 下田温泉街
粋な衣装に身を包んだ女性たちが、沿道からまかれる湯を浴びながら神輿を担いで練り歩く。プリのつかみ取り大会や屋台村も。

名物のお湯かけ女神輿

voice　トライアスロンにはいくつかの距離が設定されている。現在標準となっているスイム1.5km、バイク40km、ラン10kmのスタンダードディスタンス（総距離51.5km）での大会が、1985年に日本で最初に開催されたのは、実は天草である。

牛深ハイヤにクルマエビのつかみ取り、マラソン大会と、
1年を通して島のあちこちでにぎやかなイベントが開催されている天草。
お祭りに合わせて天草を訪れれば、旅がいっそう楽しくなる！

Festivals of Amakusa

7月　8月　9月　10月　11月　12月

北・東エリア（上天草市）

2号橋祭
- 7月下旬
- 大江戸温泉物語　天草ホテル亀屋駐車場

天草四郎大矢野太鼓やよさこいハイヤなどイベントがたくさん。終盤には花火大会が。

龍ヶ岳夏祭り
- 8月中旬
- 龍ヶ岳お祭り広場

総踊りや歌謡ショーで盛り上がったあと、フィナーレに海上から花火が打ち上げられる。

夏夢音 HIMEDO夏祭り
- 8月15日
- 姫戸町運動公園

歌謡ショーやダンスなど地域密着型イベントと、2000発の打ち上げ花火が魅力。

あまくさエビリンピック
- 9月下旬
- 宮津海遊公園

特産品のクルマエビのつかみ取り大会。海岸の一部を網で仕切り8000尾を放流。海鮮バーベキューや特産品販売も。

合図とともにいっせいにスタート！

天草五橋祭
- 9月下旬
- 松島町合津港

天草五橋開通を記念し、2016年で50回を数えた。白龍船の競争、魚のつかみ取り、天草海洋花火大会など。

天草四郎サイクリングフェスタ
- 12月上旬
- 龍ヶ岳町大道港フェリー発着所

「ペダルを回した数だけ見える景色がある」をテーマに40kmと80kmのふたつのコースを準備。

天草東海岸を中心としてコースを走る

松島ふるさと祭り
- 12月中旬
- 松島総合センター「アロマ」

青空市場に地元の農産物や海産物が並ぶ。子供にはコシヒカリつかみ取りや餅投げが人気。

東・中央エリア（天草市）

化石採集クルージング
- 7月末～9月下旬
- 御所浦

夏期の土・日曜、祝日を中心に開催。ガイドの案内で御所浦島へのクルージングや島での化石採集を体験できる。

天草Xアスロン
- 7月中旬
- 倉岳町一帯

シーカヤック、SUP、マウンテンバイク、トレイルラン、パラグライダーを組み合わせて行うアウトドアスポーツの祭典。

若者からはアレンジを加えたハイヤ節が

天草ほんどハイヤ祭り
- 7月下旬～8月上旬
- 本渡

50年以上も続く天草随一のイベント。子供たちによる天草子ハイヤ、1万2000発の熊本県最大規模の花火大会、総勢2500人による天草ハイヤ道中総踊りと、3週末にわたって祭りが続く。

天草大陶磁器展
- 11月上旬
- 天草市民センター、天草市中心商店街

展示と販売を兼ねた、熊本県最大規模の陶磁器展。島内を中心に、全国から約90の窯元が集合。伝統的な器から斬新な作品まで、さまざまな作品が並ぶ。

お気に入りを見つけて購入しよう

西エリア（天草市・苓北町）

苓北じゃっと祭
- 7月中旬～8月上旬
- 富岡港

苓北最大の祭り。ステージイベントや花火大会、ペーロン大会が2日間にわたって行われる。

手漕ぎ船で競う天草れいほくペーロン大会

教会の見える 崎津みなとのフェスティバル
- 8月上旬
- 﨑津漁港広場

世界平和を祈願するイベント。昼は餅投げや太鼓演奏、夜は﨑津教会のライトアップや港からの打ち上げ花火が。

約1000発の花火が﨑津教会を照らす

港からマダイの1本釣り！

牛深あかね市
- 12月上旬
- 牛深ハイヤ大橋周辺

生けすに1万匹のマダイを入れた釣り大会や、ステージイベント、地元の海産物や農産物の市場でにぎわう。

苓北夕やけマラソン
- 11月上旬
- 苓北町農村運動広場

夕日の美しい苓北町の海岸沿いを走る。

富岡城お城まつり
- 10月下旬
- 苓北町

イルカウオッチングや物産展、ステージイベントなどの催しが。

島の手しごと

天草更紗

中村 いすず さん

Isuzu Nakamura

1. 伊勢の型師に彫ってもらった和紙の型を使い、1色ずつていねいに染める
2. 南蛮文化と天草の文化、両方の影響を感じさせるのが天草更紗の特徴
3. 古来の色はもちろん、より鮮やかな色を使った作品も生み出している

色鮮やかな唐草や花鳥風月の絵柄が印象的な天草更紗は、諸説あるものの、南蛮貿易が盛んだった安土桃山時代に天草に伝わったといわれる。幾たびも途絶えては復興を繰り返してきた天草更紗だが、後継者不足により1970年代を最後に途絶える。それを2002年に復興させたのが「天草更紗 染元 野のや」の中村いすずさんだ。

染織家として活躍していた中村さんのもとに、天草市長や文化協会から「天草更紗を復

工房併設のギャラリーは見るだけで楽しい。カフェもおすすめ

興させたい」という話があったという。

「途方もないお話だったのでしばらく決めかねていたのですが、誰かがやらないと天草更紗の歴史が消えてしまう、と思い決断しました」と中村さんは言う。しかし、ほとんど史料がない天草更紗の再現は、想像以上に難しい作業となった。

「郷土史家からいただいた史料を調べたり、昔の天草更紗を参考にしたり、試行錯誤しながら形にしていきました」と中村さん。「平成の天草更紗」として復興した中村さんの作品は異国情緒のなかに懐かしさも感じさせる、天草らしい魅力にあふれている。

天草更紗 染元 野のや
MAP P.81B2　交 天草宝島観光協会から車で約12分　住 天草市佐伊津町2212-2　電 (0969)24-8383　時 11:30〜18:00 (カフェは11:30〜→P.88)　休 木曜　駐車場 あり　URL www.sarasa-nonoya.com

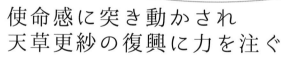

使命感に突き動かされ
天草更紗の復興に力を注ぐ

Profile＊なかむら いすず
島で唯一、天草更紗の復興に取り組む染織家。
もとは草木染めを得意としたが、2002年より天草更紗の道へ。

VOICE 「天草更紗 染元 野のや」では天草更紗の染め体験を行っている。好きな柄を選び、型紙と布を重ねてずれないように慎重に染めていく。所要1時間ほどで、体験料は2000円+実費 (ハンカチなど500円〜)。前日までに予約が必要。

天草の伝統技術や天然素材を用いた島ならではの手しごと。
復興を遂げた天草更紗、古窯から生み出される新たな陶磁器、
無限の可能性を秘めた白磁アクセサリーという3つの逸品に迫る。

Handicrafts　of Amakusa

陶磁器　木山 健太郎さん
＊Kentaro Kiyama

受け継がれる技術と新しいアイデアの融合が次世代の扉を開ける

うっそうと茂る緑の中、れんが造りの煙突から流れ出た煙が風にたなびく。幻の窯と呼ばれる内田皿山焼は、日本でも有数の古窯として長い歴史をもつ。

「先代が譲り受けた窯を調べたら、周辺から1650年代に磁器を焼いていた跡が見つかったんです」と語るのは内田皿山焼の2代目、木山健太郎さん。大学で学んだ経営の知識を生かし、古い窯に新しい風を取り込む社長として、島でも一目おかれる存在だ。

「ビームスをはじめセレクトショップとのコラボが好評を得ています」と健太郎さん。「最近は経営が主ですが、やっぱり自分で土をさわりたいという気持ちも。なるべく時間を見つけて作品を作るようにしています」

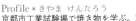

左上／サーフィンが趣味の木山さんらしい海のような青色が見事な作品も　左下／存在感のある大皿も木山さんの作品　右／木山さんを中心としたスタッフが、手作りと手書きにこだわり、1点1点に心を込めて製作している

Profile ＊きやま けんたろう
京都市工業試験場で焼き物を学ぶ。2014年に代表就任。経営のかたわら自らも作陶し、各地で展示会を開催する。
内田皿山焼→P.61

天草陶石の可能性を広げる白磁のアート

白磁アクセサリー　小池 喜久子さん
＊Kikuko Koike

鮮やかな水色に塗られた自宅兼工房をのぞくと、店内に並ぶのは透き通るように白い磁器をあしらったアクセサリー。すべてアクセサリー作家の小池喜久子さんが手がけた作品だ。もとは既製品を並べていたが、自作のアクセサリーを出したところ評判に。「最初は6個。ドキドキして見ていたんだけど、お客さんの目に留まってほっとしました」と小池さんは笑う。小池さんが得意とするのは、磁器に銀を施すシルバーオーバーレイという技法。「試行錯誤を続け何度も失敗して、ようやく技術が自分のものになりました」と小池さん。天草陶石の磁土を仕入れ、一つひとつのパーツから自分で作るオリジナル作品は島内はもちろん島外にもファンが多い。

アクセサリー KOIKE　MAP 折り込み② B2
天草宝島観光協会から徒歩約5分　天草市中央新町1-5　(0969)22-3865　10:00〜18:00　木曜　駐車場 なし

Profile ＊こいけ きくこ
1981年にアクセサリー店を開店。2000年頃から作り始めた白磁アクセサリーが評判に。講師としても活躍。

上／手作りの作品が並ぶ店内　中／白磁に銀を施したシルバーオーバーレイ。アクセサリーや小物などさまざまな作品も　下／制作の時間は楽しいと語る

voice　アクセサリー KOIKE の天草白磁のアクセサリーは「天草謹製」に認定されている。これは天草が「天草ブランド」として自信をもっておすすめできる逸品の証。認定された商品には「天草謹製」のシールが貼ってあるのでチェックして。

107

独自の風土が育んだおおらかで繊細な美

天草の伝統芸能

江戸時代に花開いた島ならではの芸能

天草の文化が全国に知られるようになったのは江戸時代のこと。理由のひとつは海上交通の発達。天然の良港で知られた牛深は、江戸時代後期になると廻船の風待ちやシケ待ちの港として栄えた。全国各地から多くの船乗りが訪れ、天草の風俗・文化に影響を与える。例えば天草独自の民謡として誕生した牛深ハイヤ節は、船乗りたちの酒盛り唄がルーツ。そ

れが江戸や大坂を目指す船とともに各地へと広がっていった。

もうひとつはキリスト教の伝来。戦国時代末期に鹿児島に上陸したキリスト教は、間もなく九州一帯へ伝播。天草も島民のほとんどが信者となり、キリシタンの島と呼ばれる。宣教師がもたらした南蛮文化は島の文化や伝統と交わり、エキゾチックな模様の南蛮手まりや、マリア像の代用とされた土人形など独自に発展していく。

牛深ハイヤ祭り

牛深ハイヤ

「ハイヤ（南風）で朝早く出帆した船は、無事に次の港に着いただろうか」と唄う牛深ハイヤ節。船乗りの身を案ずる牛深女の情の深さや心意気を唄にし、南国の軽快なリズムに乗せたとされる。船乗りは「牛深三度行きゃ……」と楽しい思いをお囃子で唄い返す。

踊りは中腰で重心が低く、櫓漕ぎや網引き、風や波など、一つひとつの振り付けに意味がある。船乗りをもてなすための酒盛りの席で披露され現在の形に。唄は江戸時代後期には廻船の発達とともに全国へ伝わり、佐渡おけさや阿波おどりなど全国40ヵ所以上のハイヤ系民謡のルーツとなった。

見るだけじゃなく一緒に踊りましょう

牛深ハイヤ節

ハイヤエー　ハイヤ
ハイヤで今朝出した船はエー
どこの港に　サーマ入れたやらエー
エーサ　牛深三度行きゃ三度裸
鍋釜売って も酒盛りしてこい
戻りゃ本土瀬戸徒歩（かち）わたり

船の櫓を漕ぐ男性を表す振り付け。全身を使って網を投げ、魚がかかった網を引き上げるポーズも見どころ

手で風を表す女性的な仕草。岸壁から夫の船を眺め、お尻を振るチャーミングなポーズも

牛深ハイヤ保存会の榎本美和子さん。幼少期から牛深ハイヤに親しみ、20代で保存会のメンバーに。天草や熊本はもちろん、東京ドームやNHKホールでのイベントで牛深ハイヤを披露し、1年を通してそのすばらしさを伝えている。

VOICE　アレンジが多く、若者や子供のグループにも親しまれる牛深ハイヤ。4月上旬の「牛深ハイヤ祭り」は、牛深町内を練り歩く5000人の総踊りが圧巻。夏には牛深で「夏ハイヤ」、本渡で「天草ほんどハイヤ祭り」が開催される。

南国から持ち帰った踊りを独自に進化させた牛深ハイヤや、
天草四郎の悲恋の物語が伝わる南蛮手まりなど、
民謡や工芸から天草の歴史、風俗を感じることができる。

Traditional Performing Arts of Amakusa

天草の伝統芸能

天草バラモン凧

長崎の五島列島にも伝わるバラモン凧。天草の凧は丸みを帯びているのが特徴で、空に揚げると、うなりと呼ばれる弓形の弦がブンブンと大きく鳴り響く。この音が災いや厄を祓うとされ、男の子の初節句に飾られてきた。現在は保存会の天草凧の会によって、製作教室や凧揚げイベントなどが行われている。

左／龍や七福神など縁起のよい絵柄が並ぶ。最近ではくまモンを描いたものも　右下／朝日をバックに鶴が舞い上がる構図が天草バラモン凧の定番

天草南蛮手まり

古くは女の子の正月遊びの道具として、ヘチマや海綿を芯にして作られていたもの。天草四郎が恋する人に贈るも島原・天草一揆で非業の死を迎え、残された女性が一針一針に四郎への思いを込めて手まりを作ったとの伝承が残る。現在は長島ムラ子さんら天草手まりの会が、島の人々へ作り方を伝えている。

型に糸を巻き目印をつけ、八重桜やバラのような幾何学模様に。朱色を使い最後に錦糸を入れるのが特徴

♪ 南蛮手まりの唄
海を渡った四郎さま　赤い夕日に天草を
何度見られたことかいな　若き命を四郎さま
青い手まりをつきながら　偲べば哀れ　原の城

天草土人形
(どろにんぎょう)

型抜きした粘土を素焼きし、色をつけた人形。江戸時代に唐津出身の廣田和平が始めたとされる。節句など祝い事に贈られ、子供が玩具にして自然に壊れることで、人形に災いを転じて祓い清める意味があった。現在は山姥、舞女、福助、弘法大師など10種類ほどの型を、天草土人形保存会が継承している。

女性が乳飲み子を抱いた山姥。禁教令時代に潜伏キリシタンがマリア観音として拝んだともいわれる

天草竹細工

天草のしなやかな真竹を使い、江戸時代から250年以上の歴史をもつ。大小の籠やザル、魚籠など、さまざまな生活用品が作られた。

天草に伝わるてご巻きで作られた花てご。インテリアにも最適

天草押絵

ちりめんの和紙や布を組み合わせて創作する天草の伝統工芸。題材は草花や着物を着た少女、天草四郎など多岐にわたる。

色とりどりの和紙や布を用いる。中に綿を入れて立体感を出す

天草土人形を始めた廣田和平は、もともとは瓦職人。東向寺の屋根瓦の葺き替え職人として唐津から来島しそのまま移住した。瓦土で仏像を作成する流れから土人形を作るようになったと伝わる。

美しい自然とあたたかい島人に囲まれて
天草のアイランドライフを満喫中！

島に恋して

多大な期待はしない。島が楽しくしてくれるんじゃなく、自分がどう楽しむかですよね。

シーカヤックガイド
船原英照さん

上／船原さんのシーカヤックツアーは「驚きを探しに行く」がテーマなんだとか　下／穏やかな内海に島々が浮かぶ松島は、夕日のベストスポットでもある

風光明媚な松島から
天草の魅力を発信する

　2012年に天草に移住しシーカヤックガイドとして活躍する船原さん。もともと熊本市を拠点にガイドをしていたそう。

　「10年ほどメインフィールドだった牛深との間を行き来していたのですが、天草まで通うことに違和感があったんですよね。ちょうど旅先での体験を重視するお客さんが増えてきたこともあり、この機会に天草に住んでしまおうと決断しました」と船原さん。よく知っている天草だけに拠点選びには迷ったという。

　「いいところが多過ぎました。有明海も八

代海も東シナ海も表情が違って魅力的…贅沢な悩みですけど」と船原さんは笑う。

　「お客さんの目線で天草を見たら、小さな島が点在する松島こそ天草らしい場所なんじゃないかと。それでカヤックを浮かべて漕いでみたら、すごくよかったんです」と言う船原さんは、現在、松島でシーカヤックツアーを開催している。「天草の魅力をお客さんに伝えられ、笑顔で帰ってもらえることがうれしい」のだとか。

　海を見下ろす絶景の家で島暮らしを満喫する船原さん。「天草は外からの人にも寛大で住みやすい場所」だという。「でも、多大な期待はしない。島が楽しくしてくれるんじゃなく、自分がどう楽しむかですよね」

Profile ＊ふなはら えいしょう
2012年12月に家族3人で天草に移住。松島でシーカヤックのツアーを開催している。休みの日はもっぱら自然を舞台に子供と遊ぶ。シーカヤックツアーの詳細は→ P.40

多島海と呼ばれる天草周辺には、大小120余りの島々が浮かぶ。島々に守られた内海は波がなく穏やか。そのためシーカヤックやスタンドアップパドルボードなどマリンスポーツの練習にぴったり。初心者でも安心して体験できる。

宇土半島から車でアクセスできる天草は、物資も豊富で過ごしやすい島。
移住者が多く、のどかな雰囲気のなか自然と向き合った生活を送っている。
天草の魅力にハマり、移住を決めたおふたりに話を聞きました。

Falling in Love　with Amakusa

子供は心も体も柔軟。
天草弁にもあっという間に
なじんじゃいました（笑）。

ヨガインストラクター
齋藤希世子さん

子供がきっかけで交流が生まれ
理想の子育て環境を実現

伝統的なヨガからマタニティヨガ、ベビーヨガなど、天草でヨガクラスを開催している齋藤さん。2012 年に夫婦と子供ふたりの 4 人で関東から天草へ移住した。
「東日本大震災を機に移住先を探し始めました。家を探す旅に出て広島や岡山を見たりもしたんですが、最終的に天草に行きつきました」と齋藤さんは言う。興味があった自宅出産の話を聞いたこと、また自然に囲まれた暮らしができることに魅かれたそう。移住後、3 〜 5 人目のお子さんにも恵まれ、本渡の南、楠浦町の古民家

で 7 人暮らしを楽しんでいる。
2022 年には、ご主人が代表となり、地元の保育園の園長らと、子供たちの自己表現を促す「天草コドラボ劇団」を設立。20 人ほどの子供たちが初公演を行ったそう。
「子供たちのおかげで地域のつながりが深まり、皆さんの見守りを受けながら子育てができてありがたいです」と齋藤さん。自身も産後ヨガなどを通じて地元のママに会話の場をつくり、地域の輪を広げている。
「最初に天草に来たのも、私のキッズヨガや夫の子供向けアートワークショップがきっかけでした。そのとき感じた『こんな場所で子育てをしてみたいな』というイメージが、かなえられているのがうれしいです」

上／ご主人はウェブデザインの会社に勤めながら、天草の植物を使ったホウキの作品を制作　下／齋藤さんはインドでヨガの資格をもつ、ヨガインストラクター

Profile ＊ さいとう きよこ
2012 年に家族 4 人で天草に移住し 3 人の子供を出産。市や企業の依頼でヨガクラスを開くほか、天草を中心にマタニティヨガや産後ヨガのクラスをもつ。コミュニティシェアスペース、ホロンも運営。

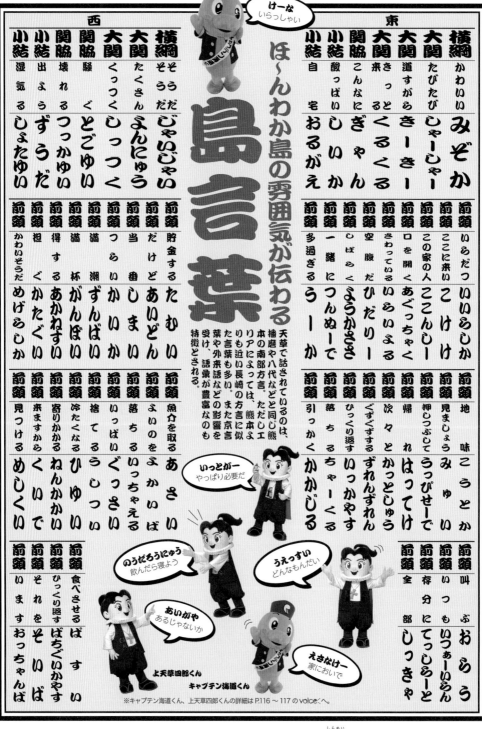

voice ミカンの清美とポンカンを交配した「デコポン」はブランド名。品種名は「不知火(しらぬい)」で、糖度などの条件をクリアしたものがデコポンになる。ちなみにアメリカでは、ボコッと盛り上がった形を髷に見立てて「SUMO（スモウ）」と呼ばれる。

旅行前に読んでおきたい
天草の本 セレクション

旅先について調べるのも、旅の楽しみのひとつ。天草が歩んできた歴史や多彩な文化を知っておくと、現地で受ける印象が違うはず！帰ってから読んでも新たな発見が。

『街道をゆく17 島原・天草の諸道』 紀行
司馬遼太郎 著
朝日新聞出版　税込 726 円
島原・天草一揆をテーマにした島原半島から天草にかけての紀行。本渡の延暦寺にある梅の古木についての描写が印象的。

読んで楽しい民話集！

『天草の民話』 民話
浜名志松 編
未来社　税込 2200 円
各地の民話を原型どおりに収録した日本の民話シリーズ。カッパや大蛇伝説、キリシタンにまつわる話など、天草に伝わる 38 話が掲載されている。

社員全員で奇跡の復活♪

『日本一小さな航空会社の 大きな奇跡の物語』 ノンフィクション
奥島 透 著
地球の歩き方　税込 1650 円
経営危機に陥っていた天草エアラインを復活へ導いた著者が、社内改革や地域貢献など再生への取り組みについて語る。

知られざる真実が!?

『敗者の日本史 14 島原の乱とキリシタン』 歴史
五野井 隆史 著
吉川弘文館　税込 2860 円
島原・天草一揆の一揆軍はなぜ敗れたのか。宣教の実態や原城跡発掘成果から、一揆の背景とキリシタンの実像に迫る。

『百姓たちの戦争』 歴史
吉村豊雄 著
清文堂出版　税込 2090 円
島原・天草一揆がいかにして起こったか、その背景に迫る歴史ルポタージュ。島原・天草一揆から潜伏キリシタンの摘発までを追う 3 部作の第 1 巻。

『幻日』 小説
市川森一 著
講談社　税込 1870 円
天草四郎は天正遣欧使節、千々石ミゲルの息子だった。文献をもとに、島原・天草一揆を大胆な推理で活写する時代小説。

『雲さわぐ』 小説
藤井素介 著
講談社　税込 1815 円
島原・天草一揆後、貧困にあえぐ天草を救おうと、渾身の努力を続け命をかけて幕府に挑んだ代官・鈴木重成の生涯。

天草復興の立役者

『江戸人物伝　天草四郎』 コミック
加来耕三、井出窪 剛、三笠百合 著
ポプラ社　税込 1100 円
飢饉と重い年貢に苦しむ農民たちと、迫害されるキリシタンのために、総大将として立ち上がった天草四郎を描く。

旅の情報源！　お役立ちウェブサイト

▶ **天草宝島観光協会**　www.t-island.jp
天草の見どころをはじめ観光関連の情報をまとめたサイト。イベント情報も。

▶ **天草四郎観光協会**　kami-amakusa.jp
上天草市の観光情報を網羅したお役立ちサイト。歴史や温泉の特集ページも充実。

▶ **天草郡苓北町**　reihoku-kumamoto.jp
苓北町の公式サイト。観光案内のページではパンフレットをダウンロードできる。

▶ **天草窯元めぐり**　amakusatoujiki.com
天草陶石の歴史やイベント情報が充実。窯元めぐりには窯元一覧が欠かせない。

▶ **天草漁業協同組合**　www.jf-amakusa.jp
天草で取れる魚介類の情報が充実しているので、旬やおいしい食べ方をチェック！

DVD
牛深の名所が登場！

『女たちの都 ～ワッゲンオッゲン』
日本一の衰退都市とささやかれる天草牛深を舞台に、町おこしのために「花街復活」をもくろむ女たちの夢と情熱をユーモラスに描き出す社会派人情劇。2013 年 10 月に初公開された。

オデッサ・エンタテインメント
税込 3450 円
© 2012「ワッゲンオッゲン」製作委員会

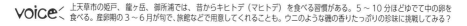
VOICE　上天草市の姫戸、龍ヶ岳、御所浦では、昔からキヒトデ（マヒトデ）を食べる習慣がある。5 ～ 10 分ほどゆでて中の卵を食べる。産卵期の 3 ～ 6 月が旬で、旅館などで用意してくれることも。ウニのような磯の香りたっぷりの珍味に挑戦してみる？

113

おばあちゃんになっても天草を感じ、
ボタンに表現し、自分が作りたいボタンを
届けていきたい

右／成形した粘土
を素焼きし整えて
絵付け。釉薬をか
けて約3日間じっ
くり焼く
下／ボタンの穴の
角取りをするなど、
長く使ってもらう
ための手間は惜し
まない

+botão（ボタオ） **INOUE YUMI** さん

天草で創作活動をしたい、その気持ちを行動に移す

　透明感のある白いボタンに描かれた色とりどりの絵や模様……天草の風景や文化をモチーフにしたボタンを作っているのは、天草ボタン作家の INOUE YUMI（井上ゆみ）さん。+botão というブランドで展開する天草陶石の磁器ボタンが、口コミで人気を集めている。

　「小さな頃からミシンを使ったり、編み物をするのが好きだった」と言う井上さんは、東京で服飾デザインを学んだ。

　「島を出て15年くらいでしょうか、帰省して崎津教会に行ったら、急に

服飾ブランドや皮革ブランドに取り入れられている天草ボタン。新作をチェック！

ここで物作りをしたいという思いがぶわっと吹き出して、気づくと涙を流していたんです」

　天草に戻ることを決めた井上さんだが「もっと天草のことを知り、どしっと構えて制作を始めたかった」と、すぐには物作りに手をつけず、観光協会に勤務する。

天草の海や教会を描いた天草ボタンが評判に

　井上さんの転機は、当時、天草で開催されたアートの見本市「アマクサローネ」への出展。

　「洋服を作るときに最後につけるボタンは、作品を決める大切なもの。天草らしい服とは何かを考え、たどり着いたのが、色や質感、強度に優れた天草陶石のボタンをつけたシャツでした」

　出品したシャツは大好評。天草ボタン作家としての人生が始まった。勤めていた観光協会を辞めたあとは、ボタンのことを24時間考えていられる喜びと、ここががんば

自分に合った筆を探すため、実際に筆職人に会って選ぶことも多い

りどきという強い気持ちで制作に打ち込んだそう。

　「最初は、目の前に常に壁があって、いろいろな人に聞きまわる日々でした。今では、天草ボタン専用の世界でひとつしかない窯を作ってもらい、制作を行っています」

　天草ボタンを採用した「SEUVAS」の服がロスアンゼルスやニューヨークで販売されるなど、ワールドワイドに活躍の場を広げる井上さん。

　「ボタン作りは繊細な作業。温度計や湿度計を見ながら粘土への加水量を調整し、絵付けの際も筆を動かすスピードや筆圧を工夫しています。手をかければ必ず応えてくれるので、思った以上のものができることもあります。大変だけどぜんぜん苦にはなりません」とほほ笑む。

天草ボタンは、海月→ P.94、石山離宮 五足のくつ→ P.96で販売。島外で展示会を行うことも。「SEUVAS」のジャケットやコート、「アマクサファクトリー」の革靴やかばんなどに採用されている。 **URL** www.amacusabotao.com

出発前にチェックしておきたい！

旅の基本情報
Basic Information

!

天草の旅に欠かせない基礎知識をご紹介。

島への行き方からシーズンや見どころ、予算の話まで、

知っておくと損をしないトピックを網羅しました。

旅行の前に
知っておきたい！

旅の基礎知識

対馬暖流の影響を受けた温暖な気候と、おいしい食に恵まれた天草。
島の様子や現地で役立つノウハウなど、旅行前におさえておきたい基礎知識を紹介。

PART 1 まずは天草について知ろう

広大なエリアに島ならではの自然や文化を満喫できるスポットが点在してます。

◇ 天草上島と天草下島を中心に
◇ おもな島へは橋で渡れる

左から重辰、重成、正三の鈴木三公像。島原・天草一揆からの復興に尽力するなどした島の守り神

天草は熊本県の西部に点在する大小120余りの島々。天草上島と天草下島が宿泊や観光の中心になる。天草上島は面積約225km^2。北東部の約半分が上天草市となり、宇土半島との橋渡しとなる大矢野島や、猫の島として親しまれる湯島をはじめ、天草松島と称される風光明媚な島々で構成される。天草上島と天草瀬戸大橋および天草未来大橋でつながる天草下島は面積574km^2。天草上島の残り半分を含め天草の約8割を占める天草市と、北西部に位置する面積約67km^{2}の苓北町からなり、周囲にはイルカが泳ぐ通詞島や、化石の島と呼ばれる御所浦島などが点在する。

御所浦島や湯島などいくつかの島へは、船でのアクセスとなる

◇ マリンレジャーにトレッキング、
◇ ドライブや温泉巡りも楽しい

通詞島周辺には200頭余りのミナミハンドウイルカが定着し1年中観察できる

天草の魅力といえば、やはり海と山に広がる大自然。海を楽しむなら、通詞島周辺でのイルカウォッチングに、牛深海域公園でのグラスボートやスクーバダイビング、ビーチでの海水浴など。山なら、次郎丸嶽・太郎丸嶽のトレッキング、高舞登山から龍ヶ岳をつなぐ観海アルプス縦走、白嶽森林公園での自然観察などが定番になっている。そのほかドライブコースとしては、車でアクセスできる千巌山展望台や高舞登山展望台、妙見浦や西平椿公園周辺のサンセットスポット、有明や苓北の海岸沿いの道路が有名。下田温泉での足湯や日帰り入浴もおすすめ。

次郎丸嶽頂上からの眺め。太郎丸嶽と千巌山越しに大矢野島方面を一望できる

◇ 素朴な日本の集落と
◇ 洋風建築が調和する島

戦国時代末期にキリスト教が伝来すると、ほとんどの島民が入信したとされる天草。信者が多かった﨑津や大江には、潜伏キリシタンとなった村人が禁教令廃止からしばらくして建てた教会がたたずみ、漁村の風景と同化。天草の歴史を知るスポットとして、多くの観光客が訪れる。さらに、江戸時代後期に風待ち港として栄えた牛深や、山から吹く北風を防ぐために石垣を築いた倉岳など、海辺や山間にあるいくつもの集落で、自然とともに受け継がれてきた天草の暮らしを知ることができる。

漁船や瓦屋根と調和するゴシック様式の﨑津教会。集落は世界遺産に登録されている

島の情報をゲット
天草の観光協会ウェブサイト

旅行前も旅行中も、天草のことをネットで調べるなら、観光協会のウェブサイトが便利。天草市を中心に全域を網羅する天草宝島観光協会と、上天草市のスポットを紹介する天草四郎観光協会のサイトをチェックすれば、観る・遊ぶ・食べる・買う・泊まるの情報が手に入る。旬のイベント情報や、お得なツアー案内も掲載されているので、天草旅行がいっそう充実するはず！

天草のマスコットキャラクター、キャプテン海道くん

天草宝島観光協会
☎ (0969)22-2243
URL www.t-island.jp
天草四郎観光協会
☎ (0964)56-5602
URL kami-amakusa.jp

上天草市の特命係長、上天草四郎くん

PART 2 天草旅行のノウハウ Q&A

ツアープランを練る前に知っておきたい、現地の基礎情報を紹介。

遊びに
おいで〜♪

シーズンのノウハウ

くまモンのグッズが大集合！

Q. ベストシーズンはいつ？

A. 7〜8月。山歩きなら初夏や秋も

観光客でにぎわうのは、海水浴を満喫できる夏休みシーズン。海洋性気候の天草は暑過ぎず、快適に過ごすことができる。山でトレッキングやハイキングを楽しむなら、日差しが柔らかい5〜6月や9〜10月がベスト。海鮮グルメは1年を通して旬の食材が並び、特に秋から冬はブリなど回遊魚に脂がのる。→ P.119

Q. 海で遊べるのはいつ？

A. 7月中旬〜8月下旬がベスト

イルカウオッチングは1年中

5月に海開きが行われる海水浴場もあるが、本格的な海水浴シーズンは7月中旬から。シーカヤックや体験ダイビングは1年中楽しめるが、こちらもメインは夏休みとなる。ただし、7〜9月は台風の発生率が上がる時期。海が荒れるとマリンアクティビティ全般が催行されなくなってしまう。

Q. 服装の注意点は？

A. 夏でも羽織れる上着をもって

1年を通して温暖で過ごしやすい天草だが、海沿いや山沿いでは午後に風が吹いて涼しくなることもある。真夏でもウインドブレーカーやトレーナーなど、1枚羽織れるアイテムを。スコールのような集中的な雨が降ることがあるので、雨具を準備しよう。

お金のノウハウ

主要エリアはなかなかの都会です♪

Q. 旅の予算はどれくらい？

A. 2泊3日で4万円台〜

天草エアラインの片道が、福岡〜天草で1万4000円程度。リーズナブルな民宿は2食付きで8000円〜が目安なので、九州からの移動と2泊で4万円台〜の計算になる。レンタカーやガイド付きアクティビティ、食事などを楽しむのであれば、さらに2万〜3万円程度の用意を。

遊び方のノウハウ

Q. 天草に着いたらまずどこへ？

A. 主要エリアの観光案内所へ

天草宝島観光協会が入った本渡の天草宝島国際交流館ポルト

天草の情報を集めるには、島内の主要エリアにある観光案内所へ（→ P.126）。島内の観光マップや、町歩きのパンフレットを手に入れることができる。お得なレンタカーや季節のアクティビティ、旅行中に開催するイベント、おすすめの食事処など、何でも聞いてみよう。

Q. 現地ツアーは予約が必要？

A. 旅行前の予約がベスト

当日の申し込みでも問題ないアクティビティやツアーもあるが、夏休みシーズンやゴールデンウイークなど、繁忙期は満員となってしまうこともある。なるべく旅行前に予約を入れておこう。到着後に参加を決めた場合も、参加前日までに連絡をしておきたい。

Q. 夜まで開いている商店は？

A. 24時間営業のコンビニも

本渡や牛深、大矢野、松島など、天草下島、天草上島ともに主要エリアには24時間営業のコンビニエンスストアが点在。大型のスーパーやドラッグストアもある。ただし、個人経営の商店はおもに島民向けのため、夕方に閉店してしまうことが多い。営業時間の確認を。

Q. カードや電子マネーは？

A. QRコード決済導入店が増加

カードよりも、PayPayや楽天Payなどのクレジットカードよりも、QRコード決済が可能な飲食店やショップが増えている。とはいえ現金払いのみの店舗も多いので、現金の準備を。

Q. ATMは充実している？

A. ゆうちょ銀行や地方銀行で

天草には、ゆうちょ銀行、熊本銀行、肥後銀行、天草信用金庫、JAなどの金融機関がある。ATMを併設しているコンビニエンスストアや大型スーパーもある。

レストランのノウハウ

海鮮は1年中!

刺身、焼き、フライと何でもござれの天草大王

水揚げしたばかりのクルマエビを踊り食い

Q. 天草で必食の料理って?

A. 天草大王とクルマエビは外せない!

天草ならではといえば、天草大王とクルマエビ。天草大王は大型の地鶏で、弾力のある歯応えと、コクのある味わいが特徴。島内ではたたきや焼き鳥からスープのだしまで、余すことなく使用され、1年中味わうことができる。さらにクルマエビの養殖は全国トップクラス。プリプリの食感と際立つ甘味を刺身やフライで堪能できる。

瓶詰めのウニは濃厚～♪

日持ちするかまぼこやさつま揚げは自宅へのおみやげに最適

おみやげのノウハウ

柑橘類の旬は冬。甘いミカンやデコポンはやみつきに

Q. 人気のおみやげは?

A. 水産加工品や柑橘類を

ウニの瓶詰めやタコの干物など天草で水揚げされた魚介類、また柑橘類のジャムなどの加工品は、1年を通して手に入る。こだわりのアイテムとしては、天草陶石の陶磁器や近海で養殖された真珠をチェックしたい。

Q. おみやげはどこで買う?

A. 道の駅や直売所をチェック!

観光客が多い天草には、主要エリアに大きなみやげ物店があるので安心。道の駅や直売所でも、地元の皆さんの食卓にのぼる海産物や野菜を買うことができる。

さまざまな食品が並ぶ道の駅有明 リップルランド

Q. 重いものや生ものは?

A. 宅配便を利用しよう

冷凍や冷蔵が必要な食品や重いもの、大きなものは宅配便を利用しよう。ほとんどのみやげ物店や商店で対応してもらえるほか、ホテルなど宿泊施設からも発送してもらえる。

Q. 飲食店は予約が必要?

A. 席数が少ない人気店も

予約が必須の飲食店はあまりないが、すぐに満席となってしまう繁盛店も少なくないので、行くと決めた店は予約しておくのが無難。ウニや天草大王など、希少な食材は売り切れてしまうことがあるので、予約時に確認しておこう。

Q. 食べ物のおいしい時期は?

A. 1年を通して旬の食材が

対馬暖流の恵みを受ける海の幸に、温暖な気候が育む山の幸と、1年を通して食材が充実。ただしシーズン限定のものもあるので、119ページの表で確認をしておこう。特に海産物は禁漁期間があるので注意。台風や強風で海が荒れると、漁に出られずに市場に魚介類が出回らなくなることがある。

天草の各所で夏に目にするタコのつるし干し。干物や薫製は1年を通して味わえる

通信環境のノウハウ

Q. スマホは通じる?

A. 市街地や海沿いは大丈夫

本渡や大矢野を中心に、ほとんどの市街地ではキャリアを問わず通話や通信が可能。海沿いも平地であればつながりやすい。ただし、トレッキングコースや展望所など山間のスポットではつながらないことが多いので注意したい。

Q. インターネットは使える?

A. 公共施設にフリーのWi-Fiスポットが

天草空港や本渡港、市役所、観光案内所には、熊本県や天草市、上天草市が提供するフリーのWi-Fiスポットが。Wi-Fi完備の宿泊施設は少ないので予約前に確認しておきたい。

voice 有明海沿いを中心に天草の初夏から秋にかけての風物詩といえるのが、タコを天日干ししている風景。干満の差がある有明海は急流で栄養が豊富なため、肉質のよいマダコがよく取れる。干して身を引き締めたタコは、あぶり、タコ飯、タコ味噌で!

PART 3 気になる！ 食の旬が知りたい

天草の海鮮や野菜、果物の、おいしく食べられる時期を紹介！

◆ 旬の食材カレンダー

凡例：🥣 おいしく食べられる旬　🐟 漁獲のある月　🌸 収穫のある月

食材	1	2	3	4	5	6	7	8	9	10	11	12
海産物												
アオサ			🥣	🥣	🥣							
カサゴ	🥣	🥣	🥣									🥣
カワハギ	🥣	🥣								🥣	🥣	🥣
クマエビ									🐟	🐟	🐟	
クルマエビ	🐟	🐟	🐟		🐟	🥣	🥣	🥣	🐟	🐟	🐟	🐟
コウイカ	🥣	🥣	🥣	🐟	🐟	🐟	🐟	🐟	🐟	🐟	🐟	🥣
コノシロ	🥣											
シマアジ					🥣	🥣	🥣	🥣	🥣			
タコ					🥣	🥣	🥣					
チリメンジャコ					🥣	🥣	🥣					
トラフグ	🥣	🥣	🐟	🐟	🐟		🥣	🐟	🐟	🐟	🥣	🥣
ハモ							🥣	🥣				
ヒラメ	🥣										🥣	🥣
ブリ	🥣										🥣	🥣
マダイ	🐟	🐟	🥣	🥣	🐟	🐟	🐟	🐟	🐟	🐟	🐟	🐟
ワカメ	🥣	🥣	🥣	🥣	🥣	🥣				🥣	🥣	🥣
ワタリガニ					🐟	🐟				🥣	🥣	🥣
農産物												
アスパラガス			🥣	🥣	🥣	🥣	🥣	🥣				
あまくさ晩柑			🥣	🥣	🥣							
天草緑竹						🥣	🥣	🥣	🥣			
甘長トウガラシ						🥣	🥣	🥣				
イチジク								🥣	🥣			
エリンギ	🥣	🥣	🥣	🥣	🥣					🥣	🥣	🥣
オクラ						🥣	🥣	🥣	🥣			
温州ミカン	🌸									🌸	🌸	🌸
サツマイモ									🌸	🌸	🌸	
キュウリ	🌸	🌸	🌸	🌸	🌸	🌸	🌸	🌸	🌸	🌸	🌸	🌸
キヌサヤ		🥣	🥣	🥣								
サヤインゲン					🥣	🥣						
ジャガイモ					🥣							
スイートコーン						🥣	🥣					
スナップエンドウ	🥣	🥣	🥣	🥣	🥣							🥣
デコポン	🥣	🥣	🥣									🥣
トウガラシ	🌸	🌸	🌸	🌸	🌸	🌸	🌸	🌸	🌸	🌸	🌸	🌸
パール柑	🌸	🥣	🥣									
ビワ					🥣	🥣						
ポンカン	🥣	🥣	🥣									🥣
桃						🥣	🥣					
湯島大根	🥣	🥣										🥣
レタス	🥣	🥣	🥣									🥣

※出典／上天草食材美味図鑑

空・陸・海と
アクセス方法が
選べる！

天草へのアクセス

熊本県の宇土半島と橋でつながり、島内に空港が整備されている天草。
出発地や旅のスタイルに合わせて、空路・陸路・海路から最適な交通手段を選ぼう。

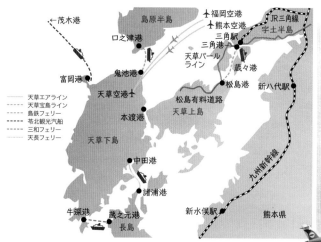

茂木港
島原半島
口之津港
福岡空港
熊本空港
JR三角線
宇土半島
三角駅
三角港
天草パール
ライン
蔵々港
鬼池港
富岡港
松島港
新八代駅
天草空港
松島有料道路
天草上島
本渡港
天草下島
中田港
諸浦港
九州新幹線
牛深港
蔵之元港
長島
新水俣駅
熊本県

天草エアライン
天草宝島ライン
島鉄フェリー
苓北観光汽船
三和フェリー
天長フェリー

親子イルカの「みぞか」に新型機が登場！

2000年の天草空港開港と同時に就航した天草エアライン。保有機は1機のみで、日本一小さな航空会社とも呼ばれる。機体に描かれた親子イルカのデザインは、2012年の公募によって選ばれたもので「みぞか」の愛称をもつ。2016年2月20日からは、DHC8-103型機からATR42-600型機に世代交代。定員が39人から48人に増席されたほか、エンジン音が静かになって乗り心地もアップ。高度1300mの低空飛行なので、眼下に鮮やかな緑に覆われた島々が連なり、まるで遊覧飛行を楽しんでいるよう。

団 天草エアライン ☎ (0969) 34-1515
URL www.amx.co.jp

イルカ顔のATR42-600 MIZOKA。天草の空路では必ずこの機体に搭乗できる

福岡空港・熊本空港を経由して飛行機でアクセス

福岡空港と熊本空港（阿蘇くまもと空港）から天草空港へ定期便が毎日運航

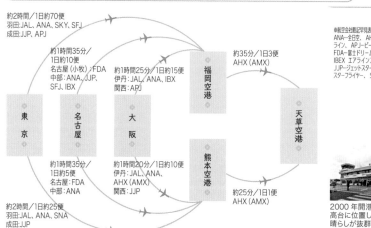

約2時間／1日約70便
羽田:JAL、ANA、SKY、SFJ
成田:JJP、APJ

約1時間35分／
1日約10便）
名古屋（小牧）FDA
中部:ANA、JJP、
SFJ、IBX

約1時間25分／1日約15便
伊丹:JAL、ANA、IBX
関西:APJ

約35分／1日3便
AHX (AMX)

福岡空港

天草空港

東京

名古屋

大阪

熊本空港

約1時間35分／
1日約5便
名古屋:FDA
中部:ANA

約1時間20分／1日約10便
伊丹:JAL、ANA、
AHX (AMX)
関西:JJP

約25分／1日1便
AHX (AMX)

約2時間／1日約25便
羽田:JAL、ANA、SNA
成田:JJP

※航空会社略記早見表
ANA…全日空、AHX (AMX) …天草エアライン、APJ…ピーチ・アヴィエーション、FDA…富士ドリームエアラインズ IBX…IBEX エアラインズ、JAL…日本航空、JJP…ジェットスター・ジャパン、SFJ…スターフライヤー、SNA…ソラシド エア

2000年開港の天草空港。高台に位置しているため見晴らしが抜群

天草空港からの移動は？

天草下島の五和にある天草空港。天草市内各所を経由しながら、天草の中心地にある本渡バスセンターへシャトルバスが運行（1日4便、所要時間約14分、料金350円）。本渡からはレンタカーやバスで各所へ。※島内のアクセス情報はP.122をご覧ください

VOICE 天草エアラインの飛行機「みぞか」の愛称も、2012年の公募で決定したもの。「みぞか」は胴体部分の親イルカの名前で、天草の方言でかわいいという意味。さらに、右翼エンジン部は男の子の「かい（快）」、左翼は女の子の「はる（晴）」で、合わせて快晴となる。

宇土半島から天草五橋を渡って車でアクセス

熊本県中部の宇土半島から5本の橋がつなぐ天草パールラインで天草上島へ

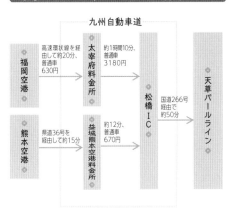

マイカー、レンタカーを利用

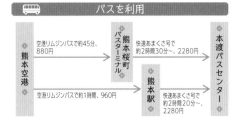

バスを利用

お得なあまくさ乗り放題きっぷ

熊本駅方面からバスを利用するなら、あまくさ乗り放題きっぷを利用しよう。本渡までの快速あまくさ号の往復と、天草市内の路線バスが乗り放題で、2日券4280円、3日券5400円。購入は熊本桜町バスターミナルの案内所にて。観光施設の入館料割引などお得な特典付き。
📷 産交バスサービスセンター ☎(096)325-0100
URL www.kyusanko.co.jp/sankobus/

熊本・長崎・鹿児島から船でアクセス

熊本県の宇土半島、長崎県の島原半島、鹿児島県の長島から天草各所へ

熊本方面から高速船を利用

天草宝島ライン

▶ 航路：三角港〜松島港
▶ 船舶タイプ：クルーザー
▶ 片道料金：1000円
▶ 車両片道：車両積載不可
▶ 便数：1日3便
▶ 所要時間：20分

　三角港へは、熊本駅からJR三角線で三角駅まで約52分（760円）。さらに徒歩5分。特急「A列車で行こう」も運行（→ P.123）。
📷 (0969)56-2458
URL www.seacruise.jp/teiki

海上タクシー

▶ 航路：三角港〜蔵々港
▶ 船舶タイプ：小型船
▶ 片道料金：3600円〜（4人まで。5人以上は1人につき900円〜追加）
▶ 車両片道：車両積載不可
▶ 便数：利用者に応じて運航
▶ 所要時間：約10分

　三角港から維和の蔵々港へ。九州オルレ天草・維和コースへのアクセスに便利。観光遊覧も行っている。
📷 上天草維和地区まちづくり委員会
☎ (0964)58-0001

長崎方面からフェリーか高速船を利用

島鉄フェリー

▶ 航路：口之津港〜鬼池港
▶ 船舶タイプ：フェリー
▶ 片道料金：390円
▶ 車両片道：普通車2840円〜
▶ 便数：1日10便〜
▶ 所要時間：30分

　島原半島先端の口之津港と五和の鬼池港を往復する航路。口之津港までは長崎空港から車で約1時間40分。
📷 (0969)32-1727 ※鬼池港
URL www.shimatetsu.co.jp

苓北観光汽船

▶ 航路：茂木港〜富岡港
▶ 船舶タイプ：高速船
▶ 片道料金：2030円
▶ 車両片道：車両積載不可
▶ 便数：1日4便
▶ 所要時間：45分

　長崎市と苓北町を結び、長崎駅からのアクセスが便利。①長崎駅南口から①茂木港までは長崎バスで約27分（300円）で到着する。
📷 (0969)35-0705 ※富岡港
URL www.reihoku-kisen.jp

鹿児島方面からフェリーを利用

三和フェリー

▶ 航路：蔵之元港〜牛深港
▶ 船舶タイプ：フェリー
▶ 片道料金：500円
▶ 便車両片道：普通車3050円〜
▶ 便数：1日9便〜
▶ 所要時間：30分

　鹿児島県北西部の長島と牛深をつなぐ。長島の蔵之元港へは、九州新幹線出水駅から天草ロマンシャトルバスで約1時間5分（1050円）。
📷 (0969)72-3807 ※牛深港
URL www.ezax.co.jp

天長フェリー

▶ 航路：諸浦港〜中田港
▶ 船舶タイプ：フェリー
▶ 片道料金：410円
▶ 車両片道：普通車2610円〜
▶ 便数：1日8便
▶ 所要時間：35分〜

　鹿児島県の長島から、獅子島の片側港を経由して天草下島の新和へアクセス。長島の諸浦港へは、九州新幹線出水駅から車で約1時間。
📷 (0996)86-0775
URL tenchou-ferry.co.jp

天草島内の移動術

主要な島には橋が架かっているため、車で自由に移動ができる天草。
マイカーやバスを使って目的の観光スポットを目指そう。

マイカー・レンタカー・タクシー

島の外周を中心に国道が整備されている天草。道は広く運転はラクラク!

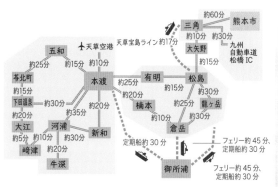

三角　約60分　熊本市
約10分　約30分
九州自動車道
松橋IC
天草宝島ライン約17分
大矢野　約15分
五和　天草空港　本渡　約25分　有明
約25分　約15分　約10分　約15分
苓北町　約20分　松島
約15分　約30分
下田温泉　約30分　約20分　約35分　龍ヶ岳
約20分　楠本　約25分　約30分
大江　約5分　約10分　河浦　約30分　約10分　倉岳　約30分
崎津　約20分　新和
牛深
定期船約30分
御所浦
フェリー約45分、定期船約30分
フェリー約45分、定期船約30分

レンタカー info.
- ▶大矢野　パールレンタカー　☎(0964)59-2888
- ▶栖本　栖本レンタカー　☎(0969)66-3755
- 　　　天草レンタカー　☎(0969)66-2690
- 　　　楠浦レンタカー　☎(0969)23-5268
- ▶本渡　熊本日産レンタリース天草営業所
- 　　　☎(0969)23-2339
- 　　　トヨタレンタカー天草店　☎(0969)23-0100
- 　　　本渡レンタカー　☎(0969)66-9990

観光タクシー info.
- ▶大矢野　協和タクシー　☎(0964)56-0204
- 　　　　藤川タクシー　☎(0964)56-0107
- 　　　　柳タクシー　☎(0964)57-0007
- ▶松島　松島タクシー　☎(0969)56-1160
- ▶有明　大矢子タクシー　☎(0969)52-0010
- ▶姫戸　姫戸タクシー　☎(0969)58-3456
- ▶御所浦　御所浦タクシー　☎(0969)67-3035
- ▶本渡　天草タクシー　☎(0969)22-2171
- 　　　大門港タクシー　☎(0969)22-3617
- 　　　TakuRoo 天草営業所
- 　　　☎(0969)23-3131
- 　　　パール観光タクシー
- 　　　☎(0969)23-2244
- 　　　本渡港タクシー　☎(0969)23-3111
- 　　　絆タクシー　☎(0969)22-1919
- ▶五和　栄光タクシー　☎(0969)32-0146
- 　　　鬼池タクシー　☎(0969)32-1166
- ▶苓北　苓北タクシー　☎(0969)35-0075
- ▶天草　西海タクシー　☎(0969)42-0076
- ▶河浦　河浦タクシー　☎(0969)76-1131
- ▶牛深　パール観光タクシー
- 　　　☎(0969)72-3388
- 　　　くたまタクシー　☎(0969)73-2138
- 　　　桝屋マリンタクシー
- 　　　☎(0969)72-2161

観光・路線バス

路線バスが島内全域を結ぶほか、見どころを巡る観光周遊バスも運行。

路線バス info.
産交バス　MAP 折り込み②C2
🏢 本渡バスセンター　☎(0969)22-5234

◆ 主要区間バス料金表

本渡バスセンター~松島	1060 円
本渡バスセンター~倉岳	830 円
本渡バスセンター~有明	600 円
本渡バスセンター~五和	390 円
本渡バスセンター~苓北	840 円
本渡バスセンター~下田温泉	930 円
本渡バスセンター~崎津	1410 円
本渡バスセンター~牛深	1530 円

観光バス info.
- ▶大矢野　協和観光バス
- 　　　　☎0120-056705
- ▶松島　松島観光バス
- 　　　☎(0969)56-1161
- ▶有明　天草城観光
- 　　　☎(0969)53-0123
- ▶本渡　産交バス天草営業所
- 　　　☎(0969)22-5238
- 　　　ひばりバス
- 　　　☎(0969)22-5848
- ▶五和　下天草観光バス
- 　　　☎(0969)32-2001

レンタサイクル

レンタサイクル info.
- ▶松島　ミオカミーノ天草　☎(0969)33-9500
- ▶本渡　ホテルアレグリアガーデンズ天草
- 　　　☎(0969)22-3161
- 　　　アマクサ サンタカミングホテル
- 　　　☎(0960)22-0100
- 　　　天草プリンスホテル
- 　　　☎(0969)22-5136
- ▶五和　総合交流ターミナル施設 ユメール
- 　　　☎(0969)26-4011
- ▶苓北　富岡港　☎(0969)35-0705

VOICE 2015 年に発行された天草市のご当地ナンバー。50cc、90cc、125cc 以下の原付や小型特殊自動車を対象に、海からジャンプする 2 頭のイルカのイラストがあしらわれている。天草旅行の際は、地元の乗り物のナンバーをチェック!

天草島内の移動術／A列車で行こう＆天草宝島ライン

車窓からの
眺めも最高級！

16世紀の南蛮文化が漂う列車とクルーザーで
熊本から天草までラグジュアリーな大人旅！

A列車で行こう＆天草宝島ライン

熊本駅と三角駅をつなぐ特急列車「A列車で行こう」と
三角港からの大型クルーザー「天草宝島ライン」で天草へアクセス。

左／高級感が漂う特急列車「A
列車で行こう」　右／車内の
バーラウンジ。ドリンクやデザー
トを楽しめる　左下／デコポン
を使った'A'ハイボール530円

土・日曜や祝日を中心に1日3便が往復

2011年10月8日から運行を始めた観光特急列車「A列車で行こう」。列車名はジャズの定番ナンバーを冠したもの。「A」は「Amakusa」と「Adult」を意味し、高級感あふれる大人の天草旅行を演出する。

列車のデザインは「16世紀に天草へ伝わった南蛮文化」がテーマ。木調の落ち着いた雰囲気のなか、ところどころに配されたステンドグラスから柔らかい光が差し込む。共有スペースに設けられた「A-TRAIN BAR」には、デコポンのハイボールや柑橘類のミックスジュースが並び、車窓に流れる島原湾沿いの風景を眺めながら、移動時間を優雅に過ごすことができる。三角港で乗り換える「天草宝島ライン」も、黒地に金色のエンブレムなど、列車に合わせたクラシカルなデザイン。青い海に緑の島々が浮かぶ松島エリアを潮風を切って走り抜ける。

上／熊本からの特急の終点、三角駅。
港までは歩いてすぐ　下／三角駅から
車で約6分の三角西港。1887年に
完成した石積みの埠頭で、2015年に
「明治日本の産業革命遺産」の構成資
産として世界文化遺産に登録された

A列車で行こう 　JR九州案内センター☎0570-04-1717
■運転日：土・日曜、祝日（1日3往復）※冬休み、春休み、GW、夏休みは平日も運行
■運転区間：鹿児島本線・三角線　熊本～三角間（停車駅は熊本、宇土、三角）
■所要時間：熊本～三角40分
■片道料金：乗車券760円＋特急指定券1280円※全席指定。乗車の際は特急指定券が必要

天草宝島ライン 　シークルーズ☎(0969)56-2458
■運航日：通年（1日3往復）※「A列車で行こう」運転日は時刻を合わせて運航
■運航区間：三角～松島（前島）
■所要時間：三角～松島20分
■片道料金：1000円（往復1800円）※3歳～小学生半額

三角港からの
「天草宝島ライン」

◆ 時刻表

		熊本駅	宇土駅	三角駅	徒歩5分程度	三角港	松島港
下り	A列車で行こう1号	10:21発	10:31発	11:11着	シークルーズ1号	11:25発	11:45着
	A列車で行こう3号	12:16発	12:26発	13:09着	シークルーズ3号	13:45発	14:05着
	A列車で行こう5号	14:51発	15:01発	15:41着	シークルーズ5号	16:15発	16:35着
上り	A列車で行こう2号	11:56着	11:46着	11:17着	シークルーズ2号	11:05着	10:45着
	A列車で行こう4号	14:42着	14:32着	13:59着	シークルーズ4号	13:30着	13:10着
	A列車で行こう6号	17:12着	17:02着	16:33着	シークルーズ6号	16:00着	15:40着

voice　熊本から三角までのJR乗車券と天草宝島ライン乗船券が往復2枚セットになった、天草・熊本2枚きっぷがお得。ひとりで往復を使用しても2人で片道ずつシェアしてもOK。料金は3060円（小学生半額、特急指定券別途）。

五橋を巡る パールラインドライブ

宇土半島から大矢野島、永浦島、大池島、前島を経て天草上島までをつなぐ天草五橋。
天草島民の生活を一変させた夢の架け橋は、天草きっての美景ドライブルートでした。

島旅気分を盛り上げる5本の橋が天草へ誘う

国道266号線に1号橋から5号橋までが連なるルートは、真珠の養殖が盛んなことから天草パールラインと呼ばれる。日本の道100選にもなっており、特に2号橋から5号橋にかけて穏やかな内海に大小の島々が浮かぶ風景は、日本三大松島の天草松島と称される。

4年の歳月をかけ1966年9月に開通した天草五橋は、天草の生活・産業などを一変させた。償還計画30年の有料区間を設けたが需要が高く約9年で償還完了。現在は無料化され、島民はもちろん観光で訪れる人にとっても欠かせない、天草のゲートウエイになっている。

天草には橋がいっぱい！

大小の島々が集まる天草には、天草五橋以外にも美しい橋がいっぱい。有名なところでは、1997年に完成した牛深ハイヤ大橋。全長883mは県内最長を誇る。また天草上島と下島を結ぶ天草瀬戸大橋は観光客の利用も多い。同じく本渡瀬戸に架かる本渡瀬戸歩道橋は、航路にかかるため可動橋になっている。

上／イタリアの建築家によって建てられた牛深ハイヤ大橋　下／橋長124.8mの本渡瀬戸歩道橋は通称「赤橋」

三角西港

2015年に「明治日本の産業革命遺産」のひとつとして世界遺産に登録。1887年(明治20年)に建てられたモダンな建造物が印象的。

MAP P.70C1
🚗 熊本空港から車で約1時間10分

三角町

1号橋（天門橋）

▶桟各橋長：502m
▶桁下高：42m
▶形式：連続トラス

宇土半島の三角と天草をつなぐ三角ノ瀬戸に架かる橋。天草松島に連なるほかの4本の橋とは離れた場所にある。

MAP P.70C1　🚗 三角西港から車で約5分

2号橋（大矢野橋）

▶桟各橋長：249.1m
▶桁下高：17m
▶形式：ランガートラス

大矢野島から永浦島をつなぐクリーム色の橋。遠くからでもすぐにわかる、半月型のデザインが印象的。

MAP 折り込み① B2　🚗 三角西港から車で約22分

大矢野島

4号橋（前島橋）

▶桟各橋長：510.2m
▶桁下高：9m
▶形式：PCラーメン

大池島から前島をつなぐ天草五橋のなかで最長の橋。桁下が9mしかなく、海を間近に感じられるのが特徴。

MAP 折り込み①B3　🚗 三角西港から車で約24分

3号橋（中の橋）

▶桟各橋長：361m
▶桁下高：15m
▶形式：PCラーメン

永浦島から大池島をつなぐコンクリートの橋。内海に小さな島々が浮かぶ、天草松島ののどかな風景を一望できる。

MAP 折り込み① B3
🚗 三角西港から車で約23分

永浦島

天草松島に架かる4号橋！

松島展望台

天草上島の高台から4号橋を一望。橋の周りに緑に覆われた島々が浮かぶ、パールラインらしい景観が眺められる。

MAP 折り込み①B3
🚗 三角西港から車で約28分

天草上島

5号橋（松島橋）

▶桟各橋長：177.7m
▶桁下高：17m
▶形式：パイプアーチ

前島と天草上島を結ぶ橋。鮮やかな赤に塗られ、真っ青な空や海に映えるフォトジェニックな姿が人気。

MAP 折り込み① B3　🚗 三角西港から車で約25分

島の宿泊事情

快適な旅には欠かせない

広大な天草には、温泉を備えた高級旅館から料理自慢の民宿まで多彩な宿が揃う。どのエリアで何をメインに楽しむか、旅のスタイルによって最適な宿を選びたい。

◇ まずは宿泊エリアを選ぼう

天草は広く、天草五橋の1号橋から牛深までは車で1時間40分以上かかる。旅の目的からエリアを絞っていくなど拠点選びは慎重に。にぎやかな本渡の中心地以外は、基本的に車での移動になる。

本渡の宿なら町歩きも楽しめる

◇ 高級旅館やホテルが増加中

100人以上が泊まれる大型の宿も多い天草。大矢野や松島、下田温泉を中心に上質な温泉を備えた宿も。石山離宮 五足のくつ（→ P.96）や天空の船（→ P.75）など、プライベート感重視の高級旅館も増えている。

全室温泉付きの石山離宮 五足のくつ

◇ 自慢の料理が楽しみ

どの宿でも新鮮な魚介や天草黒牛、天草大王など、島ならではの料理を出してくれる。朝食にこだわる宿が多いのも特徴。連泊する場合は、1日は町の食事処を利用すると島の雰囲気がわかって楽しい。

天草プリンスホテルで評判の朝食

◇ 素泊まりで気軽な観光と食事も◎

素泊まりができる民宿やゲストハウスを利用すれば、目的地への移動中に朝食を取ったり、夕食は人気店へ足を運んだりと、自由に行動できる。スーパーで地元食材の総菜を購入して、宿でリーズナブルに天草の味覚を楽しむのもいい。

スーパーに郷土料理が並ぶことも（→ P.24）

各エリアのホテルや旅館、民宿は北エリア→ P.75 ～、東エリア→ P.80、中央エリア→ P.90 ～、西エリア→ P.96 ～で紹介しています。

ゲストハウス＆キャンプ場

天草にはビーチサイドや無人島、山頂など、さまざまな環境で自然を満喫できるキャンプ場がある。開放期間が限定されている場所もあるので問い合わせを。

北エリア

野釜山 八福キャンプ場 MAP P.70B1 天草四郎観光協会から車で約15分 上天草市大矢野町上野釜 (0964)56-0182 利用料1人500円、テント持ち込み1張1000円、オートキャンプ1台1000円、バンガロー1棟1万5000円～ 駐車場 あり URL kaizaki.com/hachifuku

Lit天草 MAP P.70A2 天草宝島観光協会から車で約30分 天草市有明町大浦1542-1 090-2961-8763 コテージ1人7000円～ 駐車場 あり URL lit-amakusa.eyado.net

東エリア

黒島キャンプ場 MAP P.77A3 御所浦港から船で約15分 天草市御所浦町御所浦黒島 (0969)67-2111(天草市御所浦支所) 無料 ※7～9月のみ営業 駐車場 なし

小島公園キャンプ場 MAP P.77C1 天草四郎観光協会から車で約30分 上天草市姫戸町姫浦 (0969)56-0777(アロマ) 利用料1人600円、テント持ち込み1張250円、バンガロー1棟1万3000円～ 駐車場 あり URL aroma40.wixsite.com/kamiamakusa-camp

白嶽森林公園キャンプ場 MAP P.77C1 天草四郎観光協会から車で約40分 上天草市姫戸町姫浦 (0969)56-0777(アロマ) バンガロー1棟1万3000円～ 駐車場 あり URL aroma40.wixsite.com/kamiamakusa-camp

諏訪公園キャンプ場 MAP P.77C1 天草四郎観光協会から車で約35分 上天草市姫戸町二間戸273 (0969)56-0777(アロマ) 利用料1人600円、テント持ち込み1張250円 駐車場 あり URL aroma40.wixsite.com/kamiamakusa-camp

龍ヶ岳山頂キャンプ場 MAP P.77B2 天草四郎観光協会から車で約57分 上天草市龍ヶ岳町大道3360-9 (0969)63-0155 使用料1人500円、テント持ち込み1張100円、バンガロー1棟500円～ 駐車場 あり URL ryugatake-mountaintop.com

中央エリア

総合交流ターミナル施設 ユメール イルカテラス MAP P.81A1 天草宝島観光協会から車で約35分 天草市五和町二江547 (0969)26-4011 テント1張2000円～ 駐車場 あり URL yumetsujishima.amakusa-web.jp

竜洞山みどりの村 MAP P.81B5 天草宝島観光協会から車で約45分 天草市新和町小宮地11312 (0969)46-2437 利用料1人300円、テント持ち込み1張880円～、バンガロー1棟4400円～ 駐車場 あり URL midorinomura.net

西エリア

天草市交流施設 愛夢里 海上コテージ MAP P.92B3 天草宝島観光協会から車で約38分 天草市河浦町今富653 (0969)76-1526 コテージ1人7000円～ 駐車場 あり URL amuri-onsen.jp/amuripage

天草市交流施設 愛夢里 ロッジ MAP P.92B3 天草宝島観光協会から車で約38分 天草市河浦町河浦4747-1 (0969)76-1526 ロッジ1人5300円～ 駐車場 あり URL amuri-onsen.jp/amuripage

天草西海岸ホリデーパーク風来望 MAP P.92B2 天草宝島観光協会から車で約37分 天草市天草町下田南3809-1 (0969)42-3911 テント持ち込み1人1500円、ロッジ1人3000円～、ゲストハウス1棟2万円～ 駐車場 あり URL www.amakusa-guesthouse.com

天草レストハウス 結乃里 MAP P.92A3 天草宝島観光協会から車で約1時8分 天草市魚貫町4688-1 (0969)72-8821 グランピング1張2万5000円～、コンドミニアム1人7000円～ 駐車場 あり URL bluenatu.wixsite.com/yuinosato-taiken

産島キャンプ場 MAP P.92C3 上平港から船で約5分 天草市河浦町宮野河内上平産島 080-8369-7356 利用料1人300円、テントサイト1張2000円～、バンガロー1棟5000円～ 駐車場 あり(上平港) URL ubushima.webnet.jp

SUNSET CAFE キャンプ場 MAP P.92A2 天草宝島観光協会から車で約45分 天草市天草町高浜 (0969)42-0407 利用料1人500円、テント持ち込み1張1000円 駐車場 あり

白岩崎キャンプ場 MAP 折り込み④A1 天草宝島観光協会から車で約60分 天草郡苓北町富岡2018-1 (0969)31-1136(苓北町観光案内所) 利用料1人500円、テント持ち込み1張500円 駐車場 あり

福連木子守唄公園オートキャンプ場 MAP P.92B2 天草宝島観光協会から車で約25分 天草市天草町福連木3182-1 (0969)45-0852 フリーサイト1張1000円～、オートサイト1台3000円～ 駐車場 あり

voice 北の魚というイメージが強いアンコウだが、天草でも崎津沖の底引き漁で取れる。旬は12～3月で、この時期になると河浦の旅館では、アンコウ鍋のコースを用意していることが多い。

島の過ごし方、遊び方ならおまかせ！

観光案内所活用術

天草に着いたら、まずは観光案内所を目指そう。
島の地図やパンフレット、旬のイベント情報が手に入る！

活用術 1

観光案内所で情報収集

観光案内所は、下記のように主要エリアを中心に島内10ヵ所に点在している。カウンターにはスタッフが常駐しているので、何でも相談しよう。穴場スポットを教えてもらえるかも !?

﨑津観光案内所。散策前に
立ち寄ってみて

活用術 2

パンフレットや地図をゲットしよう

観光案内所で必ず入手したいのは、天草総合ガイドブックと天草イラストマップ。そのほか、各エリアの町歩きマップやグルメマップなども入手できる。ひととおりもらっておくと便利。

観光前に無料の地図や
パンフレットをゲットしよう

活用術 3

旬のイベント情報をゲット！

1年を通して島のどこかで祭りやイベントが行われている天草（→ P.104）。大自然に触れるトレッキング大会なども充実しているので、滞在中に開催されているものを聞いてみよう。

毎年4月の牛深ハイヤ祭り
には5000人が集まる

天草旅行の前にチェック！

旅行前に天草情報を入手するなら、こちらがおすすめ。銀座熊本館では、熊本県の旬のグルメやおみやげを購入できるほかカフェ＆バーを併設。

銀座熊本館
🏠 東京都中央区銀座 5-3-16
📞 (03)3572-5021
🕐 アンテナショップくまもとプラザ11:00～19:00、カフェ＆バー ASOBI・Bar12:00～19:00 (L.O.18:30)　休 第1月曜

熊本県東京事務所
🏠 東京都千代田区平河町 2-6-3 都道府県会館 10 階
📞 (03)5212-9084

熊本県大阪事務所
🏠 大阪府大阪市北区梅田 1-1-3-2100　大阪駅前第 3 ビル 21 階
📞 (06)6344-3883

熊本県福岡事務所
🏠 福岡県福岡市中央区天神 1-1-1　アクロス福岡 11 階
📞 (092)737-1313

まずはここへ！ 天草の観光案内所

天草宝島観光協会

天草の観光の起点となる本渡の中心地に立つ。文化体験やアクティビティの窓口にもなっている。
MAP 折り込み② B2　🏠 天草市中央新町 15-7 天草宝島国際交流会館ポルト内　📞 (0969)22-2243
🕐 9:00～18:00　休 なし　URL www.t-island.jp

天草四郎観光協会

上天草市の観光はこちらにおまかせ。隣接する上天草さんぱーるでは特産品やおみやげの購入も。
MAP 折り込み① B1　🏠 上天草市大矢野町中 11582-36
📞 (0964)56-5602　🕐 8:30～17:30
休 第2・4水曜　URL kami-amakusa.jp

あまくさ苓北観光協会

MAP P92B1　🏠 天草郡苓北町志岐 660　📞 (0969)35-3332　🕐 8:30～17:15　休 土・日曜、祝日

道の駅有明　リップルランド　MAP P.70A3　🚗 天草宝島観光協会から車で約25分　🏠 天草市有明町上津浦1955　📞 (0969)53-1565　🕐 9:00～18:00　休 なし

御所浦物産館　しおさい館　MAP P.77C3　🚗 御所浦港からすぐ　🏠 天草市御所浦町御所浦4310-8　📞 (0969)67-1234　🕐 8:30～18:00　休 なし

苓北観光案内所　MAP 折り込み④B1　🚗 あまくさ苓北観光協会から車で約7分　🏠 天草郡苓北町富岡2711-47　富岡港客船待合所内　📞 (0969)31-1136　🕐 9:15～16:45(土・日曜、祝日は8:45～)　休 水曜

下田温泉ふれあい館ぷらっと　MAP 折り込み⑤B2　🚗 天草宝島観光協会から車で約33分　🏠 天草市天草町下田北1310-3　📞 (0969)27-3726　🕐 9:00～17:00　休 第4水曜（祝日の場合は翌日）

﨑津観光案内所　MAP 折り込み③C2　🚗 天草宝島観光協会から車で約45分　🏠 天草市河浦町﨑津515-1　📞 (0969)79-0430　🕐 9:00～17:00　休 なし

﨑津集落ガイダンスセンター　MAP 折り込み③C1　🚗 天草宝島観光協会から車で約42分　🏠 天草市河浦町﨑津1117-10　📞 (0969)78-6000　🕐 9:00～17:30　休 なし

牛深観光案内所　MAP 折り込み⑥C1　🚗 天草宝島観光協会から車で約55分　🏠 天草市牛深町2286-116　道の駅 うしぶか海彩館1階　📞 (0969)74-7060　🕐 8:30～17:30　休 不定休

事前の情報収集は電子パンフレットがおすすめ。天草市を中心とした情報は天草宝島観光協会のページ URL www.t-island.jp/pamphlet、上天草市なら天草四郎観光協会のページ URL kami-amakusa.jp/guide をチェック。

地球の歩き方
島旅 05　天草

STAFF

Producer	上原康仁
Editors & Writers	高井章太郎（アトール）、三浦 淳
Photographers	小川 保
Designer	坂部陽子（エメ龍夢）
Maps	千住大輔（アルト・ディークラフト）
Proofreading	ひらたちやこ
Printing Direction	近藤利行

Special Thanks　天草市、上天草市、苓北町、
（一社）天草宝島観光協会、（一社）天草四郎観光協会、
天草地域観光推進協議会（事務局：熊本県天草広域本部）

地球の歩き方 島旅 05　天草 改訂版
2023 年 5 月 9 日　初版第 1 刷発行

著 作 編 集	地球の歩き方編集室
発 行 人	新井邦弘
編 集 人	宮田崇
発 行 所	株式会社地球の歩き方
	〒 141-8425　東京都品川区西五反田 2-11-8
発 売 元	株式会社Gakken
	〒 141-8416　東京都品川区西五反田 2-11-8
印 刷 製 本	株式会社ダイヤモンド・グラフィック社

※本書は基本的に 2022 年 7 月の取材データに基づいて作られています。
発行後に料金、営業時間、定休日などが変更になる場合がありますのでご了承ください。
更新・訂正情報▶ https://book.arukikata.co.jp/support/

本書の内容について、ご意見・ご感想はこちらまで
〒 141-8425　東京都品川区西五反田 2-11-8
株式会社地球の歩き方
地球の歩き方サービスデスク「島旅　天草編」投稿係
URL▶ https://www.arukikata.co.jp/guidebook/toukou.html
地球の歩き方ホームページ（海外・国内旅行の総合情報）
URL▶ https://www.arukikata.co.jp/
ガイドブック『地球の歩き方』公式サイト
URL▶ https://www.arukikata.co.jp/guidebook/

●この本に関する各種お問い合わせ先
・本の内容については、下記サイトのお問い合わせフォームよりお願いします。
　URL▶ https://www.arukikata.co.jp/guidebook/contact.html
・広告については、下記サイトのお問い合わせフォームよりお願いします。
　URL▶ https://www.arukikata.co.jp/ad_contact/
・在庫については　Tel▶ 03-6431-1250（販売部）
・不良品（乱丁、落丁）については　Tel▶ 0570-000577
　学研業務センター　〒 354-0045　埼玉県入間郡三芳町上富 279-1
・上記以外のお問い合わせは　Tel▶ 0570-056-710（学研グループ総合案内）

※学研グループの書籍・雑誌についての新刊情報・詳細情報は、下記をご覧ください。
　学研出版サイト▶ https://hon.gakken.jp/
　地球の歩き方島旅公式サイト▶ https://www.arukikata.co.jp/shimatabi/

島旅の思い出やおすすめを教えて！

読者プレゼント

ウェブアンケートに
お答えいただいた方のなかから、
毎月1名様に地球の歩き方
オリジナルクオカード（500円分）
をプレゼントいたします。
詳しくは下記の
二次元コードまたは
ウェブサイトをチェック！

https://www.arukikata.co.jp/
guidebook/enq/shimatabi